線形の理論

田中 仁 著

Matrices and Vector Spaces

共立出版

前書き

　線形の理論は数学の基本的な道具の一つである．線形の理論（線形代数・線型代数）は，多変数の1次の関係式で記述される数的な量の数学的解析において基本的に応用される．

　本書は，慶應義塾大学湘南藤沢キャンパス (SFC) において，1セメスター13回の授業で配布した資料に加筆したものである．高校でベクトル・行列を履修していない学生も念頭において，基本的な事項を丁寧にわかりやすく簡潔に記述するように心がけた．

　本書は以下のように構成されている．

　まず第0章において，本書を読み進む上で必要となる用語・概念を解説する．第1章では，高校で学ぶベクトル・行列の復習として，2次行列・2次元数ベクトルを取り上げる．行列と行列との演算，行列とベクトルとの演算，ベクトルの1次従属・1次独立性，2次行列の対角化の理論等について解説する．本書の一つの目標は，この章において確認された事項をより一般の行列・より一般の数ベクトルに拡張することである．第2章では，一般の行列・ベクトルを定義して，その基本的な演算等を解説する．第3章では，行列に対する技術的訓練を意図して，行列の階数の計算，連立1次方程式の解法，逆行列の計算法等を取り上げる．それらの背後にある幾何的な意味づけは第4章において述べることとした．第4章では，線形の理論が展開される場となる線形空間について解説する．部分空間・基底・次元等の概念を導入して，第3章において取り上げた事項の幾何的な意味を考えたい．第5章では，行列式の理論を展開する．本書では，初心者への理解

の容易さを考慮し，置換による行列式の定義ではなしに，行の展開定理による帰納的な定義を採用した．ケイリー–ハミルトンの定理，平行体の体積と行列式との関係についても触れている．第 6 章では，行列と線形写像との関係，基底の変換に関する理論，n 次行列の対角化の手法について解説する．第 7 章では，数ベクトルに長さや角を定義するための内積を紹介して，直交行列による対象行列の対角化の理論を解説する．第 8 章は，新たに加筆した箇所であり，線形の理論の一つの重要で困難なテーマであるジョルダン標準形の理論を取り上げる．

第 7 章の内容の理解を目標とする読者は，次の各節を飛ばして読まれても差し支えない．4 章の 4.5 節，5 章の 5.6–5.10 節，6 章の 6.2, 6.4 節．

執筆にあたって特に次に挙げた本を参照した．必要に応じて参考書としていただきたい．なかでも [1], [3] からは例題・問題等を参考にさせていただいた．ここに心より感謝の意を表したい．

[1] 『線形代数』共立講座 21 世紀の数学 (2)，佐武一郎，共立出版．
[2] 『線型代数入門』，松坂和夫，岩波書店．
[3] 『線型代数入門』，斎藤正彦，東京大学出版会．
[4] 『線形代数と群』共立講座 21 世紀の数学 (3)，赤尾和男，共立出版．

筆者は盲人である．本書に図のないことは我々の文化の一つの反映として御容赦いただきたい．数式の語る言葉に静かに耳を傾け，ビジュアルな数学的なイメージを主体的に自らの中に創造する試みをしていただければ幸いである．

最後に，本書の執筆を薦めてくださった恩師の黒田成俊先生に心より感謝する．先生は，いつも励ましてくださり，原稿に目を通して貴重なコメントをくださった．慶應義塾大学総合政策学部の河添健教授には，SFC において教職の機会をいただいたことを感謝する．共立出版 (株) 編集部の小山透氏には，原稿の遅滞に次ぐ遅滞にもかかわらずいつも励ましをいただいたことを感謝する．点訳グループ SIGMA の皆さん特に代表の稲吉美奈子さんには，理系の視覚障害者へのその日々の支援に感謝したい．SFC の水野秀一君には，問題の作成に手助けをいただきここに感謝したい．

目　次

第 0 章　準備：集合・数・写像　　　　　　　　　　　　　　　　　　1

第 1 章　2 次行列と 2 次元数ベクトル空間　　　　　　　　　　　　　9
　1.1　2 次行列の計算 9
　1.2　2 次元数ベクトル空間・ベクトルの 1 次独立性 14
　1.3　2 次行列の対角化 20

第 2 章　一般行列　　　　　　　　　　　　　　　　　　　　　　　　32
　2.1　一般の行列の計算 32
　2.2　可逆行列（正則行列） 39

第 3 章　行列の掃き出し法　　　　　　　　　　　　　　　　　　　　42
　3.1　行列の初等変形・掃き出し法・階数 42
　3.2　連立 1 次方程式の解法 51
　3.3　逆行列の計算 57

第 4 章　線形空間　　　　　　　　　　　　　　　　　　　　　　　　61
　4.1　n 次元数ベクトル空間・ベクトルの 1 次独立性 61
　4.2　部分空間 63
　4.3　部分空間の基底・次元 65
　4.4　行列の階数の幾何的意味 70
　4.5　和空間と次元定理 77

第 5 章 行列式とその性質　　89

- 5.1　2 次行列式 …………………………………… 89
- 5.2　n 次行列式 …………………………………… 91
- 5.3　3 次行列式の計算 …………………………… 97
- 5.4　定理 5.2 の証明 ……………………………… 99
- 5.5　積の行列式 …………………………………… 102
- 5.6　行列式の性質（行ベクトルの視点から） … 104
- 5.7　余因子行列 …………………………………… 108
- 5.8　ケイリー–ハミルトンの定理 ……………… 111
- 5.9　平行体の体積 ………………………………… 113
- 5.10　置換による行列式の表現 ………………… 115

第 6 章 行列と線形写像との関係・n 次行列の対角化　　122

- 6.1　行列と線形写像との関係 …………………… 122
- 6.2　基底に関する行列 …………………………… 126
- 6.3　n 次行列の対角化 …………………………… 131
- 6.4　部分空間の基底の変換と基底に関する行列 … 137

第 7 章 計量ベクトル空間　　144

- 7.1　内積とその性質 ……………………………… 144
- 7.2　正規直交系・直交行列・直交補空間 ……… 147
- 7.3　対称行列の対角化 …………………………… 152
- 7.4　補題 7.9 の証明 ……………………………… 157

第 8 章 ジョルダンの標準形　　164

- 8.1　多項式に関する一つの注意 ………………… 164
- 8.2　最小多項式と分解定理 ……………………… 166
- 8.3　ジョルダンの標準形 ………………………… 173
  - 8.3.1　基底の構成 …………………………… 174
  - 8.3.2　基底に関する表現行列 ……………… 183
  - 8.3.3　ジョルダンの標準形 ………………… 186

第 9 章 付録：ペロン–フロベニウスの定理　　192

問題および章末問題のヒントと略解	**199**
索　引	**212**

第0章

準備：集合・数・写像

本章では，この本で必要となるいくつかの基本的な概念を説明する．

集合について　集合 (set) とは，数学的に明確に定義された物の集まりのことである．集合を構成する一つ一つの要素を集合の**要素**または**元** (element) という．$\{1,2,3,4,5\}, \{0,1,2,\cdots,100\}$ は集合の例である．

$\mathcal{A}$ を一つの集合とする．数学の表記（略記）として，a が $\mathcal{A}$ の元であることを $a \in \mathcal{A}, \mathcal{A} \ni a$ と表し，a が $\mathcal{A}$ の元ではないことを $a \notin \mathcal{A}, \mathcal{A} \not\ni a$ と表す．

$\mathcal{A}$ を集合とすれば，その部分 $\mathcal{B}$ も集合である．$\mathcal{B}$ を $\mathcal{A}$ の**部分集合** (subset) といい，$\mathcal{B} \subset \mathcal{A}, \mathcal{A} \supset \mathcal{B}$ と表す．元をもたない集合を**空集合** (empty set) といい $\emptyset$ と表す．$\mathcal{A}$ の部分集合には $\mathcal{A}$ および $\emptyset$ を含めることと約束する ($\mathcal{A} \subset \mathcal{A}, \emptyset \subset \mathcal{A}$)．$\mathcal{B} \subset \mathcal{A}, \mathcal{B} \supset \mathcal{A}$ であるとき $\mathcal{A} = \mathcal{B}$ と表す．$\mathcal{B} \subset \mathcal{A}$ は

$$b \in \mathcal{B} \implies b \in \mathcal{A}$$

であることを意味している[†1]．

以下の集合とその記法とは基本的に用いられている．

　　　自然数 (natural number) の集合: $\mathbf{N} = \{1,2,3,\cdots\}$．
　　　整数 (integer) の集合: $\mathbf{Z} = \{0, \pm 1, \pm 2, \cdots\}$．
　　　有理数 (rational number) の集合: $\mathbf{Q} = \left\{0, \pm\dfrac{m}{n} \,\middle|\, m, n \in \mathbf{N}\right\}$．[†2]

[†1] $\implies$ は演繹（$\cdots$ならば$\cdots$である）を表す略記として用いる．$\iff$ も両向きの主張を表す記号として用いる．

[†2] 一般に，対象 x に関するある条件を $P(x)$ と表すとき，$P(x)$ を満たす x 全体の集合を $\{x \mid P(x)\}$ または $\{x : P(x)\}$ と表す．

実数 (real number) の集合: $\mathbf{R} = \{x \mid x \text{ は実数}\}$.
$a \in \mathbf{Z} \implies a = \dfrac{a}{1} \in \mathbf{Q}$ に注意すれば次の包含関係がわかる．

$$\mathbf{N} \subset \mathbf{Z} \subset \mathbf{Q} \subset \mathbf{R}.$$

実数について　実数について少し説明を加えよう．まず小数について復習しよう．

$$1.0,\ 0.3,\ 0.05,\ 0.123$$

のように 0 から 9 までの有限個の整数によって表すことのできる小数を**有限小数**といい,

$$0.999\cdots,\ 0.123123123\cdots,\ 1.41421356\cdots,\ 3.14159265358979323846\cdots$$

のように 0 から 9 までの無限個の整数によって表される小数を**無限小数**という．無限小数のうち

$$0.999\cdots,\ 0.333\cdots,\ 0.123123123\cdots$$

のように数が循環する小数を**循環小数**という．

このとき**有限小数を循環小数で表すことができる**．実際,

$$1 = 0.999\cdots, \qquad 0.6 = 0.5999\cdots$$

である．

$1 = 0.999\cdots$ を確かめてみよう．

$$0.999\cdots = \dfrac{9}{10} + \dfrac{9}{10^2} + \dfrac{9}{10^3} + \cdots$$

と書き換え，n を自然数として,

$$S_n = \dfrac{9}{10} + \dfrac{9}{10^2} + \dfrac{9}{10^3} + \cdots + \dfrac{9}{10^n}$$

とすれば，S_n は n が増えると必ず増加し，すべての n について $S_n \leq 1$ を満たしている．これを，数列 $\{S_n\}_{n=1,2,\ldots}$ は単調に増加して上に有界であるという．

単調に増加して上に有界な数列は必ず実数の中に極限値をもつという主張が「実数の連続性の定理」である．ここでは承認して用いることとしよう．

実数の連続性の定理により，$S_\infty = S \leq 1$ となる数 S が存在する（∞ は無限大を表す記号）．そこで

$$10S_n = \frac{9}{1} + \frac{9}{10} + \frac{9}{10^2} + \cdots + \frac{9}{10^{n-1}} = 9 + S_{n-1}$$

として，n を大きくすれば，

$$10S_\infty = 9 + S_\infty \implies 10S = 9 + S \implies S = 1. \ \blacksquare$$

次の二つの主張を証明して，循環小数の集合と有理数の集合とは同じものであることを確認しよう．

主張 0.1 循環小数は有理数である．

主張 0.2 有理数は有限小数または循環小数である．

主張 0.1 は上の証明と同様に考えて示すことができる．たとえば循環小数 $0.333\cdots$ を有理数で表してみる．$x = 0.333\cdots$ とおくと $10x = 3.333\cdots$．ゆえに

$$9x = 10x - x = 3.333\cdots - 0.333\cdots = 3 \iff x = \frac{1}{3} \in \mathbf{Q}.$$

主張 0.2 を示そう．m, n を自然数として，$\dfrac{m}{n}$ が有限小数または循環小数で表されることを証明する．

$$(自然数) \times (循環小数) = (循環小数)$$

であるから，$\dfrac{1}{n}$ が有限小数または循環小数であることを見れば十分である．

それを説明の簡単な $1 < n < 10$ の場合に確かめよう．

証明のために次の表を準備する．

割り算	$10 \div n$	$10r_1 \div n$	$10r_2 \div n$	$\cdots$
答え	q_1	q_2	q_3	$\cdots$
余り	r_1	r_2	r_3	$\cdots$

この表より

$$10 = nq_1 + r_1, \quad 10r_1 = nq_2 + r_2, \quad 10r_2 = nq_3 + r_3.$$

これを用いて以下の計算を実行する．

$$\begin{aligned}
\frac{1}{n} &= \frac{\frac{10}{n}}{10} = \frac{q_1}{10} + \frac{\frac{r_1}{n}}{10} = \frac{q_1}{10} + \frac{\frac{10r_1}{n}}{10^2} \\
&= \frac{q_1}{10} + \frac{q_2}{10^2} + \frac{\frac{r_2}{n}}{10^2} = \frac{q_1}{10} + \frac{q_2}{10^2} + \frac{\frac{10r_2}{n}}{10^3} \\
&= \frac{q_1}{10} + \frac{q_2}{10^2} + \frac{q_3}{10^3} + \frac{\frac{r_3}{n}}{10^3}.
\end{aligned}$$

すなわち，

$$\frac{1}{n} = 0.q_1 q_2 q_3 \cdots.$$

さて，$r_1, r_2, \cdots$ は，それぞれ n で割った余りであるから，0 から $n-1$ までの整数である．したがって，もし上の表の長さを $n+1$ とすれば，$r_1, r_2, \cdots, r_{n+1}$ のどこかに同じものが必ず現れる[†3]．一度同じ余りが現れるとその後の表は繰返しとなり，$\frac{1}{n} = 0.q_1 q_2 q_3 \cdots$ は有限小数または循環小数の表示をもつことになる．

【定義 0.1】（無理数・実数） 循環小数ではない無限小数で表される数を**無理数**といい，有理数と無理数を合わせて**実数**という．

よく知られているように，実数の集合 $\mathbf{R}$ と数直線とは 1 対 1 に対応する．同様に，実数の二つの組の集合

$$\mathbf{R}^2 = \{(x_1, x_2) \,|\, x_1, x_2 \in \mathbf{R}\}$$

は座標の入った平面と 1 対 1 に対応し，実数の三つの組の集合

$$\mathbf{R}^3 = \{(x_1, x_2, x_3) \,|\, x_1, x_2, x_3 \in \mathbf{R}\}$$

は座標の入った空間と 1 対 1 に対応する．一般に，n を自然数として，

$$\mathbf{R}^n = \{(x_1, x_2, \cdots, x_n) \,|\, x_1, x_2, \cdots, x_n \in \mathbf{R}\}$$

を定義しておく．$\mathbf{R}^n$ は実数の n 個の組の集合である．

[†3] この原理を「鳩の巣原理」(pigeonhole principle) という．

問題 0.1 直線 L が与えられたとする．L 上に，任意に，0 に対応する原点 O と 1 に対応する点 E とをおいたとき，定規とコンパスを使って有理数 $\dfrac{m}{n}$ に対応する点を作図せよ．

有理数は二つの整数の比 $\dfrac{m}{n}$ ($m, n \in \mathbf{Z}$, $n \neq 0$) により表される数である．有理数の特徴として，**有理数と有理数との加減乗除は有理数である**ということがある．実際，$\dfrac{a}{b}, \dfrac{c}{d} \in \mathbf{Q}$ として

$$\frac{a}{b} \pm \frac{c}{d} = \frac{ad \pm bc}{bd} \in \mathbf{Q},$$

$$\frac{a}{b} \times \frac{c}{d} = \frac{ac}{bd} \in \mathbf{Q},$$

$$\frac{a}{b} \div \frac{c}{d} = \frac{ad}{bc} \in \mathbf{Q} \quad (c \neq 0).$$

一般に，加減乗除の演算が定義されている集合で，その演算がその集合の中に閉じているものを（演算も込めて）**体** (field) という．有理数全体の集合 $\mathbf{Q}$ は最も基本的な体である．$\mathbf{R}$ は $\mathbf{Q}$ を含む体である．

写像について　次に写像について説明しておく．

【定義 0.2】（写像・関数）　T が，集合 $\mathcal{A}$ から集合 $\mathcal{B}$ への**写像** (map) であるとは，集合 $\mathcal{A}$ の各元 a に，集合 $\mathcal{B}$ の元 $b = T(a)$ がただ一つ対応していることである．$b = T(a)$ を T の元 a の像という．$T : \mathcal{A} \to \mathcal{B}$ と表す．

$\mathcal{A} = \mathcal{B}$ のとき，T は $\mathcal{A}$ 上の**変換** (transform) であるということがある．また，集合 $\mathcal{B}$ が数の場合，T は $\mathcal{A}$ 上の**関数** (function) であるということがある．

【定義 0.3】（単射・全射・全単射）　T を集合 $\mathcal{A}$ から集合 $\mathcal{B}$ への写像とする ($T : \mathcal{A} \to \mathcal{B}$)．

T による $\mathcal{A}$ の異なる 2 元の像が常に異なるとき，すなわち，

$$a, a' \in \mathcal{A}, \quad a \neq a' \implies T(a) \neq T(a')$$

が成り立つとき，T は**単射** (injection) であるという．

$\mathcal{A}$ の元の，T による像の全体は $\mathcal{B}$ の部分集合である．これを $\mathcal{A}$ の T による**像** (image) といい，$T(\mathcal{A})$ と表す．特に，$T(\mathcal{A}) = \mathcal{B}$ が成り立つとき，T は**全射** (surjection) であるという．

T は全射かつ単射であるとき，**全単射** (bijection) であるという．$\mathcal{A}, \mathcal{B}$ の間に全単射があるとき，$\mathcal{A}, \mathcal{B}$ の各元は 1 対 1 に対応する．

◆ **例題 0.1**（トーナメント戦の試合数）　夏の甲子園に 49 チームが出場して試合（野球の）で戦うことになった．各試合に引き分けはないものとして，総計で何試合戦われるか考えてみよう．

　甲子園で戦われる試合の集合を $\mathcal{A}$，負けチームの集合を $\mathcal{B}$，各試合にその負けチームを対応させる写像を T と定義する．静かに考えて，T は $\mathcal{A}$ から $\mathcal{B}$ への全単射になることがわかる．したがって，$\mathcal{A}$ と $\mathcal{B}$ とは 1 対 1 に対応して，$\mathcal{A}$ と $\mathcal{B}$ とに含まれる元の個数は等しい．明らかに，負けチームの数（$\mathcal{B}$ の個数）は 48 であるから試合数は 48 となる．　□

　T を集合 $\mathcal{A}$ から集合 $\mathcal{B}$ への写像とする．

　$\mathcal{B}$ の元 b に対して，$T(x) = b$ となる $\mathcal{A}$ の元 x を b の T による**逆像** (inverse image) という．逆像は二つ以上あることもあればまったくないこともある．空集合は任意の集合の部分集合であるから，いずれの場合も逆像の全体は $\mathcal{A}$ の部分集合である．これを b の T による**全逆像**といい，$T^{-1}(b)$ と表す．

$$T^{-1}(b) = \{x \in \mathcal{A} \mid T(x) = b\}.$$

　集合 $\mathcal{A}$ の任意の元 a に対して，a 自身を対応させる $\mathcal{A}$ の変換を**恒等変換** (identity transformation) といい，$I_\mathcal{A}$ または簡単に I と表す．

合成写像について　集合 $\mathcal{A}$ から集合 $\mathcal{B}$ への写像 S, T は，$\mathcal{A}$ のすべての元 a に対して，

$$S(a) = T(a)$$

を満たすとき，等しいと定義し $S = T$ と表す．

　$S : \mathcal{A} \to \mathcal{B}, T : \mathcal{B} \to \mathcal{C}$ とする．このとき，

$$T \circ S(a) = T(S(a)) \quad (a \in \mathcal{A})$$

は $\mathcal{A}$ から $\mathcal{C}$ への写像になる．$T \circ S$ を，S, T の**合成写像** (composed mapping) という．

命題 0.3

$$S: \mathcal{A} \to \mathcal{B}, \quad T: \mathcal{B} \to \mathcal{C}, \quad U: \mathcal{C} \to \mathcal{D}$$

のとき

$$(U \circ T) \circ S = U \circ (T \circ S) \quad \text{(写像の合成に関する結合法則)}$$

が成立する．

証明 合成写像の定義より，$a \in \mathcal{A}$ に対して，

$$(U \circ T) \circ S(a) = U \circ T(S(a)) = U(T(S(a))),$$

$$U \circ (T \circ S)(a) = U(T \circ S(a)) = U(T(S(a))).$$

ゆえに，すべての $a \in \mathcal{A}$ に対して，

$$(U \circ T) \circ S(a) = U \circ (T \circ S)(a)$$

が成立して

$$(U \circ T) \circ S = U \circ (T \circ S). \quad \blacksquare$$

T を集合 $\mathcal{A}$ から集合 $\mathcal{B}$ への全単射とする．このとき，$\mathcal{B}$ のすべての元 b に対して，その T による逆像 $T^{-1}(b)$ は $\mathcal{A}$ の一つの元からなる．すなわち，T^{-1} は集合 $\mathcal{B}$ から集合 $\mathcal{A}$ への写像となり，特にそれは全単射となる．これを T の**逆写像** (inverse mapping) といい，同じ記号 T^{-1} と表す．明らかに

$$T^{-1} \circ T = I_{\mathcal{A}}, \quad T \circ T^{-1} = I_{\mathcal{B}}$$

が成立する．

補足 集合について補足してこの章を終えたい．

$\mathcal{A}_1, \mathcal{A}_2$ を集合とする．$\mathcal{A}_1, \mathcal{A}_2$ の各々または両方に属する元からなる集合を $\mathcal{A}_1$ と $\mathcal{A}_2$ との**結び**または**和集合** (union) といい，$\mathcal{A}_1 \cup \mathcal{A}_2$ と表す．$\mathcal{A}_1, \mathcal{A}_2$ の両

方に属する元からなる集合を $\mathcal{A}_1$ と $\mathcal{A}_2$ との交わりまたは**共通部分** (intersection) といい，$\mathcal{A}_1 \cap \mathcal{A}_2$ と表す．$\mathcal{A}$ の任意の部分集合 $\mathcal{A}_1, \mathcal{A}_2 \subset \mathcal{A}$ に対して，

$$\mathcal{A}_1 \cup \mathcal{A}_2 \subset \mathcal{A}, \qquad \mathcal{A}_1 \cap \mathcal{A}_2 \subset \mathcal{A}$$

がそれぞれ成立する．（そのためにも $\mathcal{A} \subset \mathcal{A}, \emptyset \subset \mathcal{A}$ が必要である．）

問題 0.2 $\mathcal{A} = \{1,2,3,4,5,6\}$, $\mathcal{B} = \{1,3,5\}$, $\mathcal{C} = \{2,4,6\}$, $\mathcal{D} = \{3,6,9\}$ として，次を確認せよ．
  (1) $\mathcal{B} \cup \mathcal{C} = \mathcal{A}$
  (2) $\mathcal{B} \cap \mathcal{C} = \emptyset$
  (3) $\mathcal{A} \cup \mathcal{D} = \{1,2,3,4,5,6,9\}$
  (4) $\mathcal{A} \cap \mathcal{D} = \{3,6\}$

第 1 章

2次行列と2次元数ベクトル空間

我々は数の概念の一つの拡張としてベクトル・行列を考える．これらはいわば高次元の数である．本章では，まず一番簡単な2次行列についてその計算規則を与え，次いで2次元数ベクトルにおける1次従属・1次独立を定義して，それらを用いて2次行列の対角化を紹介する．

特に断らない限り，以後現れる数はすべて実数とする．数を行列やベクトルと区別するときに**スカラー** (scalar) と呼ぶ．

1.1 2次行列の計算

2次行列　4つの数を縦に2個，横に2個の正方形に並べた表を**2次行列** (matrix) といい，これから大文字を使って表すこととする．

$$A = \begin{pmatrix} a & b \\ c & d \end{pmatrix}, \quad A' = \begin{pmatrix} a' & b' \\ c' & d' \end{pmatrix}, \quad A'' = \begin{pmatrix} a'' & b'' \\ c'' & d'' \end{pmatrix}, \quad \alpha \in \mathbf{R}$$

としよう．A の4個の成分 a, b, c, d をそれぞれその $(1,1)$ 成分，$(1,2)$ 成分，$(2,1)$ 成分，$(2,2)$ 成分という．A の二つの行 $\begin{pmatrix} a & b \end{pmatrix}, \begin{pmatrix} c & d \end{pmatrix}$ をそれぞれ A の第 1 行，第 2 行といい，A の二つの列 $\begin{pmatrix} a \\ c \end{pmatrix}, \begin{pmatrix} b \\ d \end{pmatrix}$ をそれぞれ A の第 1 列，第 2 列という．

A と A' とが行列として等しいとは，各成分が等しいことを意味する．

$$A = A' \iff a = a', b = b', c = c', d = d'.$$

加法・減法・スカラー倍　行列の加法 $A + A'$ を各成分の和で定義する．

$$A + A' = \begin{pmatrix} a & b \\ c & d \end{pmatrix} + \begin{pmatrix} a' & b' \\ c' & d' \end{pmatrix} = \begin{pmatrix} a+a' & b+b' \\ c+c' & d+d' \end{pmatrix}.$$

実数に対する加法法則より，行列の加法について次の法則が成立する．

$$\begin{cases} (A+A')+A'' = A+(A'+A'') & \text{加法に関する結合法則 (associative law),} \\ A+A' = A'+A & \text{加法に関する交換法則 (commutative law).} \end{cases}$$

スカラー（数）$\alpha \in \mathbf{R}$ に対して，行列 A の α 倍 αA を各成分の α 倍で定義する．

$$\alpha A = \alpha \begin{pmatrix} a & b \\ c & d \end{pmatrix} = \begin{pmatrix} \alpha a & \alpha b \\ \alpha c & \alpha d \end{pmatrix}.$$

特に，$(-1)A = -A$ と表し，$A + (-1)A' = A - A'$ と約束する．

成分がすべて 0 である行列を**零行列**といい，$O = \begin{pmatrix} 0 & 0 \\ 0 & 0 \end{pmatrix}$ と表す．このとき，$A + O = A, A - A = O$ が成立する．

乗法　次に 2 次行列に乗法を定義する．A, A' の積を

$$AA' = \begin{pmatrix} a & b \\ c & d \end{pmatrix} \begin{pmatrix} a' & b' \\ c' & d' \end{pmatrix} = \begin{pmatrix} aa'+bc' & ab'+bd' \\ ca'+dc' & cb'+dd' \end{pmatrix}$$

で定義する．

◆ **例題 1.1**

$$\begin{pmatrix} 2 & 1 \\ 3 & 0 \end{pmatrix} \begin{pmatrix} 0 & 1 \\ 2 & 3 \end{pmatrix} = \begin{pmatrix} 2\cdot 0 + 1\cdot 2 & 2\cdot 1 + 1\cdot 3 \\ 3\cdot 0 + 0\cdot 2 & 3\cdot 1 + 0\cdot 3 \end{pmatrix} = \begin{pmatrix} 2 & 5 \\ 0 & 3 \end{pmatrix}.$$

このように定義された積について，次の結合法則が成立する．

$$(AA')A'' = A(A'A'') \quad \text{乗法に関する結合法則.}$$

この証明は成分を書き下して両辺の等しいことを確かめることで与えられる．　□

問題 1.1　乗法に関する結合法則を証明せよ．

2次行列が数と異なることの一つとして，一般には乗法の交換法則が成立しないという点がある．実際

$$\begin{pmatrix} 0 & 1 \\ 0 & 0 \end{pmatrix} \begin{pmatrix} 0 & 0 \\ 1 & 0 \end{pmatrix} = \begin{pmatrix} 1 & 0 \\ 0 & 0 \end{pmatrix}, \quad \begin{pmatrix} 0 & 0 \\ 1 & 0 \end{pmatrix} \begin{pmatrix} 0 & 1 \\ 0 & 0 \end{pmatrix} = \begin{pmatrix} 0 & 0 \\ 0 & 1 \end{pmatrix}.$$

2次行列の加法と乗法に対して，分配法則が成立する．すなわち，

$$A(A' + A'') = AA' + AA'', \quad (A' + A'')A = A'A + A''A.$$

また，次も成立する．

$$AO = OA = O,$$
$$A(\alpha A') = (\alpha A)A' = \alpha AA'.$$

問題 1.2 上式を証明せよ．

問題 1.3 次の計算をせよ．

(1) $\begin{pmatrix} 1 & 0 \\ 0 & 0 \end{pmatrix} \begin{pmatrix} 1 & 0 \\ 0 & 0 \end{pmatrix}$ (2) $\begin{pmatrix} 0 & 1 \\ 0 & 0 \end{pmatrix} \begin{pmatrix} 0 & 1 \\ 0 & 0 \end{pmatrix}$ (3) $\begin{pmatrix} 1 & 2 \\ 0 & 1 \end{pmatrix} \begin{pmatrix} 1 & 0 \\ 2 & 1 \end{pmatrix}$

(4) $\begin{pmatrix} 1 & 0 \\ 2 & 1 \end{pmatrix} \begin{pmatrix} 1 & 2 \\ 0 & 1 \end{pmatrix}$ (5) $\begin{pmatrix} \alpha & 0 \\ 0 & \alpha \end{pmatrix} \begin{pmatrix} a & b \\ c & d \end{pmatrix}$ (6) $\begin{pmatrix} a & b \\ c & d \end{pmatrix} \begin{pmatrix} \alpha & 0 \\ 0 & \alpha \end{pmatrix}$

問題 1.4 次の計算をせよ．

(1) $\begin{pmatrix} 1 & 3 \\ -2 & 4 \end{pmatrix} + \begin{pmatrix} 3 & 1 \\ 0 & -5 \end{pmatrix}$ (2) $5\begin{pmatrix} -1 & 2 \\ 0 & 1 \end{pmatrix} - 6\begin{pmatrix} 2 & -1 \\ -3 & 3 \end{pmatrix}$

(3) $\begin{pmatrix} 2 & -1 \\ 2 & 3 \end{pmatrix} \begin{pmatrix} -5 & 3 \\ -1 & 2 \end{pmatrix}$ (4) $\begin{pmatrix} 1 & 0 \\ -2 & 1 \end{pmatrix} \begin{pmatrix} 4 & 3 \\ -2 & 1 \end{pmatrix} \begin{pmatrix} 3 & 0 \\ -1 & -1 \end{pmatrix}$

単位行列 重要な行列として単位行列 $E = \begin{pmatrix} 1 & 0 \\ 0 & 1 \end{pmatrix}$ がある．E は，すべての 2次行列 A に対して，

$$EA = AE = A$$

を満たす．この E は数の乗法演算における 1 と同じ役割を演じるので，**単位行列** (unit matrix) と呼ばれている．

単位行列を用いると行列のスカラー倍を行列の積により表すことができる．

$$(\alpha E)A = \begin{pmatrix} \alpha & 0 \\ 0 & \alpha \end{pmatrix} \begin{pmatrix} a & b \\ c & d \end{pmatrix} = \begin{pmatrix} \alpha a & \alpha b \\ \alpha c & \alpha d \end{pmatrix} = \alpha A,$$

$$A(\alpha E) = \begin{pmatrix} a & b \\ c & d \end{pmatrix} \begin{pmatrix} \alpha & 0 \\ 0 & \alpha \end{pmatrix} = \begin{pmatrix} \alpha a & \alpha b \\ \alpha c & \alpha d \end{pmatrix} = \alpha A.$$

この $\alpha E = \begin{pmatrix} \alpha & 0 \\ 0 & \alpha \end{pmatrix}$ を**スカラー行列**という.

スカラー行列はすべての 2 次行列と積の順序交換ができて（このことを可換 (commutative) であるということがある）その行列をスカラー倍する.

逆行列　行列の除法に対応する逆行列を定義する. 数の除法は

$$3 \div 2 = 3 \times \frac{1}{2} = 3 \times 2^{-1}$$

であり, 2^{-1} とは

$$2 \times 2^{-1} = 2^{-1} \times 2 = 1$$

を満たす数であった. ここで, 上で定義した単位行列 E が 1 の代わりに登場する.

【定義 1.1】（可逆行列）　2 次行列 A に対して,

$$XA = AX = E \tag{1.1}$$

を満たす 2 次行列 X が存在するとき, A は**可逆** (invertible) または**正則** (non-singular) であるという.

> **定理 1.1**　A が可逆ならば方程式 (1.1) は唯一の解をもつ. これを A^{-1} と表し, A の**逆行列** (inverse matrix) という.

証明　X, X' をそれぞれ方程式 (1.1) の解と仮定する. すなわち,

$$XA = AX = E, \qquad X'A = AX' = E.$$

乗法に関する結合法則より

$$X = EX = (X'A)X = X'(AX) = X'E = X'. \blacksquare$$

問題 1.5　A, B を可逆行列とする.
(1) A^{-1} は可逆行列であり, $(A^{-1})^{-1} = A$ であることを証明せよ.
(2) AB は可逆行列であり, $(AB)^{-1} = B^{-1}A^{-1}$ であることを証明せよ.

> **定理 1.2** 2次行列 $A = \begin{pmatrix} a & b \\ c & d \end{pmatrix}$ が可逆であるための必要で十分な条件は $ad - bc \neq 0$ である．また，$ad - bc \neq 0$ ならば
> $$A^{-1} = (ad - bc)^{-1} \begin{pmatrix} d & -b \\ -c & a \end{pmatrix}$$
> である．

証明 $ad - bc \neq 0$ が必要で十分な条件であることを示すには，

(I) A が可逆ならば $ad - bc \neq 0$ （必要性）

(II) $ad - bc \neq 0$ ならば A は可逆（十分性）

という両向きの命題を証明することになる．

(I) の証明 A を可逆と仮定する．このとき，$X = \begin{pmatrix} x & y \\ z & w \end{pmatrix}$ が方程式 $AX = E$ を満たしていると仮定できて

$$\begin{pmatrix} a & b \\ c & d \end{pmatrix} \begin{pmatrix} x & y \\ z & w \end{pmatrix} = \begin{pmatrix} ax + bz & ay + bw \\ cx + dz & cy + dw \end{pmatrix} = \begin{pmatrix} 1 & 0 \\ 0 & 1 \end{pmatrix}$$

が成立する．対応する成分を比較して

$$\begin{cases} 1.\ ax + bz = 1, \\ 2.\ ay + bw = 0, \\ 3.\ cx + dz = 0, \\ 4.\ cy + dw = 1. \end{cases}$$

1., 3. から

$$(ad - bc)x = d, \quad (ad - bc)z = -c,$$

2., 4. から

$$(ad - bc)y = -b, \quad (ad - bc)w = a$$

がそれぞれ得られる．

ここで背理法を用いる．$ad - bc = 0$ を仮定して，それを矛盾により否定しよう．$ad - bc = 0$ および上式より $a = b = c = d = 0$.

$$E = AX = OX = O$$

が成立して矛盾に至る．ゆえに，$ad-bc=0$ が否定されて，$ad-bc\neq 0$ が従う．

$D=ad-bc\neq 0$ とおけば，上の四つの式から

$$x=D^{-1}d, \quad y=-D^{-1}b, \quad z=-D^{-1}c, \quad w=D^{-1}a.$$

すなわち，

$$X=D^{-1}\begin{pmatrix} d & -b \\ -c & a \end{pmatrix}.$$

A^{-1} の形が求まった．

(II) の証明 $D=ad-bc\neq 0$ と仮定すれば

$$X=D^{-1}\begin{pmatrix} d & -b \\ -c & a \end{pmatrix}$$

が定義できて，簡単な計算により

$$XA=AX=E$$

の成立がわかる．ゆえに，A は可逆となる．■

【定義 1.2】（2 次行列式） $D=ad-bc$ を 2 次行列 $A=\begin{pmatrix} a & b \\ c & d \end{pmatrix}$ の行列式 (determinant) といい，$\det(A), \det A, |A|, \begin{vmatrix} a & b \\ c & d \end{vmatrix}$ 等と表す．

注意 1.1 上の証明から容易にわかるように，$AX=E$ または $XA=E$ のどちらか一方の方程式が成立していれば A は可逆となる．

問題 1.6 次の行列が可逆であるか調べ，可逆ならば逆行列を計算せよ．

$$(1)\begin{pmatrix} 2 & 1 \\ 3 & 4 \end{pmatrix} \quad (2)\begin{pmatrix} 3 & -6 \\ -2 & 4 \end{pmatrix} \quad (3)\begin{pmatrix} 1 & -1 \\ 1 & 1 \end{pmatrix}$$

1.2　2 次元数ベクトル空間・ベクトルの 1 次独立性

本節では，まず 2 次元のベクトルについてその特徴を調べ，次いでベクトルの 1 次従属・1 次独立に関する二つの異なる定義をあげて，それらが同値であることを示す．

2次元数ベクトル空間

我々はベクトルを $\vec{a}, \vec{b}$ のような大きさと方向をもつ矢線（矢線ベクトル）とせず，$\begin{pmatrix} a_1 \\ a_2 \end{pmatrix}, \begin{pmatrix} b_1 \\ b_2 \end{pmatrix}$ のような高次元の数（数ベクトル）として捉えることにする．

$\mathbf{R}^2 = \left\{ \begin{pmatrix} a_1 \\ a_2 \end{pmatrix} \middle| a_1, a_2 \in \mathbf{R} \right\}$ は二つの実数の組 $\begin{pmatrix} a_1 \\ a_2 \end{pmatrix}$ の作る集合である．この集合に和とスカラー倍とを導入して2次元数ベクトル空間を定義しよう．2次元数ベクトル空間の元（すなわち縦に並んだ二つの数の組）をベクトル (vector)（2次元数ベクトル）と定義して，これから太い小文字で表すこととする．

$\mathbf{a} = \begin{pmatrix} a_1 \\ a_2 \end{pmatrix}, \mathbf{b} = \begin{pmatrix} b_1 \\ b_2 \end{pmatrix}, \alpha \in \mathbf{R}$ として，ベクトルの和とスカラー倍とを次のように定義する．

$$\begin{cases} \mathbf{a} + \mathbf{b} = \begin{pmatrix} a_1 \\ a_2 \end{pmatrix} + \begin{pmatrix} b_1 \\ b_2 \end{pmatrix} = \begin{pmatrix} a_1 + b_1 \\ a_2 + b_2 \end{pmatrix}, \\ \alpha \mathbf{a} = \alpha \begin{pmatrix} a_1 \\ a_2 \end{pmatrix} = \begin{pmatrix} \alpha a_1 \\ \alpha a_2 \end{pmatrix}. \end{cases}$$

集合 $\mathbf{R}^2$ にこれらの演算まで入れて考えたものを **2次元数ベクトル空間** という．2次元数ベクトル空間においても，2次行列の場合と同様に，和に関する結合法則・交換法則が成立する．また，

$$\mathbf{a} - \mathbf{b} = \mathbf{a} + (-1)\mathbf{b}$$

と約束する．このとき，零ベクトルを $\mathbf{o} = \begin{pmatrix} 0 \\ 0 \end{pmatrix}$ と定義して，$\mathbf{a} + \mathbf{o} = \mathbf{a}, \mathbf{a} - \mathbf{a} = \mathbf{o}$ が成立する．

行列とベクトルとの積

2次行列 $A = \begin{pmatrix} a & b \\ c & d \end{pmatrix}$ と2次元数ベクトル $\mathbf{a} = \begin{pmatrix} a_1 \\ a_2 \end{pmatrix}$ との積を

$$A\mathbf{a} = \begin{pmatrix} a & b \\ c & d \end{pmatrix} \begin{pmatrix} a_1 \\ a_2 \end{pmatrix} = a_1 \begin{pmatrix} a \\ c \end{pmatrix} + a_2 \begin{pmatrix} b \\ d \end{pmatrix} = \begin{pmatrix} aa_1 + ba_2 \\ ca_1 + da_2 \end{pmatrix}$$

で定義する．$A\mathbf{a} \in \mathbf{R}^2$ であることに注意しておく．次が成立することは定義からすぐにわかる．

$$\begin{cases} A(\mathbf{a}+\mathbf{b}) = A\mathbf{a} + A\mathbf{b}, \\ A(\alpha\mathbf{a}) = \alpha A\mathbf{a}. \end{cases}$$

この式で表される対応関係（写像）を**線形性**（**線形写像** (linear mapping)）という．

B を 2 次行列，E を単位行列，O を零行列として，次も成立する．

$$(A+B)\mathbf{a} = A\mathbf{a} + B\mathbf{a}, \quad (AB)\mathbf{a} = A(B\mathbf{a}), \quad E\mathbf{a} = \mathbf{a}, \quad O\mathbf{a} = \mathbf{o}.$$

問題 1.7 上式を証明せよ．

$A = \begin{pmatrix} a & b \\ c & d \end{pmatrix}, A' = \begin{pmatrix} a' & b' \\ c' & d' \end{pmatrix}$ とする．A' の第 1 列 $\begin{pmatrix} a' \\ c' \end{pmatrix}$ と第 2 列 $\begin{pmatrix} b' \\ d' \end{pmatrix}$ だけを取り出せば，それぞれ 2 次元数ベクトルと見なすことができる．$\mathbf{u} = \begin{pmatrix} a' \\ c' \end{pmatrix}$, $\mathbf{v} = \begin{pmatrix} b' \\ d' \end{pmatrix}$ とするとき $A' = (\mathbf{u}, \mathbf{v})$ と表すことがある．この記法によれば

$$AA' = A(\mathbf{u}, \mathbf{v}) = (A\mathbf{u}, A\mathbf{v})$$

となる．

単位行列 $E = \begin{pmatrix} 1 & 0 \\ 0 & 1 \end{pmatrix}$ の第 1 列 $\begin{pmatrix} 1 \\ 0 \end{pmatrix}$ および第 2 列 $\begin{pmatrix} 0 \\ 1 \end{pmatrix}$ を**単位ベクトル** (unit vector) といい，$\mathbf{e}_1, \mathbf{e}_2$ とそれぞれ表す．このとき

$$A\mathbf{e}_1 = \begin{pmatrix} a & b \\ c & d \end{pmatrix}\begin{pmatrix} 1 \\ 0 \end{pmatrix} = \begin{pmatrix} a \\ c \end{pmatrix}, \quad A\mathbf{e}_2 = \begin{pmatrix} a & b \\ c & d \end{pmatrix}\begin{pmatrix} 0 \\ 1 \end{pmatrix} = \begin{pmatrix} b \\ d \end{pmatrix}$$

が成立する．

ベクトルの 1 次従属・1 次独立性 ベクトルとベクトルとの関係を規定するものとして 1 次従属・1 次独立という概念がある．ここでは二つのベクトルが 1 次従属であること・1 次独立であることの定義を二つ紹介する．最初の定義は簡明であるがより高い次元のベクトルに対する拡張が容易でない．後の定義は初心者にはわかりにくいがより高い次元のベクトルに対する拡張は容易である．

【定義 1.3】（**1 次従属・1 次独立（行列式による定義）**） 2 次元数ベクトル $\mathbf{a} = \begin{pmatrix} a_1 \\ a_2 \end{pmatrix}, \mathbf{b} = \begin{pmatrix} b_1 \\ b_2 \end{pmatrix}$ が **1 次従属**または**線形従属** (linearly dependent) であるとは

1.2 2次元数ベクトル空間・ベクトルの1次独立性

$$\det(\mathbf{a}, \mathbf{b}) = \begin{vmatrix} a_1 & b_1 \\ a_2 & b_2 \end{vmatrix} = a_1 b_2 - b_1 a_2 = 0$$

を満たすことをいう．

2次元数ベクトル $\mathbf{a} = \begin{pmatrix} a_1 \\ a_2 \end{pmatrix}, \mathbf{b} = \begin{pmatrix} b_1 \\ b_2 \end{pmatrix}$ が1次従属ではないとき，すなわち

$$\det(\mathbf{a}, \mathbf{b}) = a_1 b_2 - b_1 a_2 \neq 0$$

を満たすとき，**1次独立**または**線形独立** (linearly independent) であるという．

【**定義 1.4**】（**1次従属・1次独立**（ベクトルの方程式による定義））　2次元数ベクトル $\mathbf{a}, \mathbf{b}$ が**1次従属**または**線形従属**であるとは，x, y を変数とするベクトルの方程式

$$x\mathbf{a} + y\mathbf{b} = \mathbf{o} \tag{1.2}$$

が自明な解 $x = y = 0$ の他に解をもつことをいう．

2次元数ベクトル $\mathbf{a}, \mathbf{b}$ が1次従属ではないとき，すなわち，方程式 (1.2) が自明な解 $x = y = 0$ のみをもつとき，**1次独立**または**線形独立**であるという．

! 注意 1.2　$\mathbf{a}, \mathbf{b}$ が1次従属ならば方程式 (1.2) は自明な解 $x = y = 0$ の他に解をもつ．したがって，少なくとも一方は 0 ではない数 x_0, y_0 が存在して

$$x_0 \mathbf{a} + y_0 \mathbf{b} = \mathbf{o}$$

とできる．たとえば $x_0 \neq 0$ とすれば $k = -\dfrac{y_0}{x_0}$ とおいて

$$\mathbf{a} = k\mathbf{b}$$

と表される．他方，$\mathbf{a}, \mathbf{b}$ が1次独立ならば方程式 (1.2) は自明な解 $x = y = 0$ のみをもつ．もし

$$x_1 \mathbf{a} + y_1 \mathbf{b} = x_2 \mathbf{a} + y_2 \mathbf{b}$$

が成立していれば

$$(x_1 - x_2)\mathbf{a} + (y_1 - y_2)\mathbf{b} = \mathbf{o}$$

と変形して，$x_1 - x_2, y_1 - y_2$ は方程式 (1.2) の解となる．ゆえに

$$x_1 - x_2 = y_1 - y_2 = 0 \iff x_1 = x_2, y_1 = y_2.$$

すなわち，1次独立なベクトルからなる等式では，対応するベクトルの係数の比較が許される．

問題 1.8 次のベクトルが 1 次従属であるか 1 次独立であるかを上の二つの定義により判定せよ.

(1) $\mathbf{e}_1 = \begin{pmatrix} 1 \\ 0 \end{pmatrix}, \mathbf{e}_2 = \begin{pmatrix} 0 \\ 1 \end{pmatrix}$ 　　(2) $\begin{pmatrix} 1 \\ 1 \end{pmatrix}, \begin{pmatrix} 1 \\ 2 \end{pmatrix}$ 　　(3) $\begin{pmatrix} 1 \\ 2 \end{pmatrix}, \begin{pmatrix} 2 \\ 4 \end{pmatrix}$

定理 1.3 上の二つの定義は同値である．すなわち，$\mathbf{a} = \begin{pmatrix} a_1 \\ a_2 \end{pmatrix}, \mathbf{b} = \begin{pmatrix} b_1 \\ b_2 \end{pmatrix}$ に対して，

$$\det(\mathbf{a}, \mathbf{b}) = a_1 b_2 - b_1 a_2 = 0$$

であるための必要で十分な条件は，x, y を変数とするベクトルの方程式

$$x\mathbf{a} + y\mathbf{b} = \mathbf{o} \iff x \begin{pmatrix} a_1 \\ a_2 \end{pmatrix} + y \begin{pmatrix} b_1 \\ b_2 \end{pmatrix} = \begin{pmatrix} 0 \\ 0 \end{pmatrix} \tag{1.3}$$

が自明な解 $x = y = 0$ の他に解をもつことである．

証明 ここでも定理 1.2 (p.13) の証明と同様に，必要性・十分性両方の成立を証明する．

$a_1 b_2 - b_1 a_2 = 0$ と仮定する．$a_1 = a_2 = b_1 = b_2 = 0$ ならば (1.3) 式はどの x, y をとっても成立する．そこで，a_1, a_2, b_1, b_2 の中のどれかは 0 に等しくないと仮定する．たとえば，$a_1 \neq 0$ を仮定してみよう．このとき，$x = -\dfrac{b_1}{a_1}, y = 1 \neq 0$ とおくと，$a_1 b_2 - b_1 a_2 = 0$ の仮定より

$$x\mathbf{a} + y\mathbf{b} = -\frac{b_1}{a_1} \begin{pmatrix} a_1 \\ a_2 \end{pmatrix} + \begin{pmatrix} b_1 \\ b_2 \end{pmatrix} = \begin{pmatrix} -b_1 + b_1 \\ \frac{-b_1 a_2 + a_1 b_2}{a_1} \end{pmatrix} = \begin{pmatrix} 0 \\ 0 \end{pmatrix} = \mathbf{o}.$$

ゆえに，(1.3) 式は自明な解の他に解をもつ．a_2, b_1, b_2 のいずれかを $\neq 0$ と仮定してみた場合も同様にして証明できる．

逆に，(1.3) 式が自明な解の他に解 $x = x_0, y = y_0$ をもつと仮定する．このとき，x_0, y_0 の少なくとも一方は 0 ではない．そこで，$x_0 \neq 0$ と仮定してみると，$k = -\dfrac{y_0}{x_0}$ として

$$x_0 \mathbf{a} + y_0 \mathbf{b} = \mathbf{o} \iff \mathbf{a} = -\frac{y_0}{x_0} \mathbf{b} = k\mathbf{b}.$$

これを用いて

$$\det(\mathbf{a}, \mathbf{b}) = \begin{vmatrix} kb_1 & b_1 \\ kb_2 & b_2 \end{vmatrix} = 0.$$

$y_0 \neq 0$ と仮定してみた場合も同様にして証明できる． ∎

> **命題 1.4** $\mathbf{a} = \begin{pmatrix} a_1 \\ a_2 \end{pmatrix}, \mathbf{b} = \begin{pmatrix} b_1 \\ b_2 \end{pmatrix}$ を 1 次独立なベクトルとする．このとき，任意のベクトル $\mathbf{c} = \begin{pmatrix} c_1 \\ c_2 \end{pmatrix}$ に対して，x, y を変数とするベクトルの方程式
> $$x\mathbf{a} + y\mathbf{b} = \mathbf{c} \tag{1.4}$$
> は唯一の解をもつ．

証明 まず次を確認しよう．

$$x\mathbf{a} + y\mathbf{b} = x\begin{pmatrix} a_1 \\ a_2 \end{pmatrix} + y\begin{pmatrix} b_1 \\ b_2 \end{pmatrix} = \begin{pmatrix} xa_1 + yb_1 \\ xa_2 + yb_2 \end{pmatrix} = \begin{pmatrix} a_1 & b_1 \\ a_2 & b_2 \end{pmatrix} \begin{pmatrix} x \\ y \end{pmatrix}.$$

そこで $A = \begin{pmatrix} a_1 & b_1 \\ a_2 & b_2 \end{pmatrix}, \mathbf{x} = \begin{pmatrix} x \\ y \end{pmatrix}$ とすれば，方程式 (1.4) は行列とベクトルとを使って次のように簡明な形に書き換えられる．

$$A\mathbf{x} = \mathbf{c}. \tag{1.5}$$

この方程式は二つの変数 x, y を一つのベクトルの変数と見なしたものである．

これを用いて，まず解が存在するとしてそれが一意的であることを示し，次いで実際に解が存在することを示そう．

$\mathbf{x} = \begin{pmatrix} x \\ y \end{pmatrix}$ を方程式 (1.5) の一つの解であると仮定する．ベクトル $\mathbf{a}, \mathbf{b}$ は 1 次独立であるから $a_1 b_2 - b_1 a_2 \neq 0$．ゆえに，定理 1.2 より A は可逆行列．(1.5) 式の両辺に A^{-1} を左乗して

$$A^{-1}A\mathbf{x} = A^{-1}\mathbf{c} \iff (A^{-1}A)\mathbf{x} = A^{-1}\mathbf{c} \iff E\mathbf{x} = A^{-1}\mathbf{c} \iff \mathbf{x} = A^{-1}\mathbf{c}.$$

したがって，$\mathbf{x}$ は一意的に確定する．

逆に $\mathbf{x} = A^{-1}\mathbf{c}$ とおけば

$$A\mathbf{x} = A(A^{-1}\mathbf{c}) = (AA^{-1})\mathbf{c} = E\mathbf{c} = \mathbf{c}.$$

したがって，$\mathbf{x}$ は方程式 (1.5) の解となる．

かくして方程式 (1.5) すなわち方程式 (1.4) は解を一つだけもつことがわかった． ∎

1.3 2次行列の対角化

本節では，行列のべき乗を計算するときなどに活躍する，行列の対角化を研究しよう．固有値・固有ベクトルという新しい概念を導入して，それらの求め方と対角化との関係を説明する．最後に，その応用の例としてフィボナッチ数列の一般項を求めてみよう．

2 次行列 A が与えられたとき，スカラー（数）α, β および可逆行列 P を選んで

$$A = P \begin{pmatrix} \alpha & 0 \\ 0 & \beta \end{pmatrix} P^{-1}$$

の形に表すことを，行列 A を**対角化する**という．これは標語的に行列の因数分解であるともいえる．（後で見るようにすべての 2 次行列が対角化できるわけではない．）

$\begin{pmatrix} \alpha & 0 \\ 0 & \beta \end{pmatrix}$ の形をもつ行列を**対角行列** (diagonal matrix) という．

対角行列 $\begin{pmatrix} \alpha & 0 \\ 0 & \beta \end{pmatrix}, \begin{pmatrix} \alpha' & 0 \\ 0 & \beta' \end{pmatrix}$ に対して，

$$\begin{pmatrix} \alpha & 0 \\ 0 & \beta \end{pmatrix} \begin{pmatrix} \alpha' & 0 \\ 0 & \beta' \end{pmatrix} = \begin{pmatrix} \alpha' & 0 \\ 0 & \beta' \end{pmatrix} \begin{pmatrix} \alpha & 0 \\ 0 & \beta \end{pmatrix} = \begin{pmatrix} \alpha\alpha' & 0 \\ 0 & \beta\beta' \end{pmatrix}$$

が成立する．

n を 0 以上の整数とする．2 次行列 A の n 乗を帰納的に $A^0 = E$, $A^1 = A$, $A^{n+1} = AA^n$ で定義する．一般に A^n を直接表すことは難しい．行列を対角化することでその計算が比較的容易にできる．次の例で確認しよう．

◆ **例題 1.2** P を可逆行列として
$$A = P \begin{pmatrix} \alpha & 0 \\ 0 & \beta \end{pmatrix} P^{-1}$$
とおく.このとき,
$$A^n = P \begin{pmatrix} \alpha^n & 0 \\ 0 & \beta^n \end{pmatrix} P^{-1}$$
を証明せよ.

(**解**) まず,次を確認しておく.
$$\begin{pmatrix} \alpha & 0 \\ 0 & \beta \end{pmatrix}^2 = \begin{pmatrix} \alpha & 0 \\ 0 & \beta \end{pmatrix} \begin{pmatrix} \alpha & 0 \\ 0 & \beta \end{pmatrix} = \begin{pmatrix} \alpha^2 & 0 \\ 0 & \beta^2 \end{pmatrix},$$
$$\begin{pmatrix} \alpha & 0 \\ 0 & \beta \end{pmatrix}^3 = \begin{pmatrix} \alpha & 0 \\ 0 & \beta \end{pmatrix} \begin{pmatrix} \alpha^2 & 0 \\ 0 & \beta^2 \end{pmatrix} = \begin{pmatrix} \alpha^3 & 0 \\ 0 & \beta^3 \end{pmatrix},$$
$$\begin{pmatrix} \alpha & 0 \\ 0 & \beta \end{pmatrix}^n = \begin{pmatrix} \alpha & 0 \\ 0 & \beta \end{pmatrix} \begin{pmatrix} \alpha^{n-1} & 0 \\ 0 & \beta^{n-1} \end{pmatrix} = \begin{pmatrix} \alpha^n & 0 \\ 0 & \beta^n \end{pmatrix}.$$

P は可逆であるから $P^{-1}P = PP^{-1} = E$.E はどんな行列に掛けても相手を変えないこと,行列の積では,交換法則が成立しないために,その並び順を変えて計算することは許されないが,結合法則が成立するので,その計算はどこから始めてもよいことを用いると

$$\begin{aligned}
A^2 &= \left(P \begin{pmatrix} \alpha & 0 \\ 0 & \beta \end{pmatrix} P^{-1} \right) \left(P \begin{pmatrix} \alpha & 0 \\ 0 & \beta \end{pmatrix} P^{-1} \right) \\
&= P \begin{pmatrix} \alpha & 0 \\ 0 & \beta \end{pmatrix} P^{-1} P \begin{pmatrix} \alpha & 0 \\ 0 & \beta \end{pmatrix} P^{-1} \\
&= P \begin{pmatrix} \alpha & 0 \\ 0 & \beta \end{pmatrix} (P^{-1} P) \begin{pmatrix} \alpha & 0 \\ 0 & \beta \end{pmatrix} P^{-1} \\
&= P \begin{pmatrix} \alpha & 0 \\ 0 & \beta \end{pmatrix} E \begin{pmatrix} \alpha & 0 \\ 0 & \beta \end{pmatrix} P^{-1} \\
&= P \begin{pmatrix} \alpha & 0 \\ 0 & \beta \end{pmatrix} \begin{pmatrix} \alpha & 0 \\ 0 & \beta \end{pmatrix} P^{-1} \\
&= P \begin{pmatrix} \alpha^2 & 0 \\ 0 & \beta^2 \end{pmatrix} P^{-1}.
\end{aligned}$$

同様にして

$$A^3 = \left(P\begin{pmatrix}\alpha & 0\\ 0 & \beta\end{pmatrix}P^{-1}\right)\left(P\begin{pmatrix}\alpha^2 & 0\\ 0 & \beta^2\end{pmatrix}P^{-1}\right)$$

$$= P\begin{pmatrix}\alpha & 0\\ 0 & \beta\end{pmatrix}\begin{pmatrix}\alpha^2 & 0\\ 0 & \beta^2\end{pmatrix}P^{-1}$$

$$= P\begin{pmatrix}\alpha^3 & 0\\ 0 & \beta^3\end{pmatrix}P^{-1}.$$

同様に続けて結論に至る． □

【定義 1.5】（固有値・固有ベクトル）　行列 A に対し，スカラー（数）α と零ベクトル $\mathbf{o}$ ではないベクトル $\mathbf{x}$ とが存在して $A\mathbf{x} = \alpha\mathbf{x}$ が成立するとき，α を行列 A の**固有値** (eigenvalue) といい，$\mathbf{x}$ を（α に対する）行列 A の**固有ベクトル** (eigenvector) という．

問題 1.9　$\mathbf{x}$ を行列 A の固有値 α に対する固有ベクトルとして次を証明せよ．
(1) $a\mathbf{x}$ $(a \neq 0)$ は行列 A の固有値 α に対する固有ベクトルである．
(2) $A^n\mathbf{x} = \alpha^n\mathbf{x}$ $(n \in \mathbf{N})$ が成立する．

固有値と固有ベクトルを求めることが対角化への鍵となり，その計算に次の**消去法の原理**と呼ばれる補題が用いられる．

> **補題 1.5**　行列 B が $\det(B) = 0$ を満たすならば固有値 0 をもつ．すなわち，ベクトル $\mathbf{x} \neq \mathbf{o}$ が存在して $B\mathbf{x} = 0\mathbf{x} = \mathbf{o}$ とできる．

証明　$B = (\mathbf{u}, \mathbf{v})$ とする．$\det(B) = 0$ の仮定から $\mathbf{u}, \mathbf{v}$ は 1 次従属となり，少なくともどちらか一方は 0 ではない数 x_0, y_0 が存在して

$$x_0\mathbf{u} + y_0\mathbf{v} = \mathbf{o}$$

とできる．$\mathbf{x} = \begin{pmatrix}x_0\\ y_0\end{pmatrix}$ とおけば，$\mathbf{x} \neq \mathbf{o}$ であり，行列とベクトルとの積の定義により，

$$B\mathbf{x} = x_0\mathbf{u} + y_0\mathbf{v} = \mathbf{o}.\quad\blacksquare$$

固有値・固有ベクトルの計算　上の補題（消去法の原理）を使うと，2次行列 $A = \begin{pmatrix} a & b \\ c & d \end{pmatrix}$ が与えられたときに，その固有値と固有ベクトルとを実際に計算することができる．

その計算は方程式

$$A\mathbf{x} = t\mathbf{x} \tag{1.6}$$

を満たすスカラー（数）t および零ベクトルではない2次元数ベクトル $\mathbf{x}$ を求めることである．(1.6) 式を変形して

$$A\mathbf{x} = t\mathbf{x} = tE\mathbf{x} \iff (A - tE)\mathbf{x} = \mathbf{o}.$$

$B = A - tE$ は，パラメータ t を含む2次行列である．いま，ある適当な α を選んで $t = \alpha$ のときに $\det(B) = 0$ とできれば，消去法の原理より，$\mathbf{x} \neq \mathbf{o}$ が存在して

$$B\mathbf{x} = (A - \alpha E)\mathbf{x} = \mathbf{o} \iff A\mathbf{x} = \alpha E\mathbf{x} = \alpha \mathbf{x}$$

とできる．ところが α の見つけ方は簡単で，方程式

$$\det(B) = \det(A - tE) = \begin{vmatrix} a-t & b \\ c & d-t \end{vmatrix} = (a-t)(d-t) - bc$$
$$= t^2 - (a+d)t + (ad - bc) = 0$$

を解けばよい．

【定義 1.6】（特性多項式・特性方程式）　2次行列 $A = \begin{pmatrix} a & b \\ c & d \end{pmatrix}$ に対して，t の2次多項式

$$t^2 - (a+d)t + (ad - bc)$$

をその**特性多項式** (characteristic polynomial) といい，t の2次方程式

$$t^2 - (a+d)t + (ad - bc) = 0$$

をその**特性方程式** (characteristic equation) という．

命題 1.6 α が行列 A の固有値であるための必要で十分な条件は，α が A の特性方程式の解であることである．特に A の相異なる固有値の個数は 2 個に限る．

証明 十分性はすでに見た．必要性のみ確認する．α を行列 A の固有値とすれば，ベクトル $\mathbf{x} \neq \mathbf{o}$ が存在して
$$A\mathbf{x} = \alpha \mathbf{x}$$
とできる．
$$A\mathbf{x} = \alpha \mathbf{x} \iff (A - \alpha E)\mathbf{x} = \mathbf{o}$$
と変形して背理法を用いる．

$\det(A - \alpha E) \neq 0$ を仮定して矛盾を導こう．定理 1.2 より，このとき $(A - \alpha E)^{-1}$ が存在する．上式にこれを左乗して
$$(A - \alpha E)^{-1}(A - \alpha E)\mathbf{x} = (A - \alpha E)^{-1}\mathbf{o} \iff \mathbf{x} = \mathbf{o}.$$
$\mathbf{x} \neq \mathbf{o}$ であるから矛盾に至る．ゆえに，仮定は否定されて $\det(A - \alpha E) = 0$ が従う． ∎

◆例題 1.3 $A = \begin{pmatrix} 2 & 1 \\ 1 & 2 \end{pmatrix}$ の固有値と固有ベクトルとを計算する．

（解）特性方程式の解は
$$t^2 - 4t + 3 = (t-1)(t-3) = 0 \iff t = 1, 3.$$
$A - 1E = \begin{pmatrix} 1 & 1 \\ 1 & 1 \end{pmatrix}$ であるから，方程式
$$x \begin{pmatrix} 1 \\ 1 \end{pmatrix} + y \begin{pmatrix} 1 \\ 1 \end{pmatrix} = \begin{pmatrix} 0 \\ 0 \end{pmatrix}$$
を満たす x, y を探して，たとえば $x = 1, y = -1$ とする．$\mathbf{u} = \begin{pmatrix} 1 \\ -1 \end{pmatrix}$ が固有値 1 に対する一つの固有ベクトルとなる．

同様に，$A - 3E = \begin{pmatrix} -1 & 1 \\ 1 & -1 \end{pmatrix}$ であるから，方程式

$$x \begin{pmatrix} -1 \\ 1 \end{pmatrix} + y \begin{pmatrix} 1 \\ -1 \end{pmatrix} = \begin{pmatrix} 0 \\ 0 \end{pmatrix}$$

を満たす x, y を探して，たとえば $x = y = 1$ とする．$\mathbf{v} = \begin{pmatrix} 1 \\ 1 \end{pmatrix}$ が固有値 3 に対する一つの固有ベクトルとなる． □

対角化に必要となる命題を二つ準備しておく．

命題 1.7 $\mathbf{x}$ を行列 A の固有値 α に対する固有ベクトル，$\mathbf{y}$ を行列 A の固有値 β に対する固有ベクトルとする．このとき，$\alpha \neq \beta$ ならば $\mathbf{x}, \mathbf{y}$ は 1 次独立である．

証明 1 次独立であることを示すために，a, b を変数とするベクトルの方程式

$$a\mathbf{x} + b\mathbf{y} = \mathbf{o} \tag{1.7}$$

の解が $a = b = 0$ 以外にないことを示す．

(1.7) 式の両辺に A を左乗して線形性を考慮すれば $aA\mathbf{x} + bA\mathbf{y} = \mathbf{o}$．$\mathbf{x}, \mathbf{y}$ への仮定より

$$a\alpha\mathbf{x} + b\beta\mathbf{y} = \mathbf{o} \tag{1.8}$$

(1.7), (1.8) 式より

$$(\beta - \alpha) a\mathbf{x} = \mathbf{o}, \quad (\alpha - \beta) b\mathbf{y} = \mathbf{o}.$$

仮定より $\alpha - \beta \neq 0$, $\mathbf{x}, \mathbf{y} \neq \mathbf{o}$ であるから $a = b = 0$． ∎

次の命題はケイリー—ハミルトン (Cayley-Hamilton) の定理として知られている．

命題 1.8 すべての 2 次行列 $A = \begin{pmatrix} a & b \\ c & d \end{pmatrix}$ に対して,

$$A^2 - (a+d)A + (ad-bc)E = O$$

が成立する．

証明 計算により

$$\begin{pmatrix} a & b \\ c & d \end{pmatrix} \begin{pmatrix} d & -b \\ -c & a \end{pmatrix} = (ad-bc)E,$$

$$\begin{pmatrix} a & b \\ c & d \end{pmatrix} + \begin{pmatrix} d & -b \\ -c & a \end{pmatrix} = (a+d)E.$$

これを用いて

$$A^2 - (a+d)A + (ad-bc)E$$
$$= A^2 - A(a+d)E + (ad-bc)E$$
$$= A^2 + (ad-bc)E - \begin{pmatrix} a & b \\ c & d \end{pmatrix}\left(\begin{pmatrix} a & b \\ c & d \end{pmatrix} + \begin{pmatrix} d & -b \\ -c & a \end{pmatrix}\right) = O. \quad \blacksquare$$

行列の対角化 $A = \begin{pmatrix} a & b \\ c & d \end{pmatrix}$ とする．

1. A の特性方程式 $t^2 - (a+d)t + (ad-bc) = 0$ が異なる二つの解 α, β をもつ場合 このとき，上の考察により，α に対する固有ベクトル $\mathbf{u}$ と β に対する固有ベクトル $\mathbf{v}$ とが存在して，$\mathbf{u}, \mathbf{v}$ は 1 次独立となる．そこで，$P = (\mathbf{u}, \mathbf{v})$ としよう．単位ベクトルを $\mathbf{e}_1 = \begin{pmatrix} 1 \\ 0 \end{pmatrix}, \mathbf{e}_2 = \begin{pmatrix} 0 \\ 1 \end{pmatrix}$ とすれば $P\mathbf{e}_1 = \mathbf{u}, P\mathbf{e}_2 = \mathbf{v}$ となる．これを用いて

$$AP = A(\mathbf{u}, \mathbf{v}) = (A\mathbf{u}, A\mathbf{v}) = (\alpha \mathbf{u}, \beta \mathbf{v})$$
$$= (P(\alpha \mathbf{e}_1), P(\beta \mathbf{e}_2)) = P(\alpha \mathbf{e}_1, \beta \mathbf{e}_2).$$

ゆえに

$$AP = P \begin{pmatrix} \alpha & 0 \\ 0 & \beta \end{pmatrix}.$$

定理 1.3 より P は可逆行列となるから

$$A = P \begin{pmatrix} \alpha & 0 \\ 0 & \beta \end{pmatrix} P^{-1}$$

となり対角化できた．

2. A の特性方程式 $t^2 - (a+d)t + (ad-bc) = 0$ が重解 α をもつ場合
このとき，上と状況が異なり，A は対角化できないことがある．

特性方程式が重解 α をもつことから

$$t^2 - (a+d)t + (ad-bc) = (t-\alpha)^2$$

が成立する．2 次方程式の解と係数との関係より

$$a + d = 2\alpha \qquad ad - bc = \alpha^2.$$

この関係をケイリー–ハミルトンの定理（命題 1.8）に代入して

$$A^2 - 2\alpha A + \alpha^2 E = (A - \alpha E)^2 = O. \tag{1.9}$$

もし $A - \alpha E = O$ ならば $A = \alpha E$ となり対角化できるから，$A - \alpha E \neq O$ と仮定しよう．

このとき，明らかに $\mathbf{v} \neq \mathbf{o}$ を一つ選んで

$$(A - \alpha E)\mathbf{v} \neq \mathbf{o}$$

とできる．そこで

$$\mathbf{u} = (A - \alpha E)\mathbf{v} \tag{1.10}$$

としよう．まず，$\mathbf{u}, \mathbf{v}$ が 1 次独立であることを確認する．方程式

$$x\mathbf{u} + y\mathbf{v} = \mathbf{o} \tag{1.11}$$

の解が $x = y = 0$ 以外にないことを示す．(1.11) 式に $A - \alpha E$ を左乗して，(1.9)，(1.10) 式を考慮すれば

$$x(A - \alpha E)\mathbf{u} + y(A - \alpha E)\mathbf{v} = \mathbf{o} \implies x(A - \alpha E)^2 \mathbf{v} + y\mathbf{u} = \mathbf{o} \implies y\mathbf{u} = \mathbf{o}.$$

$\mathbf{u}, \mathbf{v} \neq \mathbf{o}$ より $x = y = 0$. $\mathbf{u}, \mathbf{v}$ は 1 次独立である.

さて,再び (1.9), (1.10) 式を考慮すると,

$$(A - \alpha E)\mathbf{u} = (A - \alpha E)^2 \mathbf{v} = O\mathbf{v} = \mathbf{o} \iff A\mathbf{u} = \alpha \mathbf{u}.$$

また,

$$\mathbf{u} = (A - \alpha E)\mathbf{v} \iff A\mathbf{v} = \mathbf{u} + \alpha \mathbf{v}.$$

そこで,$P = (\mathbf{u}, \mathbf{v})$ として

$$AP = A(\mathbf{u}, \mathbf{v}) = (A\mathbf{u}, A\mathbf{v}) = (\alpha \mathbf{u}, \mathbf{u} + \alpha \mathbf{v}) = (P(\alpha \mathbf{e}_1), P(\mathbf{e}_1 + \alpha \mathbf{e}_2))$$
$$= P(\alpha \mathbf{e}_1, \mathbf{e}_1 + \alpha \mathbf{e}_2).$$

ゆえに

$$AP = P \begin{pmatrix} \alpha & 1 \\ 0 & \alpha \end{pmatrix}.$$

定理 1.3 より P は可逆行列となるから

$$A = P \begin{pmatrix} \alpha & 1 \\ 0 & \alpha \end{pmatrix} P^{-1}.$$

この場合,対角化はできないが,(1, 2) 成分を 1 とした形に変形できた.

問題 1.10 n を自然数として

$$\begin{pmatrix} \alpha & 1 \\ 0 & \alpha \end{pmatrix}^n = \begin{pmatrix} \alpha^n & n\alpha^{n-1} \\ 0 & \alpha^n \end{pmatrix}$$

を確かめよ.

◆ **例題 1.4** フィボナッチ数列 $\{a_n\}$ は

$$\begin{cases} a_1 = a, \\ a_2 = b, \\ a_{n+2} = a_{n+1} + a_n \quad (n = 1, 2, \cdots) \end{cases}$$

で定義される.この数列の一般項を計算しよう.

（解）話を行列の形にもち込みたい．そこで，$\begin{pmatrix} a_1 \\ a_2 \end{pmatrix}, \begin{pmatrix} a_2 \\ a_3 \end{pmatrix}, \begin{pmatrix} a_3 \\ a_4 \end{pmatrix}, \cdots$ のように二つずつ組にして考えよう．すると

$$\begin{pmatrix} a_{n+1} \\ a_{n+2} \end{pmatrix} = \begin{pmatrix} a_{n+1} \\ a_{n+1} + a_n \end{pmatrix} = \begin{pmatrix} a_{n+1} \\ a_n + a_{n+1} \end{pmatrix} = \begin{pmatrix} 0 & 1 \\ 1 & 1 \end{pmatrix} \begin{pmatrix} a_n \\ a_{n+1} \end{pmatrix}.$$

$A = \begin{pmatrix} 0 & 1 \\ 1 & 1 \end{pmatrix}$ として

$$\begin{pmatrix} a_{n+1} \\ a_{n+2} \end{pmatrix} = A \begin{pmatrix} a_n \\ a_{n+1} \end{pmatrix}, \quad \begin{pmatrix} a_n \\ a_{n+1} \end{pmatrix} = A \begin{pmatrix} a_{n-1} \\ a_n \end{pmatrix}, \quad \cdots.$$

ゆえに，

$$\begin{pmatrix} a_{n+1} \\ a_{n+2} \end{pmatrix} = A^n \begin{pmatrix} a \\ b \end{pmatrix}.$$

A^n が一般に計算できることは証明した．そこで以下に示す計算をすると，それは意外に困難で，固有値を

$$\alpha = \frac{1+\sqrt{5}}{2}, \quad \beta = \frac{1-\sqrt{5}}{2}$$

として

$$A^n = (\beta - \alpha)^{-1} \begin{pmatrix} \beta^{n-1} - \alpha^{n-1} & \beta^n - \alpha^n \\ \beta^n - \alpha^n & \beta^{n+1} - \alpha^{n+1} \end{pmatrix}$$

となる．ゆえに

$$a_{n+1} = (\beta - \alpha)^{-1} \left((\beta^{n-1} - \alpha^{n-1})a + (\beta^n - \alpha^n)b \right).$$

$\boxed{A = \begin{pmatrix} 0 & 1 \\ 1 & 1 \end{pmatrix} \text{ の } n \text{ 乗の計算}}$

この行列の特性方程式の解を

$$\alpha = \frac{1+\sqrt{5}}{2}, \quad \beta = \frac{1-\sqrt{5}}{2}$$

とすれば，固有値 α に対する固有ベクトルは $\begin{pmatrix} 1 \\ \alpha \end{pmatrix}$，固有値 β に対する固有ベクトルは $\begin{pmatrix} 1 \\ \beta \end{pmatrix}$ と計算できる．ゆえに

$$\begin{pmatrix} 0 & 1 \\ 1 & 1 \end{pmatrix}^n \begin{pmatrix} 1 & 1 \\ \alpha & \beta \end{pmatrix} = \left(\alpha^n \begin{pmatrix} 1 \\ \alpha \end{pmatrix}, \beta^n \begin{pmatrix} 1 \\ \beta \end{pmatrix} \right) = \begin{pmatrix} 1 & 1 \\ \alpha & \beta \end{pmatrix} \begin{pmatrix} \alpha^n & 0 \\ 0 & \beta^n \end{pmatrix}.$$

$\begin{pmatrix} 1 & 1 \\ \alpha & \beta \end{pmatrix}^{-1}$ を両辺に右乗して

$$\begin{pmatrix} 0 & 1 \\ 1 & 1 \end{pmatrix}^n = (\beta - \alpha)^{-1} \begin{pmatrix} 1 & 1 \\ \alpha & \beta \end{pmatrix} \begin{pmatrix} \alpha^n & 0 \\ 0 & \beta^n \end{pmatrix} \begin{pmatrix} \beta & -1 \\ -\alpha & 1 \end{pmatrix}$$
$$= (\beta - \alpha)^{-1} \begin{pmatrix} \beta^{n-1} - \alpha^{n-1} & \beta^n - \alpha^n \\ \beta^n - \alpha^n & \beta^{n+1} - \alpha^{n+1} \end{pmatrix}.$$

ここで，$\alpha\beta = -1$ を使った． □

章末問題

1.1 次の計算をせよ．

(1) $\begin{pmatrix} 1 & 5 \\ 0 & 2 \end{pmatrix} \begin{pmatrix} 6 & -3 \\ 2 & 1 \end{pmatrix}$, (2) $\begin{pmatrix} 2 & -7 \\ 7 & 3 \end{pmatrix} \begin{pmatrix} 1 & 2 \\ 1 & -5 \end{pmatrix}$.

1.2 2次行列 E' がすべての2次行列 A に対して $E'A = A$ または $AE' = A$ を満たすならば，$E' = E$ であることを示せ．

1.3 次の式変形の誤りを指摘せよ．

$$A^2 = E \implies A^2 = E^2 \implies A^2 - E^2 = O$$
$$\implies (A+E)(A-E) = O \implies A = \pm E.$$

1.4 次の行列の逆行列を求めよ．

(1) $\begin{pmatrix} 2 & 3 \\ 1 & 2 \end{pmatrix}$, (2) $\begin{pmatrix} -1 & 4 \\ 2 & -5 \end{pmatrix}$.

1.5 次の行列の固有値と固有ベクトルとを求めよ．

(1) $\begin{pmatrix} 3 & 1 \\ 1 & 3 \end{pmatrix}$, (2) $\begin{pmatrix} 1 & -1 \\ 1 & 3 \end{pmatrix}$.

1.6 n を自然数とする．次の行列を対角化して，その n 乗を計算せよ．

(1) $\begin{pmatrix} 2 & 3 \\ 3 & 2 \end{pmatrix}$,　　(2) $\begin{pmatrix} -2 & 1 \\ 4 & 1 \end{pmatrix}$.

1.7 1 次独立なベクトル $\mathbf{u}, \mathbf{v}$ に対して，$P = (\mathbf{u}, \mathbf{v})$ とおく．このとき，$A = P \begin{pmatrix} \alpha & 0 \\ 0 & \beta \end{pmatrix} P^{-1}$ とすれば，$\mathbf{u}, \mathbf{v}$ はそれぞれ A の固有値 α, β に対する固有ベクトルとなることを示せ．

1.8 $A = \begin{pmatrix} 3 & 1 \\ 1 & 3 \end{pmatrix}$ について，

(1) A の二つの固有値と，その固有値に対応する固有ベクトルを求めよ．
(2) n を自然数として A の n 乗を求めよ．
(3) 3 乗して A となる 2 次行列を一つ求めよ．

第2章

一般行列

本章では,第1章で見た2次行列の計算規則を一般の行列に拡張する.2次行列と同様に,和・スカラー倍・積などを定義して,一般の行列における零行列,単位行列,および逆行列を導入する.

2.1 一般の行列の計算

一般の行列 自然数 m, n に対して,$m \times n$ 個の実数(複素数)a_{ij} ($i = 1, 2, \cdots, m; j = 1, 2, \cdots, n$) を,縦 m 個,横 n 個の長方形に並べた表を (m, n) 型**行列** (matrix) といい,これから大文字を使って表すこととする.

$$A = \begin{pmatrix} a_{11} & a_{12} & \cdots & a_{1n} \\ a_{21} & a_{22} & \cdots & a_{2n} \\ \vdots & \vdots & \ddots & \vdots \\ a_{m1} & a_{m2} & \cdots & a_{mn} \end{pmatrix}.$$

行列を構成する $m \times n$ 個の数を**行列の成分**という.特に,上から i 番目,左から j 番目の位置にある成分 a_{ij} を,(i, j) 成分という.

横一列に並んだ列を**行** (row) といい,縦一列に並んだ列を**列** (column) という.特に,上から i 番目の行を第 i 行,左から j 番目の列を第 j 列という.

上の行列 A を

$$A = (a_{ij}) \quad (i = 1, 2, \cdots, m; j = 1, 2, \cdots, n)$$

と略記することがある.

正方形の表 (n, n) 型行列を特に **n 次行列**という．

二つの行列 A, B は，その型が同じで対応する成分が等しいときに，等しいと定義して $A = B$ と表す．

$(m, 1)$ 型行列，すなわち，縦に m 個の数を並べた表を **m 項列ベクトル** (column vector) または**縦ベクトル**という．列ベクトルまたは縦ベクトルを特にベクトルといい，行列と区別するために，これから太い小文字を使って表すこととする．

$$\mathbf{a} = \begin{pmatrix} a_1 \\ a_2 \\ \vdots \\ a_m \end{pmatrix}, \qquad \mathbf{a} = (a_i).$$

また，$(1, n)$ 型行列，すなわち，横に n 個の数を並べた表を **n 項行ベクトル** (row vector) または**横ベクトル**という．

行列の演算　第1章で2次行列について定義した演算を一般の行列へ拡張する．

二つの (m, n) 型行列 A, B に対して，対応する各成分の和をその成分にもつ同じ形の行列を A, B の和といい，$A + B$ と表す．

$$A = \begin{pmatrix} a_{11} & a_{12} & \cdots & a_{1n} \\ a_{21} & a_{22} & \cdots & a_{2n} \\ \vdots & \vdots & \ddots & \vdots \\ a_{m1} & a_{m2} & \cdots & a_{mn} \end{pmatrix}, \quad B = \begin{pmatrix} b_{11} & b_{12} & \cdots & b_{1n} \\ b_{21} & b_{22} & \cdots & b_{2n} \\ \vdots & \vdots & \ddots & \vdots \\ b_{m1} & b_{m2} & \cdots & b_{mn} \end{pmatrix}$$

ならば

$$A + B = \begin{pmatrix} a_{11} + b_{11} & a_{12} + b_{12} & \cdots & a_{1n} + b_{1n} \\ a_{21} + b_{21} & a_{22} + b_{22} & \cdots & a_{2n} + b_{2n} \\ \vdots & \vdots & \ddots & \vdots \\ a_{m1} + b_{m1} & a_{m2} + b_{m2} & \cdots & a_{mn} + b_{mn} \end{pmatrix}.$$

実数 c に対して，(m, n) 型行列 A の各成分を c 倍して得られる同じ形の行列を cA と表す．

$$cA = \begin{pmatrix} ca_{11} & ca_{12} & \cdots & ca_{1n} \\ ca_{21} & ca_{22} & \cdots & ca_{2n} \\ \vdots & \vdots & \ddots & \vdots \\ ca_{m1} & ca_{m2} & \cdots & ca_{mn} \end{pmatrix}.$$

特に，$(-1)A$ を $-A$ と表し，

$$A - B = A + (-1)B$$

と約束する．

　成分がすべて 0 である (m, n) 型行列を**零行列**といい，$O_{m,n}$ と表す．混同の恐れがないときには $O_{m,n}$ を単に O と書くこともある．任意の (m, n) 型行列 A に対して，明らかに

$$A + O = A, \qquad A - A = O.$$

2 次行列と同様に，次の演算法則が成立する．

$$\begin{cases} (A+B)+C = A+(B+C), & \text{（和に関する結合法則）} \\ A+B = B+A, & \text{（和に関する交換法則）} \\ c(A+B) = cA+cB, \quad (c+d)A = cA+dA, & \\ (cd)A = c(dA), \quad 1A = A, \quad 0A = O. & \end{cases}$$

　成分がすべて 0 である m 項列ベクトルを**零ベクトル**といい，$\mathbf{o}_m$ または単に $\mathbf{o}$ と表す．

　次に，一般の行列に積を定義する．

$$A = (a_{ij}) \quad (i=1,2,\cdots,l;\; j=1,2,\cdots,m)$$
$$B = (b_{jk}) \quad (j=1,2,\cdots,m;\; k=1,2,\cdots,n)$$

とする．このとき

$$c_{ik} = \sum_{j=1}^{m} a_{ij}\, b_{jk} \quad (i=1,2,\cdots,l;\; k=1,2,\cdots,n)$$

として

$$AB = (c_{ik})$$

により A, B の積を定義する．
$$A = \begin{pmatrix} a_{11} & a_{12} & \ldots & a_{1m} \\ a_{21} & a_{22} & \ldots & a_{2m} \\ \vdots & \vdots & \ddots & \vdots \\ a_{l1} & a_{l2} & \ldots & a_{lm} \end{pmatrix}, \quad B = \begin{pmatrix} b_{11} & b_{12} & \ldots & b_{1n} \\ b_{21} & b_{22} & \ldots & b_{2n} \\ \vdots & \vdots & \ddots & \vdots \\ b_{m1} & b_{m2} & \ldots & b_{mn} \end{pmatrix}$$
ならば
$$AB = \begin{pmatrix} \sum_{j=1}^{m} a_{1j}b_{j1} & \sum_{j=1}^{m} a_{1j}b_{j2} & \ldots & \sum_{j=1}^{m} a_{1j}b_{jn} \\ \sum_{j=1}^{m} a_{2j}b_{j1} & \sum_{j=1}^{m} a_{2j}b_{j2} & \ldots & \sum_{j=1}^{m} a_{2j}b_{jn} \\ \vdots & \vdots & \ddots & \vdots \\ \sum_{j=1}^{m} a_{lj}b_{j1} & \sum_{j=1}^{m} a_{lj}b_{j2} & \ldots & \sum_{j=1}^{m} a_{lj}b_{jn} \end{pmatrix}.$$

A, B の積 AB が定義できても BA が定義できるとは限らない．また，仮に定義できたとしても，$AB = BA$ は一般に成立しない．

◆例題 2.1 次の計算をせよ．
(1) $\begin{pmatrix} -1 & 5 \\ 0 & 1 \\ 1 & 3 \end{pmatrix} \begin{pmatrix} 2 & 1 \\ 1 & 2 \end{pmatrix}$, (2) $(1 \ 2 \ 3) \begin{pmatrix} 1 \\ 2 \\ 3 \end{pmatrix}$, (3) $\begin{pmatrix} 1 \\ 2 \\ 3 \end{pmatrix} (1 \ 2 \ 3)$.

(解)
(1) $\begin{pmatrix} -1 & 5 \\ 0 & 1 \\ 1 & 3 \end{pmatrix} \begin{pmatrix} 2 & 1 \\ 1 & 2 \end{pmatrix} = \begin{pmatrix} -1 \cdot 2 + 5 \cdot 1 & -1 \cdot 1 + 5 \cdot 2 \\ 0 \cdot 2 + 1 \cdot 1 & 0 \cdot 1 + 1 \cdot 2 \\ 1 \cdot 2 + 3 \cdot 1 & 1 \cdot 1 + 3 \cdot 2 \end{pmatrix} = \begin{pmatrix} 3 & 9 \\ 1 & 2 \\ 5 & 7 \end{pmatrix}$,

(2) $(1 \ 2 \ 3) \begin{pmatrix} 1 \\ 2 \\ 3 \end{pmatrix} = (1 \cdot 1 + 2 \cdot 2 + 3 \cdot 3) = 14$,

(3) $\begin{pmatrix} 1 \\ 2 \\ 3 \end{pmatrix} (1 \ 2 \ 3) = \begin{pmatrix} 1 \cdot 1 & 1 \cdot 2 & 1 \cdot 3 \\ 2 \cdot 1 & 2 \cdot 2 & 2 \cdot 3 \\ 3 \cdot 1 & 3 \cdot 2 & 3 \cdot 3 \end{pmatrix} = \begin{pmatrix} 1 & 2 & 3 \\ 2 & 4 & 6 \\ 3 & 6 & 9 \end{pmatrix}$. □

/注意 2.1 上の例からもわかるように，(l, m) 型行列と (m, n) 型行列との積は (l, n) 型行列となる．

問題 2.1 次の計算をせよ．
(1) $\begin{pmatrix} 5 & 2 \\ -3 & 1 \\ 0 & -2 \end{pmatrix} \begin{pmatrix} 3 & 1 & 0 \\ -1 & 1 & 2 \end{pmatrix}$, (2) $(-5 \ 0 \ 2) \begin{pmatrix} 2 & 3 \\ 1 & -1 \\ 5 & 2 \end{pmatrix}$,

(3) $\begin{pmatrix} 1 & 0 & 0 \\ 0 & 1 & 0 \\ 0 & 0 & 1 \end{pmatrix} \begin{pmatrix} a_{11} & a_{12} \\ a_{21} & a_{22} \\ a_{31} & a_{32} \end{pmatrix}$, $\begin{pmatrix} a_{11} & a_{12} \\ a_{21} & a_{22} \\ a_{31} & a_{32} \end{pmatrix} \begin{pmatrix} 1 & 0 \\ 0 & 1 \end{pmatrix}$.

積に関する結合法則を確かめよう．

> **命題 2.1** A が (k, l) 型，B が (l, m) 型，C が (m, n) 型の行列とする．このとき，
> $$(AB)C = A(BC) \qquad \text{(積に関する結合法則)}$$
> が成立する．

証明 証明すべき式の両辺が定義されて，共に (k, n) 型行列になることは明らかである．ゆえに対応する成分の等しいことを証明すればよい．

$$A = (a_{pq}), \quad B = (b_{qr}), \quad C = (c_{rs})$$
$$(p = 1, 2, \cdots, k;\ q = 1, 2, \cdots, l;\ r = 1, 2, \cdots, m;\ s = 1, 2, \cdots, n)$$

とする．
$$(AB \text{ の } (p, r) \text{ 成分}) = \sum_{q=1}^{l} a_{pq} b_{qr}$$

であるから
$$((AB)C \text{ の } (p, s) \text{ 成分}) = \sum_{r=1}^{m} \left(\sum_{q=1}^{l} a_{pq} b_{qr} \right) c_{rs} = \sum_{r=1}^{m} \sum_{q=1}^{l} a_{pq} b_{qr} c_{rs}.$$

一方，
$$(BC \text{ の } (q, s) \text{ 成分}) = \sum_{r=1}^{m} b_{qr} c_{rs}$$

であるから
$$(A(BC) \text{ の } (p, s) \text{ 成分}) = \sum_{q=1}^{l} a_{pq} \left(\sum_{r=1}^{m} b_{qr} c_{rs} \right) = \sum_{q=1}^{l} \sum_{r=1}^{m} a_{pq} b_{qr} c_{rs}.$$

かくして
$$(AB)C = A(BC). \quad \blacksquare$$

次も容易に証明できる．

$$A(B+C) = AB + AC, \quad (A+B)C = AC + BC \quad （分配法則）.$$

2 次行列の単位行列 E を一般化する．

n 次**単位行列** (unit matrix) E_n を，n 次行列で，その (i,i) 成分（対角成分）がすべて 1, 他の成分がすべて 0 の行列と定義する．混同の恐れがないときには E_n を単に E と表す．

$$E_n = \begin{pmatrix} 1 & 0 & 0 & 0 & \cdots \\ 0 & 1 & 0 & 0 & \cdots \\ 0 & 0 & 1 & 0 & \cdots \\ \vdots & \vdots & 0 & \ddots & \cdots \\ 0 & \cdots & 0 & 0 & 1 \end{pmatrix}.$$

任意の (m,n) 型行列 A に対して，

$$E_m A = A, \qquad A E_n = A$$

が成立する．

(m,n) 型行列 $A = (a_{ij})$ の第 j 列だけを取り出せば m 項列ベクトルと見ることができる．それを行列 A の第 j 列ベクトルという．

$$\mathbf{a}_1 = \begin{pmatrix} a_{11} \\ a_{21} \\ \vdots \\ a_{m1} \end{pmatrix}, \quad \mathbf{a}_2 = \begin{pmatrix} a_{12} \\ a_{22} \\ \vdots \\ a_{m2} \end{pmatrix}, \quad \cdots, \quad \mathbf{a}_n = \begin{pmatrix} a_{1n} \\ a_{2n} \\ \vdots \\ a_{mn} \end{pmatrix}$$

とするとき，

$$A = (\mathbf{a}_1, \mathbf{a}_2, \cdots, \mathbf{a}_n)$$

と略記することがある．

単位行列 E_n の n 個の列ベクトル

$$\mathbf{e}_1 = \begin{pmatrix} 1 \\ 0 \\ 0 \\ \vdots \\ 0 \end{pmatrix}, \quad \mathbf{e}_2 = \begin{pmatrix} 0 \\ 1 \\ 0 \\ \vdots \\ 0 \end{pmatrix}, \quad \cdots, \quad \mathbf{e}_n = \begin{pmatrix} 0 \\ 0 \\ \vdots \\ 0 \\ 1 \end{pmatrix}$$

を n 項単位ベクトルという．混同の恐れがないときには n 項単位ベクトルを単に**単位ベクトル** (unit vector) という．

A が (l, m) 型行列，B が (m, n) 型行列であるとき，B の列ベクトルを $\mathbf{b}_1, \mathbf{b}_2, \cdots, \mathbf{b}_n$ とすれば，積の定義により，

$$AB = A(\mathbf{b}_1, \mathbf{b}_2, \cdots, \mathbf{b}_n) = (A\mathbf{b}_1, A\mathbf{b}_2, \cdots, A\mathbf{b}_n)$$

が成立する．また，$B = E$ として

$$A = (A\mathbf{e}_1, A\mathbf{e}_2, \cdots, A\mathbf{e}_n)$$

も成立する．これは $\mathbf{a}_i = A\mathbf{e}_i$ を意味し，単位ベクトルを右乗することで列ベクトルを表現できることを示している．

任意の n 項列ベクトル $\mathbf{x} = (x_i)$ は単位ベクトルを用いて

$$\mathbf{x} = \sum_{i=1}^{n} x_i \mathbf{e}_i$$

と表すことができる．一般に，n 項列ベクトル $\mathbf{a}_1, \mathbf{a}_2, \cdots, \mathbf{a}_k$ に対して，

$$x_1 \mathbf{a}_1 + x_2 \mathbf{a}_2 + \cdots + x_k \mathbf{a}_k$$

の形で表されるベクトルを，$\mathbf{a}_1, \mathbf{a}_2, \cdots, \mathbf{a}_k$ の **1 次結合** または**線形結合** (linear conbination) という．

$\alpha_1, \alpha_2, \cdots, \alpha_n$ をスカラー（数）として $\begin{pmatrix} \alpha_1 & 0 & 0 & \cdots & 0 \\ 0 & \alpha_2 & 0 & \cdots & 0 \\ 0 & 0 & \ddots & 0 & 0 \\ \vdots & \vdots & \vdots & \ddots & 0 \\ 0 & 0 & \cdots & 0 & \alpha_n \end{pmatrix}$ の形をもつ n 次行列を**対角行列** (diagonal matrix) という．対角行列に対して，

$$\begin{pmatrix} \alpha_1 & 0 & 0 & \cdots & 0 \\ 0 & \alpha_2 & 0 & \cdots & 0 \\ 0 & 0 & \ddots & 0 & 0 \\ \vdots & \vdots & \vdots & \ddots & 0 \\ 0 & 0 & \cdots & 0 & \alpha_n \end{pmatrix} \begin{pmatrix} \beta_1 & 0 & 0 & \cdots & 0 \\ 0 & \beta_2 & 0 & \cdots & 0 \\ 0 & 0 & \ddots & 0 & 0 \\ \vdots & \vdots & \vdots & \ddots & 0 \\ 0 & 0 & \cdots & 0 & \beta_n \end{pmatrix}$$

$$= \begin{pmatrix} \alpha_1\beta_1 & 0 & 0 & \ldots & 0 \\ 0 & \alpha_2\beta_2 & 0 & \ldots & 0 \\ 0 & 0 & \ddots & 0 & 0 \\ \vdots & \vdots & \vdots & \ddots & 0 \\ 0 & 0 & \ldots & 0 & \alpha_n\beta_n \end{pmatrix}$$

$$= \begin{pmatrix} \beta_1 & 0 & 0 & \ldots & 0 \\ 0 & \beta_2 & 0 & \ldots & 0 \\ 0 & 0 & \ddots & 0 & 0 \\ \vdots & \vdots & \vdots & \ddots & 0 \\ 0 & 0 & \ldots & 0 & \beta_n \end{pmatrix} \begin{pmatrix} \alpha_1 & 0 & 0 & \ldots & 0 \\ 0 & \alpha_2 & 0 & \ldots & 0 \\ 0 & 0 & \ddots & 0 & 0 \\ \vdots & \vdots & \vdots & \ddots & 0 \\ 0 & 0 & \ldots & 0 & \alpha_n \end{pmatrix}$$

が成立する．

2.2 可逆行列（正則行列）

逆行列を 2 次行列にならって定義する．一般行列の積の定義から，それは n 次行列のみに定義される．

【定義 2.1】（可逆行列） n 次行列 A に対して，

$$XA = AX = E \tag{2.1}$$

を満たす n 次行列 X が存在するとき，A は**可逆** (invertible) または**正則** (non-singular) であるという．

> **定理 2.2** A が可逆ならば方程式 (2.1) は唯一の解をもつ．それを A^{-1} と表し，A の**逆行列** (inverse matrix) という．

証明 定理 1.1 (p.12) の証明と同様. ■

n 次行列 A に対して，n 次行列 X は $XA = E$ を満たすときに A の**左逆元**であるといい，n 次行列 Y は $AY = E$ を満たすときに A の**右逆元**であるという．

定理 2.3 n 次行列 A は左逆元または右逆元のどちらか一方をもてば可逆となる．

2 次行列の場合この定理の成立は確認済みである．(注意 1.1 (p.14)) n 次行列の場合の証明は，基底と次元とを定義した後で，第 4 章の 4.4 節 (p.70) において考えたい．

問題 2.2 対角行列 $\begin{pmatrix} 1 & 0 & 0 \\ 0 & 2 & 0 \\ 0 & 0 & 3 \end{pmatrix}$ の逆行列を求めよ．

章末問題

2.1 次の計算をせよ

(1) $\begin{pmatrix} 1 \\ 2 \\ 1 \end{pmatrix} \begin{pmatrix} 2 & 0 & 1 \end{pmatrix}$, (2) $\begin{pmatrix} 2 & 0 & 1 \end{pmatrix} \begin{pmatrix} 1 \\ 2 \\ 1 \end{pmatrix}$, (3) $\begin{pmatrix} 3 & 0 & -1 \\ 1 & 2 & 0 \end{pmatrix} \begin{pmatrix} 1 & 4 \\ 2 & -1 \\ 3 & 2 \end{pmatrix}$,

(4) $\begin{pmatrix} 2 & 1 \\ 3 & -2 \\ -3 & 5 \end{pmatrix} \begin{pmatrix} 2 & 1 & 4 \\ -3 & 2 & 1 \end{pmatrix} + \begin{pmatrix} -2 & 1 \\ -2 & 2 \\ 2 & -2 \end{pmatrix} \begin{pmatrix} 2 & 1 & 4 \\ -3 & 2 & 1 \end{pmatrix}$.

2.2 A, B を O ではない n 次行列とする．もし，$AB = O$ ならば A, B が共に可逆行列ではないことを証明せよ．

2.3 n 次行列 A に対して，次を証明せよ．
 (1) $A^k = E$ を満たす自然数 k があれば A は可逆である．
 (2) $A^2 = A, A \neq E$ ならば A は可逆ではない．
 (3) $A^k = O$ を満たす自然数 k があれば A は可逆ではない（このような行列を冪零行列という）．
 (4) A が冪零ならば $E - A$ は可逆である．さらに，$(E - A)^{-1}$ を A を用いて表せ．

2.4 2 次行列 A が任意の 2 次行列 X と可換なとき，A はどんな形の行列か．またこれを 3 次行列の場合に一般化してみよ．

2.5 A, B を n 次行列とする．もし，$A + B = AB$ であれば AB は可換であることを証明せよ．

2.6 無限次行列 $A = (a_{ij}), B = (b_{ij})$ $(i = 1, 2, \cdots, \infty; j = 1, 2, \cdots, \infty)$ に対して，その積を
$$AB = (c_{ij}), \quad c_{ij} = \sum_{k=1}^{\infty} a_{ik} b_{kj}$$

により定義する．この積に関して

$$E = (e_{ij}), \quad e_{ij} = \begin{cases} 1, & (i = j) \\ 0, & (i \neq j) \end{cases}$$

は明らかに無限次単位行列である．いま

$$A = (a_{ij}), \quad a_{ij} = \begin{cases} 1, & (i = j+1) \\ 0, & (i \neq j+1) \end{cases}, \quad B = (b_{ij}), \quad b_{ij} = \begin{cases} 1, & (i+1 = j) \\ 0, & (i+1 \neq j) \end{cases}$$

とおけば $BA = E$, $AB \neq E$ となることを証明せよ．

これは定理 2.3 において $n < \infty$ であることの必要性を意味している．

第3章
行列の掃き出し法

　行列のある性質を保ちつつ，できるだけ簡単な形の行列に変形することはしばしば重要な意味をもつ．本章で紹介する初等変形はその一つであり，行列の階数の計算，連立1次方程式の解法，逆行列の計算等に利用される．

3.1　行列の初等変形・掃き出し法・階数

　行列の初等変形を定義しよう．まず準備から始める．

【定義 3.1】（行列単位）　n 次行列で，その (i,j) 成分が 1, 他の成分がすべて 0 であるものを，$E_n(i,j)$ と表し，**行列単位**という．

　(m,n) 型行列 A に対して，

　　行列単位 $E_m(i,j)$ を A に左乗すると，第 i 行が A の第 j 行で，他の成分がすべて 0 の (m,n) 型行列になり，

　　行列単位 $E_n(i,j)$ を A に右乗すると，第 j 列が A の第 i 列で，他の成分がすべて 0 の (m,n) 型行列になる．

　（それぞれ行列の積の定義より成立する．）

問題 3.1　$A = \begin{pmatrix} a_{11} & a_{12} & a_{13} \\ a_{21} & a_{22} & a_{23} \end{pmatrix}$ として次を確かめよ．

$$E_2(1,2)A = \begin{pmatrix} 0 & 1 \\ 0 & 0 \end{pmatrix} \begin{pmatrix} a_{11} & a_{12} & a_{13} \\ a_{21} & a_{22} & a_{23} \end{pmatrix} = \begin{pmatrix} a_{21} & a_{22} & a_{23} \\ 0 & 0 & 0 \end{pmatrix}.$$

$$AE_3(1,2) = \begin{pmatrix} a_{11} & a_{12} & a_{13} \\ a_{21} & a_{22} & a_{23} \end{pmatrix} \begin{pmatrix} 0 & 1 & 0 \\ 0 & 0 & 0 \\ 0 & 0 & 0 \end{pmatrix} = \begin{pmatrix} 0 & a_{11} & 0 \\ 0 & a_{21} & 0 \end{pmatrix}.$$

行列単位を使って，行列の積により行列の初等変形（基本変形）を定義する．

行列の初等（基本）変形 (m, n) 型行列 $A = (a_{ij})$ に対して，次の六つの変形を**初等変形**または**基本変形**という．

(**R1**) A の第 j 行の各成分を λ 倍して第 i 行に加える．これは

$$P_m(i, j; \lambda) = E_m + \lambda E_m(i, j), \quad \lambda \in \mathbf{R}, \quad i \neq j,$$

を A に左乗することである．

(**R2**) A の第 i 行の各成分を $\lambda \neq 0$ 倍する．これは

$$Q_m(i; \lambda) = E_m + (\lambda - 1)E_m(i, i), \quad \lambda \neq 0,$$

を A に左乗することである．

(**R3**) A の第 i 行と第 j 行とを入れ替える．これは

$$R_m(i, j) = E_m + E_m(i, j) + E_m(j, i) - E_m(i, i) - E_m(j, j)$$

を A に左乗することである．

(**C1**) A の第 i 列の各成分を λ 倍して第 j 列に加える．これは

$$P_n(i, j; \lambda) = E_n + \lambda E_n(i, j), \quad \lambda \in \mathbf{R}, \quad i \neq j,$$

を A に右乗することである．

(**C2**) A の第 i 列の各成分を $\lambda \neq 0$ 倍する．これは

$$Q_n(i; \lambda) = E_n + (\lambda - 1)E_n(i, i), \quad \lambda \neq 0,$$

を A に右乗することである．

(**C3**) A の第 i 列と第 j 列とを入れ替える．これは

$$R_n(i, j) = E_n + E_n(i, j) + E_n(j, i) - E_n(i, i) - E_n(j, j)$$

を A に右乗することである．

問題 3.2 以上の変形が対応する行列の積により表されることを実際に確かめよ．

> **命題 3.1** 初等変形を表す行列は可逆行列であり，その逆行列も初等変形を表す行列となる．すなわち，次が成立する．
> $$P_n(i,j;\lambda)\,P_n(i,j;-\lambda) = P_n(i,j;-\lambda)\,P_n(i,j;\lambda) = E_n \quad (i \neq j),$$
> $$Q_n(i;\lambda)\,Q_n(i;\lambda^{-1}) = Q_n(i;\lambda^{-1})\,Q_n(i;\lambda) = E_n \quad (\lambda \neq 0),$$
> $$R_n(i,j)\,R_n(i,j) = E_n \quad (i \neq j).$$

証明
$$P_n(i,j;\lambda)\,P_n(i,j;-\lambda) = P_n(i,j;\lambda)\,P_n(i,j;-\lambda)\,E_n$$
と見て，単位行列に対して初等変形の意味を考慮すれば明らかである．他の関係も同様に考えて示すことができる． ∎

行列の掃き出し法・行列の標準形　上の六つの初等変形によって，与えられた行列を単純な形の行列（標準形行列）に変形する手法を紹介する．標準形により，その行列の可逆性やその行列をベクトルに作用させたときのベクトルの対応関係の様子を知ることができる．

> **命題 3.2** (m, n) 型行列 $A = (a_{ij})$ は，上の六つの初等変形によって，標準形行列：
> $$\begin{pmatrix} E_r & O_{r,n-r} \\ O_{m-r,r} & O_{m-r,n-r} \end{pmatrix}$$
> に変形できる．ここで，E_r は r 次単位行列，$O_{k,l}$ は (k, l) 型零行列を表す．

まず実例から見ることにする．

◆ **例題 3.1** $\begin{pmatrix} 0 & 1 & 2 \\ 1 & 0 & 3 \\ 2 & 3 & 0 \end{pmatrix}$ を標準化する．

（解）
(1, 1) 成分を 1 にするために 1 行と 2 行とを入れ替える $\begin{pmatrix} 1 & 0 & 3 \\ 0 & 1 & 2 \\ 2 & 3 & 0 \end{pmatrix}$

(3, 1) 成分を 0 にするために 1 行の 2 倍を 3 行から引く $\begin{pmatrix} 1 & 0 & 3 \\ 0 & 1 & 2 \\ 0 & 3 & -6 \end{pmatrix}$

(1, 3) 成分を 0 にするために 1 列の 3 倍を 3 列から引く $\begin{pmatrix} 1 & 0 & 0 \\ 0 & 1 & 2 \\ 0 & 3 & -6 \end{pmatrix}$

(3, 2) 成分を 0 にするために 2 行の 3 倍を 3 行から引く $\begin{pmatrix} 1 & 0 & 0 \\ 0 & 1 & 2 \\ 0 & 0 & -12 \end{pmatrix}$

(2, 3) 成分を 0 にするために 2 列の 2 倍を 3 列から引く $\begin{pmatrix} 1 & 0 & 0 \\ 0 & 1 & 0 \\ 0 & 0 & -12 \end{pmatrix}$

(3, 3) 成分を 1 にするために 3 行を $\dfrac{-1}{12}$ 倍する $\begin{pmatrix} 1 & 0 & 0 \\ 0 & 1 & 0 \\ 0 & 0 & 1 \end{pmatrix}$ □

◆ 例題 3.2 $\begin{pmatrix} 0 & 1 & 2 \\ -1 & 0 & 3 \\ -2 & -3 & 0 \end{pmatrix}$ を標準化する．

（解）
(1, 1) 成分を 1 にするために 1 列と 2 列とを入れ替える $\begin{pmatrix} 1 & 0 & 2 \\ 0 & -1 & 3 \\ -3 & -2 & 0 \end{pmatrix}$

(3, 1) 成分を 0 にするために 1 行の -3 倍を 3 行から引く $\begin{pmatrix} 1 & 0 & 2 \\ 0 & -1 & 3 \\ 0 & -2 & 6 \end{pmatrix}$

(1, 3) 成分を 0 にするために 1 列の 2 倍を 3 列から引く $\begin{pmatrix} 1 & 0 & 0 \\ 0 & -1 & 3 \\ 0 & -2 & 6 \end{pmatrix}$

(2, 2) 成分を 1 にするために 2 行を -1 倍する $\begin{pmatrix} 1 & 0 & 0 \\ 0 & 1 & -3 \\ 0 & -2 & 6 \end{pmatrix}$

(3, 2) 成分を 0 にするために 2 行の -2 倍を 3 行から引く　$\begin{pmatrix} 1 & 0 & 0 \\ 0 & 1 & -3 \\ 0 & 0 & 0 \end{pmatrix}$

(2, 3) 成分を 0 にするために 2 列の -3 倍を 3 列から引く　$\begin{pmatrix} 1 & 0 & 0 \\ 0 & 1 & 0 \\ 0 & 0 & 0 \end{pmatrix}$　□

◆ 例題 **3.3**　$\begin{pmatrix} 0 & 1 & 1 & 3 \\ 0 & -1 & -1 & 2 \\ 1 & 0 & 2 & -3 \end{pmatrix}$ を標準化する.

(解)

(1, 1) 成分を 1 にするために 1 行と 3 行を入れ替える　$\begin{pmatrix} 1 & 0 & 2 & -3 \\ 0 & -1 & -1 & 2 \\ 0 & 1 & 1 & 3 \end{pmatrix}$

(1, 3), (1, 4) 成分を 0 にするために 1 列の 2 倍を 3 列から引き 1 列の 3 倍を 4 列に足す　$\begin{pmatrix} 1 & 0 & 0 & 0 \\ 0 & -1 & -1 & 2 \\ 0 & 1 & 1 & 3 \end{pmatrix}$

(2, 2) 成分を 1 にするために 2 行と 3 行とを入れ替える　$\begin{pmatrix} 1 & 0 & 0 & 0 \\ 0 & 1 & 1 & 3 \\ 0 & -1 & -1 & 2 \end{pmatrix}$

(3, 2) 成分を 0 にするために 2 行を 3 行に足す　$\begin{pmatrix} 1 & 0 & 0 & 0 \\ 0 & 1 & 1 & 3 \\ 0 & 0 & 0 & 5 \end{pmatrix}$

(2, 3), (2, 4) 成分を 0 にするために 2 列を 3 列から引き 2 列の 3 倍を 4 列から引く　$\begin{pmatrix} 1 & 0 & 0 & 0 \\ 0 & 1 & 0 & 0 \\ 0 & 0 & 0 & 5 \end{pmatrix}$

(3, 3) 成分を 1 にするためにまず 3 列と 4 列とを入れ替える　$\begin{pmatrix} 1 & 0 & 0 & 0 \\ 0 & 1 & 0 & 0 \\ 0 & 0 & 5 & 0 \end{pmatrix}$

次に 3 行を $\frac{1}{5}$ 倍する　$\begin{pmatrix} 1 & 0 & 0 & 0 \\ 0 & 1 & 0 & 0 \\ 0 & 0 & 1 & 0 \end{pmatrix}$　□

問題 3.3 上の例にならって $\begin{pmatrix} 1 & 2 & 0 \\ 1 & 0 & 2 \\ 0 & 2 & 3 \end{pmatrix}$ を標準化せよ.

命題 3.2 の証明 $A = O$ ならば $r = 0$ としてすでに標準形行列であるから変形の必要はない.そこで,$A \neq O$ としよう.このとき,成分 a_{ij} の中に必ず $a_{i_1 j_1} \neq 0$ となるものが存在する.$a_{i_1 j_1} = \alpha \neq 0$ とする.

- **(a)** $(1, 1)$ 成分を $\neq 0$ にするために行・列の適当な入れ替え (R3, C3) により $a_{i_1 j_1}$ を $(1, 1)$ の位置に移す.
- **(b)** $(1, 1)$ 成分を 1 にするために (R2) により第 1 行を $\dfrac{1}{\alpha}$ 倍する.
- **(c)** $(2, 1)$ 成分を 0 にするために (R1) により 2 行目から 1 行目の $(2, 1)$ 成分倍を引く.
- **(d)** 以下,同様にして,$(3, 1), \cdots, (m, 1)$ の各成分を順次 0 にする[†1].
- **(e)** $(1, 2)$ 成分を 0 にするために (C1) により 2 列目から 1 列目の $(1, 2)$ 成分倍を引く.
- **(f)** 以下,同様にして,$(1, 3), \cdots, (1, n)$ の各成分を順次 0 にする[†2].

これらの変形により A は
$$A' = \begin{pmatrix} 1 & O_{1, n-1} \\ O_{m-1, 1} & A_1 \end{pmatrix}$$
の形に変形された.ここで,A_1 は $(m-1, n-1)$ 型行列である.

$A_1 = O$ ならば $r = 1$ としてすでに標準形行列であるからこれ以上の変形の必要はない.そこで,$A_1 \neq O$ としよう.このとき,容易にわかるように,A_1 の部分に初等変形を施したときに A' の 1 行目および 1 列目には影響を与えない.したがって,A' の 1 行目および 1 列目を変えることなく,A_1 に対して上の (a)–(f) に対応する操作を続けることができる.

操作を続け(正確には帰納法によって)最後には A を標準形行列
$$\begin{pmatrix} E_r & O \\ O & O \end{pmatrix}$$

[†1] (c), (d) の操作を $(1, 1)$ 成分を要にして **1 列目を掃き出す**という.
[†2] (e), (f) の操作を $(1, 1)$ 成分を要にして **1 行目を掃き出す**という.

の形に変形できる．■

命題 3.1, 3.2 および可逆行列の積が可逆行列となることに注意して，次の定理の前半を得る．

> **定理 3.3** (m, n) 型行列 A に対し，可逆な m 次行列 P' と可逆な n 次行列 P とが存在して，
> $$P'AP = \begin{pmatrix} E_r & O \\ O & O \end{pmatrix}$$
> とできる．ここで，対角線（右下角に達するとは限らない）上に並ぶ 1 の数 r は A のみに依って一意的に決まる．

【定義 3.2】（行列の階数） (m, n) 型行列 A に対して，定理 3.3 により一意的に確定する数 r を A の **階数** (rank) といい，$\operatorname{rank} A$ と表す．

定理 3.3 の後半（すなわち階数が一意的に確定すること）の証明と階数の幾何的な意味づけについては，部分空間の次元という概念を用いて，第 4 章の 4.4 節 (p.70) において考えたい．

行列の可逆性と階数との関連について次の定理が成立する．

> **定理 3.4** n 次行列 A が可逆であるための必要で十分な条件は $\operatorname{rank} A = n$ である．

証明 定理 3.3 により可逆な n 次行列 P', P が存在して
$$P'AP = \begin{pmatrix} E_r & O \\ O & O \end{pmatrix}$$
とできる．

A が可逆ならば，上式左辺 $P'AP$ は可逆となり，上式右辺に可逆性が要請されて $r = n$ が必要である（問題 3.4 参照）．

逆に，$\operatorname{rank} A = n$ ならば

$$P'AP = E_n.$$

P^{-1} を右乗し,P を左乗して

$$PP'A = E_n.$$

$(PP')^{-1}$ を左乗し,PP' を右乗して

$$APP' = E_n.$$

すなわち,

$$PP'A = APP' = E_n.$$

A は可逆である. ■

$\mathrm{rank}\, A = n$ ならば

$$P'AP = E_n \iff PP'A = E_n$$

とできる.ここで現れる PP' は初等変形を表す行列の積であるから,A は行に関する初等変形だけで E_n の形に変形できて,次の定理を得る.また,

$$A = (PP')^{-1}$$

であるから,A は初等変形を表す行列の積として表されることも容易にわかる.

定理 3.5 n 次行列 A が $\mathrm{rank}\, A = n$ であるための必要で十分な条件は A を行に関する初等変形だけで E_n の形に変形できることである.

注意 3.1 n 次行列 A に対して,定理 3.4, 3.5 より
  A は可逆 $\iff$ $\mathrm{rank}\, A = n$
  $\iff$ A は行に関する初等変形だけで E の形に変形できる
が従う.

問題 3.4 必要なら

$$\begin{pmatrix} 1 & 0 & 0 \\ 0 & 1 & 0 \\ 0 & 0 & 0 \end{pmatrix} \begin{pmatrix} 0 \\ 0 \\ 1 \end{pmatrix} = \begin{pmatrix} 0 \\ 0 \\ 0 \end{pmatrix}$$

であることを参考にして, $r<n$ ならば n 次行列 $\begin{pmatrix} E_r & O \\ O & O \end{pmatrix}$ が可逆行列ではないことを証明せよ.

◆ **例題 3.4** $\begin{pmatrix} a & 1 & 1 \\ 1 & a & 1 \\ 1 & 1 & a \end{pmatrix}$ を a の値で場合分けして標準化せよ.

(解)

$$\begin{pmatrix} a & 1 & 1 \\ 1 & a & 1 \\ 1 & 1 & a \end{pmatrix}$$

1 行と 2 行とを入れ替える (1, 1) 成分を要にして 1 列目を掃き出す

$$\begin{pmatrix} 1 & a & 1 \\ 0 & 1-a^2 & 1-a \\ 0 & 1-a & a-1 \end{pmatrix}$$

(1, 1) 成分を要にして 1 行目を掃き出す

$$\begin{pmatrix} 1 & 0 & 0 \\ 0 & 1-a^2 & 1-a \\ 0 & 1-a & a-1 \end{pmatrix}$$

$a=1$ のとき階数は 1, $a \neq 1$ としよう.

2, 3 行をそれぞれ $\dfrac{1}{1-a}$ 倍する

$$\begin{pmatrix} 1 & 0 & 0 \\ 0 & 1+a & 1 \\ 0 & 1 & -1 \end{pmatrix}$$

2 行と 3 行とを入れ替える

$$\begin{pmatrix} 1 & 0 & 0 \\ 0 & 1 & -1 \\ 0 & 1+a & 1 \end{pmatrix}$$

(2, 2) 成分を要にして 2 列目を掃き出す

$$\begin{pmatrix} 1 & 0 & 0 \\ 0 & 1 & -1 \\ 0 & 0 & a+2 \end{pmatrix}$$

(2, 2) 成分を要にして 2 行目を掃き出す

$$\begin{pmatrix} 1 & 0 & 0 \\ 0 & 1 & 0 \\ 0 & 0 & a+2 \end{pmatrix}$$

$a=-2$ のとき階数は 2. $a \neq 1, -2$ のときさらに 3 列を $\dfrac{1}{a+2}$ 倍して階数は 3. □

3.2 連立1次方程式の解法

本節では,行列に対する初等変形を使った連立1次方程式の解法を紹介する.以下,連立1次方程式

$$\begin{cases} a_{11}x_1 + a_{12}x_2 + \cdots + a_{1n}x_n = b_1 \\ a_{21}x_1 + a_{22}x_2 + \cdots + a_{2n}x_n = b_2 \\ \vdots \\ a_{m1}x_1 + a_{m2}x_2 + \cdots + a_{mn}x_n = b_m \end{cases} \tag{3.1}$$

を考察しよう.この方程式は

$$A = \begin{pmatrix} a_{11} & a_{12} & \cdots & a_{1n} \\ a_{21} & a_{22} & \cdots & a_{2n} \\ \vdots & \vdots & \ddots & \vdots \\ a_{m1} & a_{m2} & \cdots & a_{mn} \end{pmatrix}, \quad \mathbf{x} = \begin{pmatrix} x_1 \\ x_2 \\ \vdots \\ x_n \end{pmatrix}, \quad \mathbf{b} = \begin{pmatrix} b_1 \\ b_2 \\ \vdots \\ b_m \end{pmatrix}$$

として,簡明に

$$A\mathbf{x} = \mathbf{b} \tag{3.2}$$

と書くことができる.また,A の列ベクトルを $\mathbf{a}_1, \mathbf{a}_2, \cdots, \mathbf{a}_n$ とすれば

$$x_1\mathbf{a}_1 + x_2\mathbf{a}_2 + \cdots + x_n\mathbf{a}_n = \mathbf{b} \tag{3.3}$$

とベクトルの関係式の形に書くこともできる.

最初に,最も基本的な A が n 次可逆行列である場合を取り上げよう.

命題 3.6 A が可逆な n 次行列ならば (3.2) 式は唯一の解 $\mathbf{x} = A^{-1}\mathbf{b}$ をもつ.

証明 (3.2) 式の両辺に A^{-1} を左乗して $A^{-1}A = E$ に注意すれば

$$A^{-1}A\mathbf{x} = A^{-1}\mathbf{b} \iff \mathbf{x} = A^{-1}\mathbf{b}$$

を得る(解の一意性).逆に,$\mathbf{x} = A^{-1}\mathbf{b}$ とおけば

$$A\mathbf{x} = AA^{-1}\mathbf{b} = E\mathbf{b} = \mathbf{b}$$

(解の存在). ■

　連立1次方程式とは，いくつかの1次方程式の系（システム）によって表現される方程式である．この方程式を解くためには，系全体に同値な変形を施して自明な形の系に帰着させる方法をとる．同値な変形とは，具体的に，

1) ある式を何倍かして他の式に加える
2) ある式を何倍かする

であることは経験から明らかであろう．

　以下，ガウスによる解法（掃き出し法）を紹介する．具体例から見ることにしよう．

◆ **例題 3.5**　次の方程式を考える．

$$\begin{cases} x_2 + 2x_3 = 1 \\ x_1 + 3x_3 = 2 \\ 2x_1 + 3x_2 = 1. \end{cases}$$

（解）

これを書き換えて
$$\begin{cases} 0x_1 + 1x_2 + 2x_3 = 1 \\ 1x_1 + 0x_2 + 3x_3 = 2 \\ 2x_1 + 3x_2 + 0x_3 = 1, \end{cases}$$

1行と2行とを入れ替えて
$$\begin{cases} 1x_1 + 0x_2 + 3x_3 = 2 \\ 0x_1 + 1x_2 + 2x_3 = 1 \\ 2x_1 + 3x_2 + 0x_3 = 1, \end{cases}$$

1行の2倍を3行から引いて
$$\begin{cases} 1x_1 + 0x_2 + 3x_3 = 2 \\ 0x_1 + 1x_2 + 2x_3 = 1 \\ 0x_1 + 3x_2 - 6x_3 = -3, \end{cases}$$

2行の3倍を3行から引いて
$$\begin{cases} 1x_1 + 0x_2 + 3x_3 = 2 \\ 0x_1 + 1x_2 + 2x_3 = 1 \\ 0x_1 + 0x_2 - 12x_3 = -6, \end{cases}$$

3行を $-\dfrac{1}{12}$ 倍して
$$\begin{cases} 1x_1 + 0x_2 + 3x_3 = 2 \\ 0x_1 + 1x_2 + 2x_3 = 1 \\ 0x_1 + 0x_2 + 1x_3 = 1/2. \end{cases}$$

3.2 連立1次方程式の解法 53

3行の3倍を1行から引き
3行の2倍を2行から引いて
$$\begin{cases} 1x_1 + 0x_2 + 0x_3 = 1/2 \\ 0x_1 + 1x_2 + 0x_3 = 0 \\ 0x_1 + 0x_2 + 1x_3 = 1/2. \end{cases}$$

ゆえに
$$\begin{pmatrix} x_1 \\ x_2 \\ x_3 \end{pmatrix} = \begin{pmatrix} 1/2 \\ 0 \\ 1/2 \end{pmatrix}.$$

以上の式変形を変数を省略して行列の形で表してみよう．

$$\begin{pmatrix} 0 & 1 & 2 & 1 \\ 1 & 0 & 3 & 2 \\ 2 & 3 & 0 & 1 \end{pmatrix} \Longrightarrow \begin{pmatrix} 1 & 0 & 3 & 2 \\ 0 & 1 & 2 & 1 \\ 2 & 3 & 0 & 1 \end{pmatrix} \Longrightarrow \begin{pmatrix} 1 & 0 & 3 & 2 \\ 0 & 1 & 2 & 1 \\ 0 & 3 & -6 & -3 \end{pmatrix} \Longrightarrow$$

$$\begin{pmatrix} 1 & 0 & 3 & 2 \\ 0 & 1 & 2 & 1 \\ 0 & 0 & -12 & -6 \end{pmatrix} \Longrightarrow \begin{pmatrix} 1 & 0 & 3 & 2 \\ 0 & 1 & 2 & 1 \\ 0 & 0 & 1 & 1/2 \end{pmatrix} \Longrightarrow \begin{pmatrix} 1 & 0 & 0 & 1/2 \\ 0 & 1 & 0 & 0 \\ 0 & 0 & 1 & 1/2 \end{pmatrix}. \quad \square$$

【定義 3.3】（係数行列・拡大係数行列）　上で定義した行列 A を方程式 (3.1) の係数行列 (coefficient matrix) という．さらに定数項ベクトル $\mathbf{b}$ を含めた行列

$$\tilde{A} = (A, \mathbf{b}) = \begin{pmatrix} a_{11} & a_{12} & \dots & a_{1n} & b_1 \\ a_{21} & a_{22} & \dots & a_{2n} & b_2 \\ \vdots & \vdots & \ddots & \vdots & \vdots \\ a_{m1} & a_{m2} & \dots & a_{mn} & b_m \end{pmatrix}$$

を方程式 (3.1) の**拡大係数行列** (enlarged coefficient matrix) という．

　容易にわかることであるが，拡大係数行列 $\tilde{A}$ に行に関する初等変形 (R1)–(R3) を何度施してもその結果得られる方程式と方程式 (3.1) とは同値である．しかし，後の例題 3.7 で見るように，行に関する初等変形だけでは不十分なので，変形の途中で未知数の順序を交換することも許すこととする．それは，拡大係数行列 $\tilde{A}$ において，最後の列（定数項ベクトル）以外の，列ベクトルの交換を許すことになる (C3)．すなわち，掃き出し法による連立1次方程式の解法とは，(R1)–(R3)

および定数項ベクトルだけを変えない (C3) を駆使して，$\tilde{A}$ の A の部分を標準形行列に近づけていき，解を求めようとする方法である．

◆ **例題 3.6** 次の方程式を考える．

$$\begin{cases} x_2 + 2x_3 = 1 \\ -x_1 + 3x_3 = 2 \\ -2x_1 - 3x_2 = 1. \end{cases}$$

（**解**） この方程式の拡大係数行列は $\begin{pmatrix} 0 & 1 & 2 & 1 \\ -1 & 0 & 3 & 2 \\ -2 & -3 & 0 & 1 \end{pmatrix}$ である．

$$\begin{pmatrix} 0 & 1 & 2 & 1 \\ -1 & 0 & 3 & 2 \\ -2 & -3 & 0 & 1 \end{pmatrix} \implies \begin{pmatrix} 1 & 0 & -3 & -2 \\ 0 & 1 & 2 & 1 \\ -2 & -3 & 0 & 1 \end{pmatrix} \implies$$

$$\begin{pmatrix} 1 & 0 & -3 & -2 \\ 0 & 1 & 2 & 1 \\ 0 & -3 & -6 & -3 \end{pmatrix} \implies \begin{pmatrix} 1 & 0 & -3 & -2 \\ 0 & 1 & 2 & 1 \\ 0 & 0 & 0 & 0 \end{pmatrix}.$$

すなわち，方程式は

$$\begin{cases} x_1 - 3x_3 = -2 \\ x_2 + 2x_3 = 1 \end{cases}$$

の形に変形された．$x_3 = \alpha$ として

$$x_1 = 3\alpha - 2, \quad x_2 = -2\alpha + 1, \quad x_3 = \alpha. \quad \square$$

◆ **例題 3.7** 次の方程式を考える．

$$\begin{cases} x_2 + 2x_3 = 1 \\ -x_1 + 3x_3 = 1 \\ -2x_1 - 3x_2 = 1. \end{cases}$$

3.2 連立 1 次方程式の解法   55

(解) $\begin{pmatrix} 0 & 1 & 2 & 1 \\ -1 & 0 & 3 & 1 \\ -2 & -3 & 0 & 1 \end{pmatrix} \implies \begin{pmatrix} 1 & 0 & -3 & -1 \\ 0 & 1 & 2 & 1 \\ 0 & -3 & -6 & -1 \end{pmatrix} \implies$
$\begin{pmatrix} 1 & 0 & -3 & -1 \\ 0 & 1 & 2 & 1 \\ 0 & 0 & 0 & 2 \end{pmatrix}$

これは与えられた方程式が

$$\begin{cases} x_1 - 3x_3 = -1 \\ x_2 + 2x_3 = 1 \\ 0 = 2 \end{cases}$$

の形に変形されたことを示しており，第 3 式は明らかに矛盾である．ゆえに，最初に与えられた方程式に解はない． □

◆ **例題 3.8** 次の方程式を考える．

$$\begin{cases} 3x_2 + 3x_3 - 2x_4 = -4 \\ x_1 + x_2 + 2x_3 + 3x_4 = 2 \\ x_1 + 2x_2 + 3x_3 + 2x_4 = 1 \\ x_1 + 3x_2 + 4x_3 + 2x_4 = -1. \end{cases}$$

(解) $\begin{pmatrix} 0 & 3 & 3 & -2 & -4 \\ 1 & 1 & 2 & 3 & 2 \\ 1 & 2 & 3 & 2 & 1 \\ 1 & 3 & 4 & 2 & -1 \end{pmatrix} \implies \begin{pmatrix} 1 & 1 & 2 & 3 & 2 \\ 0 & 3 & 3 & -2 & -4 \\ 1 & 2 & 3 & 2 & 1 \\ 1 & 3 & 4 & 2 & -1 \end{pmatrix} \implies$

$\begin{pmatrix} 1 & 1 & 2 & 3 & 2 \\ 0 & 3 & 3 & -2 & -4 \\ 0 & 1 & 1 & -1 & -1 \\ 0 & 2 & 2 & -1 & -3 \end{pmatrix} \implies \begin{pmatrix} 1 & 1 & 2 & 3 & 2 \\ 0 & 1 & 1 & -1 & -1 \\ 0 & 3 & 3 & -2 & -4 \\ 0 & 2 & 2 & -1 & -3 \end{pmatrix} \implies$

$\begin{pmatrix} 1 & 0 & 1 & 4 & 3 \\ 0 & 1 & 1 & -1 & -1 \\ 0 & 0 & 0 & 1 & -1 \\ 0 & 0 & 0 & 1 & -1 \end{pmatrix}$

この後計算を続けるには，3列と4列とを入れ替えなければならない．それは x_3, x_4 を取り替えることに対応する．

$$\Longrightarrow \begin{pmatrix} 1 & 0 & 4 & 1 & 3 \\ 0 & 1 & -1 & 1 & -1 \\ 0 & 0 & 1 & 0 & -1 \\ 0 & 0 & 1 & 0 & -1 \end{pmatrix} \Longrightarrow \begin{pmatrix} 1 & 0 & 0 & 1 & 7 \\ 0 & 1 & 0 & 1 & -2 \\ 0 & 0 & 1 & 0 & -1 \\ 0 & 0 & 0 & 0 & 0 \end{pmatrix}.$$

ゆえに，解は存在して一つの任意定数を含む．

$$x_1 = 7 - \alpha, \quad x_2 = -2 - \alpha, \quad x_3 = \alpha, \quad x_4 = -1. \quad \square$$

問題 3.5 次の連立 1 次方程式を解け．

$$\begin{cases} x_1 - x_2 + x_3 + 2x_4 &= 10 \\ 2x_1 + x_2 + x_3 &= 7 \\ 2x_1 - x_3 + x_4 &= 3 \\ -x_1 + x_2 + 2x_3 + x_4 &= 11. \end{cases}$$

斉次方程式 定数項ベクトル $\mathbf{b}$ が零ベクトル $\mathbf{o}$ である連立 1 次方程式を特に**斉次方程式** (homogeneous equation) という．明らかに，斉次方程式

$$x_1 \mathbf{a}_1 + x_2 \mathbf{a}_2 + \cdots + x_n \mathbf{a}_n = \mathbf{o} \tag{3.4}$$

は，どんな場合でも，自明な解 $x_1 = x_2 = \cdots = x_n = 0$ を必ずもつ．

(m, n) 型行列 $A = (\mathbf{a}_1, \cdots, \mathbf{a}_n)$ に対して，もし (R1)–(R3) および (C3) を駆使して

$$A \Longrightarrow \begin{pmatrix} E_r & Y \\ O & O \end{pmatrix}$$

の形に変形できたとする．ここで，r は m および $n-1$ 以下の自然数とし，Y は $(r, n-r)$ 型行列とする．このとき，明らかに，方程式 (3.4) は自明な解の他に解をもつ．この簡単な考察より，部分空間の次元および行列の階数の一意性を示すために必要となる，次の命題が従う．

命題 3.7 $\mathbf{a}_1, \mathbf{a}_2, \cdots, \mathbf{a}_n$ を m 次列ベクトルとする．$m < n$ ならば方程式 (3.4) は自明な解の他に解をもつ．

3.3 逆行列の計算

本節では，行列に対する初等変形を使った逆行列の計算法を紹介する．

n 次行列 A は行に関する初等変形だけで E_n の形に変形できると仮定する．この仮定は，方程式 $A\mathbf{x} = \mathbf{b}$ が，どのような $\mathbf{b}$ を選んでも，掃き出し法により一意的に解けることを意味している．

いま，n 項単位ベクトル

$$\mathbf{e}_1 = \begin{pmatrix} 1 \\ 0 \\ 0 \\ \vdots \\ 0 \end{pmatrix}, \quad \mathbf{e}_2 = \begin{pmatrix} 0 \\ 1 \\ 0 \\ \vdots \\ 0 \end{pmatrix}, \quad \cdots, \quad \mathbf{e}_n = \begin{pmatrix} 0 \\ 0 \\ \vdots \\ 0 \\ 1 \end{pmatrix}$$

に対して，

$$A\mathbf{x} = \mathbf{e}_i \quad (i = 1, 2, \cdots, n)$$

のそれぞれの解を $\mathbf{x}_i$ とする．

$$A\mathbf{x}_i = \mathbf{e}_i \quad (i = 1, 2, \cdots, n).$$

n 次行列 X を $X = (\mathbf{x}_1, \mathbf{x}_2, \cdots, \mathbf{x}_n)$ とすると

$$\begin{aligned} AX &= A(\mathbf{x}_1, \mathbf{x}_2, \cdots, \mathbf{x}_n) \\ &= (A\mathbf{x}_1, A\mathbf{x}_2, \cdots, A\mathbf{x}_n) = (\mathbf{e}_1, \mathbf{e}_2, \cdots, \mathbf{e}_n) = E. \end{aligned}$$

ゆえに，$A^{-1} = X$ となる．

拡大係数行列

$$(A, \mathbf{e}_1), \quad (A, \mathbf{e}_2), \quad \cdots, \quad (A, \mathbf{e}_n)$$

は行に関する同じ手続により

$$(E_n, \mathbf{x}_1), \quad (E_n, \mathbf{x}_2), \quad \cdots, \quad (E_n, \mathbf{x}_n)$$

に変形できる．これは，$(n, 2n)$ 型行列 (A, E) を行に関する初等変形だけで (E, X) に変形したときの X が A^{-1} になることを意味している．

逆に, (A, E) を行に関する初等変形だけで (E, X) の形に変形できないときには, A は行に関する初等変形だけで E の形に変形できない. ゆえに A は可逆ではない（注意 3.1 (p.49) 参照）.

◆**例題 3.9** $\begin{pmatrix} 1 & 1 & 1 & 1 \\ -1 & 1 & 1 & -1 \\ -1 & -1 & 1 & 1 \\ -1 & 1 & -1 & 1 \end{pmatrix}$ の逆行列を求める.

（解）
$$\begin{pmatrix} 1 & 1 & 1 & 1 & \bigg| & 1 & 0 & 0 & 0 \\ -1 & 1 & 1 & -1 & \bigg| & 0 & 1 & 0 & 0 \\ -1 & -1 & 1 & 1 & \bigg| & 0 & 0 & 1 & 0 \\ -1 & 1 & -1 & 1 & \bigg| & 0 & 0 & 0 & 1 \end{pmatrix} \Longrightarrow$$

$$\begin{pmatrix} 1 & 1 & 1 & 1 & \bigg| & 1 & 0 & 0 & 0 \\ 0 & 2 & 2 & 0 & \bigg| & 1 & 1 & 0 & 0 \\ 0 & 0 & 2 & 2 & \bigg| & 1 & 0 & 1 & 0 \\ 0 & 2 & 0 & 2 & \bigg| & 1 & 0 & 0 & 1 \end{pmatrix} \Longrightarrow$$

$$\begin{pmatrix} 1 & 0 & 0 & 1 & \bigg| & 1/2 & -1/2 & 0 & 0 \\ 0 & 1 & 1 & 0 & \bigg| & 1/2 & 1/2 & 0 & 0 \\ 0 & 0 & 2 & 2 & \bigg| & 1 & 0 & 1 & 0 \\ 0 & 0 & -2 & 2 & \bigg| & 0 & -1 & 0 & 1 \end{pmatrix} \Longrightarrow$$

$$\begin{pmatrix} 1 & 0 & 0 & 1 & \bigg| & 1/2 & -1/2 & 0 & 0 \\ 0 & 1 & 0 & -1 & \bigg| & 0 & 1/2 & -1/2 & 0 \\ 0 & 0 & 1 & 1 & \bigg| & 1/2 & 0 & 1/2 & 0 \\ 0 & 0 & 0 & 4 & \bigg| & 1 & -1 & 1 & 1 \end{pmatrix} \Longrightarrow$$

$$\begin{pmatrix} 1 & 0 & 0 & 0 & \bigg| & 1/4 & -1/4 & -1/4 & -1/4 \\ 0 & 1 & 0 & 0 & \bigg| & 1/4 & 1/4 & -1/4 & 1/4 \\ 0 & 0 & 1 & 0 & \bigg| & 1/4 & 1/4 & 1/4 & -1/4 \\ 0 & 0 & 0 & 1 & \bigg| & 1/4 & -1/4 & 1/4 & 1/4 \end{pmatrix}.$$

よって $\dfrac{1}{4}\begin{pmatrix} 1 & -1 & -1 & -1 \\ 1 & 1 & -1 & 1 \\ 1 & 1 & 1 & -1 \\ 1 & -1 & 1 & 1 \end{pmatrix}$ が求める逆行列となる． □

問題 3.6 $\begin{pmatrix} 0 & 1 & 1 \\ 1 & 0 & 1 \\ 1 & 1 & 0 \end{pmatrix}$ の逆行列を求めよ．

章末問題

3.1 次の連立 1 次方程式を掃き出し法を用いて解け．
$$\begin{cases} x_1 - x_2 + x_3 + 2x_4 = 3 \\ 2x_1 + x_2 + x_3 = 4 \\ 2x_1 - x_3 + x_4 = 2 \\ x_1 + x_2 + x_3 + 2x_4 = 5. \end{cases}$$

3.2 次の行列の逆行列を計算せよ．
(1) $\begin{pmatrix} 0 & 2 & 2 \\ 2 & 0 & 2 \\ 2 & 2 & 0 \end{pmatrix}$, (2) $\begin{pmatrix} 2 & 3 & -3 & -4 \\ 1 & 2 & -3 & -1 \\ 1 & 3 & -3 & -1 \\ -1 & 0 & 2 & 2 \end{pmatrix}$.

3.3 $A = \begin{pmatrix} -1 & -5 & -1 \\ 2 & 4 & 0 \\ -4 & -8 & 0 \end{pmatrix}, P = \begin{pmatrix} 1 & 3 & 2 \\ -1 & -2 & -1 \\ 2 & 4 & 3 \end{pmatrix}$ とする．このとき,
(1) P^{-1} を計算せよ．
(2) $P^{-1}AP$ を計算せよ．
(3) n を自然数として A^n を求めよ．

3.4 すべての可逆行列は，行・列の初等変形によって単位行列に変形できる．初等変形は可逆な変形であるから，単位行列は，行・列の初等変形によってすべての可逆行列に変形できる．
　適当な 4 桁の数を設定して，それを行・列・対角線のいずれかにもつ 0 成分を含まない可逆な 4 次行列を求めてみよ．

3.5 n 次行列 $A = (a_{ij})$ は
$$a_{ii} = 1, \quad |a_{ij}| < \frac{1}{n-1} \quad (i \neq j)$$

を満たすならば可逆行列となることを示せ．

3.6 3次行列 $\begin{pmatrix} a & 1 & 1 \\ 1 & a & 1 \\ 1 & 1 & b \end{pmatrix}$ について，

(1) a, b の値で場合分けしてその階数を計算せよ．
(2) 可逆となるための a, b の値およびその逆行列を計算せよ．

3.7 A が (l, m) 型行列，B が (m, n) 型行列であるとき，AB の階数は A の階数を超えず，また B の階数も超えないことを証明せよ．

第 4 章

線形空間

本章では，線形の理論が展開される場となる線形空間を紹介する．部分空間・基底・次元など新たな概念を導入しよう．

4.1　n 次元数ベクトル空間・ベクトルの 1 次独立性

n 項列ベクトルの全体を n 次元数ベクトル空間という．この（ある条件を満たす）ベクトル全体を捉えるという考え方は，これから基本的で重要なものとなる．

本節では，第 1 章で見た 2 次元数ベクトルに対する 1 次従属・1 次独立の定義を n 次元数ベクトルに拡張する．

【定義 4.1】（n 次元数ベクトル空間）　n 項列ベクトル全体の集合を **n 次元ベクトル空間**といい，$\mathbf{R}^n$ と表す．

【定義 4.2】（1 次従属・1 次独立）　n 次元数ベクトル $\mathbf{a}_1, \mathbf{a}_2, \cdots, \mathbf{a}_r$ が **1 次従属**または**線形従属** (linearly dependent) であるとは，ベクトルの斉次方程式

$$x_1\mathbf{a}_1 + x_2\mathbf{a}_2 + \cdots + x_r\mathbf{a}_r = \mathbf{o} \tag{4.1}$$

が自明な解 $x_1 = x_2 = \cdots = x_r = 0$ の他に解をもつことをいう．

n 次元数ベクトル $\mathbf{a}_1, \mathbf{a}_2, \cdots, \mathbf{a}_r$ が 1 次従属ではないとき，すなわち，方程式 (4.1) が自明な解 $x_1 = x_2 = \cdots = x_r = 0$ のみをもつとき，**1 次独立**または**線形独立** (linearly independent) であるという．

次の注意は第 1 章の注意 1.2 (p.17) と本質的に同じものである．確認のために採録しておく．

🖊 注意 4.1 $\mathbf{a}_1, \mathbf{a}_2, \cdots, \mathbf{a}_r$ が 1 次従属ならば方程式 (4.1) は自明な解 $x_1 = x_2 = \cdots = x_r = 0$ の他に解をもつ．すなわち，少なくとも一つは 0 ではない数 $a_1, a_2, \cdots, a_r$ が存在して，
$$a_1 \mathbf{a}_1 + a_2 \mathbf{a}_2 + \cdots + a_r \mathbf{a}_r = \mathbf{o}$$
とできる．たとえば $a_1 \ne 0$ とすれば $b_i = -\dfrac{a_i}{a_1}$ とおいて
$$\mathbf{a}_1 = b_2 \mathbf{a}_2 + b_3 \mathbf{a}_3 + \cdots + b_r \mathbf{a}_r$$
と表される．他方，$\mathbf{a}_1, \mathbf{a}_2, \cdots, \mathbf{a}_r$ が 1 次独立ならば方程式 (4.1) は自明な解 $x_1 = x_2 = \cdots = x_r = 0$ のみをもつ．もし
$$a_1 \mathbf{a}_1 + a_2 \mathbf{a}_2 + \cdots + a_r \mathbf{a}_r = b_1 \mathbf{a}_1 + b_2 \mathbf{a}_2 + \cdots + b_r \mathbf{a}_r$$
が成立していれば，
$$(a_1 - b_1) \mathbf{a}_1 + (a_2 - b_2) \mathbf{a}_2 + \cdots + (a_r - b_r) \mathbf{a}_r = \mathbf{o}$$
と変形して，$a_1 - b_1, a_2 - b_2, \cdots, a_r - b_r$ は方程式 (4.1) の解となる．したがって，
$$a_1 - b_1 = a_2 - b_2 = \cdots = a_r - b_r = 0 \iff a_1 = b_1, a_2 = b_2, \cdots, a_r = b_r.$$
すなわち，1 次独立なベクトルからなる等式では対応するベクトルの係数の比較が許される．

🖊 注意 4.2 $\mathbf{a}_1, \mathbf{a}_2, \cdots, \mathbf{a}_r$ が 1 次独立ならばその任意の一部分のベクトルも 1 次独立である．たとえばもし $\mathbf{a}_1, \mathbf{a}_2$ を 1 次従属とすれば少なくとも一方は 0 ではない数 a_1, a_2 が存在して
$$a_1 \mathbf{a}_1 + a_2 \mathbf{a}_2 = \mathbf{o}$$
とできる．これより
$$a_1 \mathbf{a}_1 + a_2 \mathbf{a}_2 + 0 \mathbf{a}_3 + \cdots + 0 \mathbf{a}_r = \mathbf{o}.$$
方程式 (4.1) は自明な解の他に解をもつ．これは矛盾であるから $\mathbf{a}_1, \mathbf{a}_2$ は 1 次独立である．

容易にわかるように n 項単位ベクトル

$$\mathbf{e}_1 = \begin{pmatrix} 1 \\ 0 \\ 0 \\ \vdots \\ 0 \end{pmatrix}, \quad \mathbf{e}_2 = \begin{pmatrix} 0 \\ 1 \\ 0 \\ \vdots \\ 0 \end{pmatrix}, \quad \cdots, \quad \mathbf{e}_n = \begin{pmatrix} 0 \\ 0 \\ \vdots \\ 0 \\ 1 \end{pmatrix}$$

は1次独立である．実際，

$$\sum_{i=1}^{n} x_i \mathbf{e}_i = \mathbf{o} \iff \begin{pmatrix} x_1 \\ x_2 \\ \vdots \\ x_n \end{pmatrix} = \begin{pmatrix} 0 \\ 0 \\ \vdots \\ 0 \end{pmatrix}.$$

問題 4.1 次のベクトルが1次従属であるか1次独立であるかを判定せよ．

(1) $\begin{pmatrix} 0 \\ 1 \\ 2 \end{pmatrix}, \begin{pmatrix} 1 \\ 0 \\ 3 \end{pmatrix}, \begin{pmatrix} 2 \\ 3 \\ 0 \end{pmatrix}$, (2) $\begin{pmatrix} 0 \\ -1 \\ -2 \end{pmatrix}, \begin{pmatrix} 1 \\ 0 \\ -3 \end{pmatrix}, \begin{pmatrix} 2 \\ 3 \\ 0 \end{pmatrix}$.

問題 4.2 $\mathbf{o} = \begin{pmatrix} 0 \\ 0 \\ \vdots \\ 0 \end{pmatrix}$ は1次従属であることを示せ．

4.2 部分空間

$\mathbf{R}^n$ の部分集合で，原点を通り"曲がり"のない（すなわち線形性をもった）ものを部分空間という．たとえば，$\mathbf{R}^3$ における平面

$$x_1 + x_2 + x_3 = 0$$

は一つの部分空間となる．このことを数学的にどのように取り扱うか本節で見ていこう．

【定義 4.3】（部分空間） $\mathbf{R}^n$ の空ではない部分集合 $\mathcal{W}$ が次の条件を満たすとき，$\mathcal{W}$ は $\mathbf{R}^n$ の（線形）**部分空間** (linear subspace) であるという．

(1) $\mathbf{x}, \mathbf{y} \in \mathcal{W}$ ならば $\mathbf{x} + \mathbf{y} \in \mathcal{W}$．
(2) $\mathbf{x} \in \mathcal{W}, a \in \mathbf{R}$ ならば $a\mathbf{x} \in \mathcal{W}$．

これらの条件は $\mathbf{R}^n$ の部分集合 $\mathcal{W}$ の中だけでベクトルとしての演算が可能であることを示している．

◆**例題 4.1** ベクトル $\mathbf{o}$ だけからなる集合 $\{\mathbf{o}\}$ は一つの部分空間となる（$\mathbf{o} + \mathbf{o} = \mathbf{o}$, $a\mathbf{o} = \mathbf{o}$）．また，$\mathbf{R}^n$ 自身も一つの部分空間となる．$\{\mathbf{o}\}$, $\mathbf{R}^n$ はそれぞれ $\mathbf{R}^n$ の包含関係による最小，最大の部分空間である． □

◆**例題 4.2** $\mathbf{R}^3$ において

$$\mathcal{W} = \left\{ \begin{pmatrix} x_1 \\ x_2 \\ x_3 \end{pmatrix} \middle| x_1 + x_2 + x_3 = 0 \right\}$$

は部分空間となる．

(**解**) $\mathcal{W}$ が部分空間となることを示すには，

$\mathcal{W}$ が空ではないこと，

$\mathbf{x}, \mathbf{y} \in \mathcal{W}$ ならば $\mathbf{x} + \mathbf{y} \in \mathcal{W}$,

$\mathbf{x} \in \mathcal{W}, a \in \mathbf{R}$ ならば $a\mathbf{x} \in \mathcal{W}$,

の三つを確かめればよい．

$0 + 0 + 0 = 0$ より $\mathbf{o} \in \mathcal{W}$. $\mathcal{W}$ は空ではない．

$\mathbf{x} = \begin{pmatrix} x_1 \\ x_2 \\ x_3 \end{pmatrix}, \mathbf{y} = \begin{pmatrix} y_1 \\ y_2 \\ y_3 \end{pmatrix}, \mathbf{x}, \mathbf{y} \in \mathcal{W}$ としよう．$\mathbf{x}, \mathbf{y} \in \mathcal{W}$ より

$$x_1 + x_2 + x_3 = 0, \quad y_1 + y_2 + y_3 = 0.$$

$\mathbf{x} + \mathbf{y} = \begin{pmatrix} x_1 \\ x_2 \\ x_3 \end{pmatrix} + \begin{pmatrix} y_1 \\ y_2 \\ y_3 \end{pmatrix} = \begin{pmatrix} x_1 + y_1 \\ x_2 + y_2 \\ x_3 + y_3 \end{pmatrix}$ とし

$$(x_1 + y_1) + (x_2 + y_2) + (x_3 + y_3) = (x_1 + x_2 + x_3) + (y_1 + y_2 + y_3) = 0$$

に注意して $\mathbf{x} + \mathbf{y} \in \mathcal{W}$.

$a \in \mathbf{R}$ とする．

$$a\mathbf{x} = \begin{pmatrix} ax_1 \\ ax_2 \\ ax_3 \end{pmatrix}, \quad ax_1 + ax_2 + ax_3 = a(x_1 + x_2 + x_3) = 0$$

より $a\mathbf{x} \in \mathcal{W}$.

$\mathcal{W}$ は $\mathbf{R}^3$ の部分空間である． □

問題 4.3 $\mathbf{R}^3$ において次は部分空間となることを示せ．

$$\mathcal{W}_1 = \left\{ \begin{pmatrix} x_1 \\ x_2 \\ x_3 \end{pmatrix} \middle| x_1 = x_2 \right\}, \quad \mathcal{W}_2 = \left\{ \begin{pmatrix} x_1 \\ x_2 \\ x_3 \end{pmatrix} \middle| x_1 = x_2 = x_3 \right\}.$$

問題 4.4　$\mathcal{W}$ を $\mathbf{R}^n$ の部分空間とするとき，$\mathbf{o} \in \mathcal{W}$ であることおよび $\mathbf{x} \in \mathcal{W}$ ならば $-\mathbf{x} \in \mathcal{W}$ であることを確認せよ．

◆ 例題 4.3　任意の $\mathbf{x}_0 \in \mathbf{R}^n$ に対して，そのスカラー倍のベクトル全体の集合

$$\{a\mathbf{x}_0 \mid a \in \mathbf{R}\}$$

を $\{\mathbf{x}_0\}_\mathbf{R}$ と表す．これは明らかに部分空間になる．　□

生成される部分空間　$\mathbf{x}_1, \mathbf{x}_2, \cdots, \mathbf{x}_r \in \mathbf{R}^n$ が与えられたとき，$\mathbf{x}_1, \mathbf{x}_2, \cdots, \mathbf{x}_r$ の 1 次結合として表されるベクトル全体の作る集合は $\mathbf{R}^n$ の部分空間をなす．この部分空間を

$$\{\mathbf{x}_1, \mathbf{x}_2, \cdots, \mathbf{x}_r\}_\mathbf{R}$$

と表す．これは

$$\sum_{i=1}^{r} a_i \mathbf{x}_i \quad (a_i \in \mathbf{R})$$

の形で表されるベクトル全体の作る集合である．

$\{\mathbf{x}_1, \mathbf{x}_2, \cdots, \mathbf{x}_r\}_\mathbf{R}$ を $\mathbf{x}_1, \mathbf{x}_2, \cdots, \mathbf{x}_r$ によって**生成される部分空間**または**張られる部分空間**という．次節でその構造を検証しよう．

◆ 例題 4.4　$\left\{ \begin{pmatrix} 1 \\ 0 \\ 0 \end{pmatrix}, \begin{pmatrix} 0 \\ 1 \\ 0 \end{pmatrix} \right\}_\mathbf{R}$ は $x_1, x_2 \in \mathbf{R}$ として

$$x_1 \begin{pmatrix} 1 \\ 0 \\ 0 \end{pmatrix} + x_2 \begin{pmatrix} 0 \\ 1 \\ 0 \end{pmatrix} = \begin{pmatrix} x_1 \\ x_2 \\ 0 \end{pmatrix}$$

と表される部分空間である．　□

4.3　部分空間の基底・次元

本節では，部分空間に基底と次元とを定義する．

命題 4.1 $\mathbf{x}_1, \mathbf{x}_2, \cdots, \mathbf{x}_r$ が 1 次独立であるための必要で十分な条件は

$$\mathbf{x}_1 \notin \{\mathbf{o}\}, \ \mathbf{x}_2 \notin \{\mathbf{x}_1\}_{\mathbf{R}}, \ \mathbf{x}_3 \notin \{\mathbf{x}_1, \mathbf{x}_2\}_{\mathbf{R}}, \ \cdots, \ \mathbf{x}_r \notin \{\mathbf{x}_1, \mathbf{x}_2, \cdots, \mathbf{x}_{r-1}\}_{\mathbf{R}}.$$

証明　まず必要性を証明する．$\mathbf{x}_1, \mathbf{x}_2, \cdots, \mathbf{x}_r$ は 1 次独立とする．

注意 4.2 で確認したように，$\mathbf{x}_1, \mathbf{x}_2, \cdots, \mathbf{x}_r$ が 1 次独立ならばその一部分 $\mathbf{x}_1$ も 1 次独立であるから，$\mathbf{x}_1 \notin \{\mathbf{o}\}$．

$\mathbf{x}_2 \in \{\mathbf{x}_1\}_{\mathbf{R}}$ を仮定すれば，生成される部分空間の定義よりある数 a_1 があって

$$\mathbf{x}_2 = a_1 \mathbf{x}_1 \iff a_1 \mathbf{x}_1 - \mathbf{x}_2 = \mathbf{o}.$$

$\mathbf{x}_1, \mathbf{x}_2, \cdots, \mathbf{x}_r$ が 1 次独立ならばその一部分 $\mathbf{x}_1, \mathbf{x}_2$ も 1 次独立であるから，上式左辺と $0\mathbf{x}_1 + 0\mathbf{x}_2 = \mathbf{o}$ との対応するベクトルの係数を比較して $-1 = 0$．これは矛盾．ゆえに $\mathbf{x}_2 \notin \{\mathbf{x}_1\}_{\mathbf{R}}$．

$\mathbf{x}_3 \in \{\mathbf{x}_1, \mathbf{x}_2\}_{\mathbf{R}}$ を仮定すれば，ある数 a_1, a_2 があって

$$\mathbf{x}_3 = a_1 \mathbf{x}_1 + a_2 \mathbf{x}_2 \iff a_1 \mathbf{x}_1 + a_2 \mathbf{x}_2 - \mathbf{x}_3 = \mathbf{o}.$$

$\mathbf{x}_1, \mathbf{x}_2, \mathbf{x}_3$ は 1 次独立であるから，上式左辺と $0\mathbf{x}_1 + 0\mathbf{x}_2 + 0\mathbf{x}_3 = \mathbf{o}$ との対応するベクトルの係数を比較して $-1 = 0$．これは矛盾．ゆえに $\mathbf{x}_3 \notin \{\mathbf{x}_1, \mathbf{x}_2\}_{\mathbf{R}}$．以下同様．

次に十分性を示す．

$$a_1 \mathbf{x}_1 + a_2 \mathbf{x}_2 + \cdots + a_r \mathbf{x}_r = \mathbf{o}$$

として $a_r \neq 0$ を仮定する．$b_i = -\dfrac{a_i}{a_r}$ とおいて

$$\mathbf{x}_r = b_1 \mathbf{x}_1 + b_2 \mathbf{x}_2 + \cdots + b_{r-1} \mathbf{x}_{r-1} \in \{\mathbf{x}_1, \mathbf{x}_2, \cdots, \mathbf{x}_{r-1}\}_{\mathbf{R}}.$$

これは矛盾．ゆえに $a_r = 0$．同様に

$$a_r = a_{r-1} = \cdots = a_1 = 0.$$

よって $\mathbf{x}_1, \mathbf{x}_2, \cdots, \mathbf{x}_r$ は 1 次独立．∎

4.3 部分空間の基底・次元

! 注意 4.3（1 次独立なベクトル列の構成） $\mathcal{W} \neq \{\mathbf{o}\}$ を $\mathbf{R}^n$ の部分空間とする．まず $\mathcal{W}$ から

$$\mathbf{x}_1 \in \mathcal{W}, \quad \mathbf{x}_1 \notin \{\mathbf{o}\}$$

を選ぶ．次に $\{\mathbf{x}_1\}_\mathbf{R}, \mathcal{W}$ を比べて $\{\mathbf{x}_1\}_\mathbf{R} \neq \mathcal{W}$ ならば

$$\mathbf{x}_2 \in \mathcal{W}, \quad \mathbf{x}_2 \notin \{\mathbf{x}_1\}_\mathbf{R}$$

を選ぶ．次に $\{\mathbf{x}_1, \mathbf{x}_2\}_\mathbf{R}, \mathcal{W}$ を比べて $\{\mathbf{x}_1, \mathbf{x}_2\}_\mathbf{R} \neq \mathcal{W}$ ならば

$$\mathbf{x}_3 \in \mathcal{W}, \quad \mathbf{x}_3 \notin \{\mathbf{x}_1, \mathbf{x}_2\}_\mathbf{R}$$

を選ぶ．この操作により $\mathcal{W}$ の中に 1 次独立なベクトルの列 $\mathbf{x}_1, \mathbf{x}_2, \cdots, \mathbf{x}_r$ を順次選ぶことができる．

次の定理は，部分空間を規定するために必要な 1 次独立なベクトルの数が一意的に確定することを示している．

定理 4.2 $\mathbf{x}_1, \mathbf{x}_2, \cdots, \mathbf{x}_r \in \mathbf{R}^n$ および $\mathbf{y}_1, \mathbf{y}_2, \cdots, \mathbf{y}_s \in \mathbf{R}^n$ を共に 1 次独立なベクトルとする．もし

$$\{\mathbf{x}_1, \mathbf{x}_2, \cdots, \mathbf{x}_r\}_\mathbf{R} = \{\mathbf{y}_1, \mathbf{y}_2, \cdots, \mathbf{y}_s\}_\mathbf{R}$$

ならば $r = s$ である．

次の補題は，命題 3.7 (p.56) の言い換えであり，この定理証明の鍵となる．

補題 4.3 $r > n$ とすれば $\mathbf{R}^n$ から選ばれた r 個のベクトルは必ず 1 次従属となる．

定理 4.2 の証明 必要なら r, s を読み変えることで証明は $s > r$ と仮定して矛盾を導けば十分である．

$$\mathbf{y}_1, \mathbf{y}_2, \cdots, \mathbf{y}_s \in \{\mathbf{x}_1, \mathbf{x}_2, \cdots, \mathbf{x}_r\}_\mathbf{R}$$

より

と一意的に表される．$\mathbf{R}^r$ の s 個のベクトルを

$$\begin{cases} \mathbf{y}_1 = b_{11}\mathbf{x}_1 + \cdots + b_{r1}\mathbf{x}_r, \\ \mathbf{y}_2 = b_{12}\mathbf{x}_1 + \cdots + b_{r2}\mathbf{x}_r, \\ \vdots \\ \mathbf{y}_s = b_{1s}\mathbf{x}_1 + \cdots + b_{rs}\mathbf{x}_r \end{cases} \tag{4.2}$$

$$\mathbf{b}_1 = \begin{pmatrix} b_{11} \\ \vdots \\ b_{r1} \end{pmatrix}, \quad \mathbf{b}_2 = \begin{pmatrix} b_{12} \\ \vdots \\ b_{r2} \end{pmatrix}, \quad \cdots, \quad \mathbf{b}_s = \begin{pmatrix} b_{1s} \\ \vdots \\ b_{rs} \end{pmatrix}$$

として，補題 4.3 を適用すれば，$\mathbf{b}_1, \mathbf{b}_2, \cdots, \mathbf{b}_s$ は 1 次従属となる．すなわち，少なくとも一つは 0 ではない数 $a_1, a_2, \cdots, a_s$ が存在して

$$a_1\mathbf{b}_1 + a_2\mathbf{b}_2 + \cdots + a_s\mathbf{b}_s = \mathbf{o}$$

とできる．これを書き換えて

$$\begin{cases} a_1 b_{11} + \cdots + a_s b_{1s} = 0, \\ a_1 b_{21} + \cdots + a_s b_{2s} = 0, \\ \vdots \\ a_1 b_{r1} + \cdots + a_s b_{rs} = 0. \end{cases} \tag{4.3}$$

(4.2), (4.3) 式より

$$\begin{aligned} & a_1\mathbf{y}_1 + a_2\mathbf{y}_2 + \cdots + a_s\mathbf{y}_s \\ &= a_1(b_{11}\mathbf{x}_1 + b_{21}\mathbf{x}_2 + \cdots + b_{r1}\mathbf{x}_r) + a_2(b_{12}\mathbf{x}_1 + b_{22}\mathbf{x}_2 + \cdots + b_{r2}\mathbf{x}_r) \\ &\quad + \cdots + a_s(b_{1s}\mathbf{x}_1 + b_{2s}\mathbf{x}_2 + \cdots + b_{rs}\mathbf{x}_r) \\ &= (a_1 b_{11} + a_2 b_{12} + \cdots + a_s b_{1s})\mathbf{x}_1 + (a_1 b_{21} + a_2 b_{22} + \cdots + a_s b_{2s})\mathbf{x}_2 \\ &\quad + \cdots + (a_1 b_{r1} + a_2 b_{r2} + \cdots + a_s b_{rs})\mathbf{x}_r \\ &= \mathbf{o}. \end{aligned}$$

ゆえに $\mathbf{y}_1, \mathbf{y}_2, \cdots, \mathbf{y}_s$ が 1 次従属となり矛盾に至る．∎

【定義 4.4】（部分空間の基底） $\mathbf{R}^n$ の部分空間 $\mathcal{W}$ に対して，次の2条件を満たすベクトルの（順序づけられた）集合 $\langle\langle \mathbf{x}_1, \mathbf{x}_2, \cdots, \mathbf{x}_r \rangle\rangle$ を $\mathcal{W}$ の**基底**または**底** (basis) という[†1]．

(1) $\mathcal{W} = \{\mathbf{x}_1, \mathbf{x}_2, \cdots, \mathbf{x}_r\}_{\mathbf{R}}$.
(2) $\mathbf{x}_1, \mathbf{x}_2, \cdots, \mathbf{x}_r$ は1次独立．

$\langle\langle \mathbf{x}_1, \mathbf{x}_2, \cdots, \mathbf{x}_r \rangle\rangle$ を $\mathcal{W}$ の基底とすれば，$\mathcal{W}$ の任意の元は $\mathbf{x}_1, \mathbf{x}_2, \cdots, \mathbf{x}_r$ の1次結合として一意的に表される．

定理 4.4 $\mathbf{R}^n$ の任意の部分空間 $\mathcal{W}$ に対して，その基底 $\langle\langle \mathbf{x}_1, \mathbf{x}_2, \cdots, \mathbf{x}_r \rangle\rangle$ が存在する．特に，その元の個数 r は一意的に確定し，$r \leq n$ である．

証明 r の一意性は定理 4.2 より明らか．注意 4.3 で見たように，$\mathcal{W}$ から1次独立なベクトル列 $\mathbf{x}_1, \mathbf{x}_2, \cdots, \mathbf{x}_s$ を順次選ぶことができる．$s > n$ とすれば，$\mathcal{W} \subset \mathbf{R}^n$ であるから，補題 4.3 の主張に反する．ゆえに $s \leq n$．特に，s の最大値 $r \leq n$ に着目すれば，$\mathcal{W} = \{\mathbf{x}_1, \mathbf{x}_2, \cdots, \mathbf{x}_r\}_{\mathbf{R}}$ を満たす． ∎

【定義 4.5】（部分空間の次元） 上の定理により部分空間 $\mathcal{W}$ に対して一意的に定まる定数 r を $\mathcal{W}$ の**次元** (dimension) といい，$\dim \mathcal{W}$ と表す．特に，$\{\mathbf{o}\}$ の次元は 0 と約束する．

n 項単位ベクトル

$$\mathbf{e}_1 = \begin{pmatrix} 1 \\ 0 \\ 0 \\ \vdots \\ 0 \end{pmatrix}, \quad \mathbf{e}_2 = \begin{pmatrix} 0 \\ 1 \\ 0 \\ \vdots \\ 0 \end{pmatrix}, \quad \cdots, \quad \mathbf{e}_n = \begin{pmatrix} 0 \\ 0 \\ \vdots \\ 0 \\ 1 \end{pmatrix}$$

は1次独立であり，任意の n 項列ベクトル $\mathbf{x} = (x_i) \in \mathbf{R}^n$ は

$$\mathbf{x} = \sum_{i=1}^{n} x_i \mathbf{e}_i$$

[†1] $\langle\langle \mathbf{x}_1, \mathbf{x}_2, \cdots, \mathbf{x}_r \rangle\rangle$ と順序の異なる $\langle\langle \mathbf{x}_r, \mathbf{x}_{r-1}, \cdots, \mathbf{x}_1 \rangle\rangle$ 等とは異なる基底であるとされる．

の形に表される．すなわち，$\mathbf{e}_1, \mathbf{e}_2, \cdots, \mathbf{e}_n$ は $\mathbf{R}^n$ の一つの基底となる．$\langle\langle \mathbf{e}_1, \mathbf{e}_2, \cdots, \mathbf{e}_n \rangle\rangle$ を $\mathbf{R}^n$ の**自然基底** (natural basis) という．特に $\dim \mathbf{R}^n = n$．さらに，任意の n 個の 1 次独立な n 項列ベクトルは，$\mathbf{R}^n$ の基底である．

4.4 行列の階数の幾何的意味

本節では，前節の内容を踏まえ，行列の階数に幾何的な意味を与えて，保留としてきた定理 2.3 (p.40) および行列の階数の一意性に証明を与える．まず定理 2.3 を証明してしまおう．

定理 2.3 の証明 n 次行列 $A = (\mathbf{a}_1, \cdots, \mathbf{a}_n)$ に対して，n 次行列 X が $XA = E$ を満たすとき，X は A の左逆元であると定義し，n 次行列 Y が $AY = E$ を満たすとき，Y は A の右逆元であると定義した．

A に左逆元 X が存在するときに A は可逆であることを示そう．

このとき，A の列ベクトル $\mathbf{a}_1, \mathbf{a}_2, \cdots, \mathbf{a}_n$ は 1 次独立となる．実際，

$$XA = X(\mathbf{a}_1, \mathbf{a}_2, \cdots, \mathbf{a}_n) = (X\mathbf{a}_1, X\mathbf{a}_2, \cdots, X\mathbf{a}_n) = E$$

において最後の等式で成分を比較し

$$X\mathbf{a}_1 = \mathbf{e}_1, \quad X\mathbf{a}_2 = \mathbf{e}_2, \quad \cdots, \quad X\mathbf{a}_n = \mathbf{e}_n.$$

これを用いてベクトルの方程式

$$z_1 \mathbf{a}_1 + z_2 \mathbf{a}_2 + \cdots + z_n \mathbf{a}_n = \mathbf{o}$$

の両辺に X を左乗して線形性を考慮すれば

$$z_1 \mathbf{e}_1 + z_2 \mathbf{e}_2 + \cdots + z_n \mathbf{e}_n = \mathbf{o} \iff z_1 = z_2 = \cdots = z_n = 0.$$

1 次独立性が従う．特に $\mathbf{a}_1, \mathbf{a}_2, \cdots, \mathbf{a}_n$ は $\mathbf{R}^n$ の基底となる．

基底の定義より各 $i = 1, 2, \cdots, n$ について方程式

$$z_1 \mathbf{a}_1 + z_2 \mathbf{a}_2 + \cdots + z_n \mathbf{a}_n = \mathbf{e}_i \iff A\mathbf{z} = \mathbf{e}_i$$

は唯一の解 $\mathbf{z}_i$ をもつ．$Z = (\mathbf{z}_1, \cdots, \mathbf{z}_n)$ とおけば

$$AZ = A(\mathbf{z}_1, \mathbf{z}_2, \cdots, \mathbf{z}_n) = (A\mathbf{z}_1, A\mathbf{z}_2, \cdots, A\mathbf{z}_n) = E.$$

ここで $Z = X$ を示せば A は可逆となる．乗法に関する結合法則より

$$Z = EZ = (XA)Z = X(AZ) = XE = X.$$

A に右逆元 $Y = (\mathbf{y}_1, \cdots, \mathbf{y}_n)$ が存在するときに A は可逆であることを示そう．このとき，上と同様に考えて，Y の列ベクトル $\mathbf{y}_1, \mathbf{y}_2, \cdots, \mathbf{y}_n$ は1次独立となる．特に $\mathbf{y}_1, \mathbf{y}_2, \cdots, \mathbf{y}_n$ は $\mathbf{R}^n$ の基底となる．各 $i = 1, 2, \cdots, n$ について方程式

$$b_1 \mathbf{y}_1 + b_2 \mathbf{y}_2 + \cdots + b_n \mathbf{y}_n = \mathbf{e}_i \iff Y\mathbf{b} = \mathbf{e}_i$$

は唯一の解 $\mathbf{b}_i$ をもつ．$B = (\mathbf{b}_1, \cdots, \mathbf{b}_n)$ とおけば

$$YB = Y(\mathbf{b}_1, \mathbf{b}_2, \cdots, \mathbf{b}_n) = (Y\mathbf{b}_1, Y\mathbf{b}_2, \cdots, Y\mathbf{b}_n) = E.$$

ここで $B = A$ を示せば A は可逆となる．上と同様にして

$$B = EB = (AY)B = A(YB) = AE = A.$$

かくして定理 2.3 が証明された．■

この証明より次の命題が成立する．

命題 4.5 n 次行列 $A = (\mathbf{a}_1, \cdots, \mathbf{a}_n)$ が可逆であるための必要で十分な条件は，列ベクトル $\mathbf{a}_1, \mathbf{a}_2, \cdots, \mathbf{a}_n$ が1次独立であることである．特に $\langle\langle \mathbf{v}_1, \mathbf{v}_2, \cdots, \mathbf{v}_n \rangle\rangle$ を $\mathbf{R}^n$ の基底とすれば $P = (\mathbf{v}_1, \cdots, \mathbf{v}_n)$ は可逆行列である．

注意 4.4 n 次行列 $A = (\mathbf{a}_1, \cdots, \mathbf{a}_n)$ に対して，命題 4.5 および注意 3.1 (p.49) より

A は可逆 $\iff$ $\operatorname{rank} A = n$
$\iff$ A は行に関する初等変形だけで E の形に変形できる
$\iff$ $\mathbf{a}_1, \mathbf{a}_2, \cdots, \mathbf{a}_n$ は1次独立

が従う．

意味づけへの準備　次の定理は命題 3.6 (p.51) の一つの一般化である．また，部分空間の元を，その基底によって表すときの係数を求めるための一つの手立てを与えるものである．

定理 4.6

(1) $\mathbf{a}_1, \mathbf{a}_2, \cdots, \mathbf{a}_r \in \mathbf{R}^n$ が 1 次独立であるための必要で十分な条件は，ある可逆な n 次行列 B が存在して，

$$B\mathbf{a}_1 = \mathbf{e}_1, \quad B\mathbf{a}_2 = \mathbf{e}_2, \quad \cdots, \quad B\mathbf{a}_r = \mathbf{e}_r$$

とできることである．

(2) $\mathbf{a}_1, \mathbf{a}_2, \cdots, \mathbf{a}_r \in \mathbf{R}^n$ は 1 次独立であるとして，(1) の B を一つ定める．このとき，$\mathbf{x} \in \mathbf{R}^n$ が $\mathbf{a}_1, \mathbf{a}_2, \cdots, \mathbf{a}_r$ によって生成される部分空間 $\{\mathbf{a}_1, \mathbf{a}_2, \cdots, \mathbf{a}_r\}_\mathbf{R}$ の元であるための必要で十分な条件は，$B\mathbf{x}$ の $r+1, r+2, \cdots, n$ の各成分がすべて 0 に等しいことである．

(3) $B\mathbf{x} = \begin{pmatrix} y_1 \\ \vdots \\ y_r \\ 0 \\ \vdots \\ 0 \end{pmatrix}$ ならば $\mathbf{x} = y_1\mathbf{a}_1 + y_2\mathbf{a}_2 + \cdots + y_r\mathbf{a}_r$ と表される．

---

(1) の必要性の証明　$\mathbf{a}_1, \cdots, \mathbf{a}_r$ が 1 次独立ならば，注意 4.3 と同様に考えて，さらに $n-r$ 個の 1 次独立なベクトル $\mathbf{a}_{r+1}, \cdots, \mathbf{a}_n \in \mathbf{R}^n$ を加えて，$\mathbf{a}_1, \mathbf{a}_2, \cdots, \mathbf{a}_n$ が 1 次独立であるようにできる．このとき，命題 4.5 より，n 次行列 $A = (\mathbf{a}_1, \cdots, \mathbf{a}_n)$ は可逆となる．$B = A^{-1}$ とおけば

$$B(\mathbf{a}_1, \mathbf{a}_2, \cdots, \mathbf{a}_n) = (B\mathbf{a}_1, B\mathbf{a}_2, \cdots, B\mathbf{a}_n) = E.$$

最後の等式で成分を比較して

$$B\mathbf{a}_1 = \mathbf{e}_1, \quad B\mathbf{a}_2 = \mathbf{e}_2, \quad \cdots, \quad B\mathbf{a}_r = \mathbf{e}_r.$$

(1) の十分性の証明　可逆な n 次行列 B が存在して $B\mathbf{a}_i = \mathbf{e}_i$ $(i = 1, 2, \cdots, r)$ を満たすならば，ベクトルの方程式

$$x_1 \mathbf{a}_1 + x_2 \mathbf{a}_2 + \cdots + x_r \mathbf{a}_r = \mathbf{o}$$

の両辺に B を左乗して線形性を考慮すれば

$$x_1 \mathbf{e}_1 + x_2 \mathbf{e}_2 + \cdots + x_r \mathbf{e}_r = \mathbf{o} \iff x_1 = x_2 = \cdots = x_r = 0.$$

1 次独立性が従う．

(2) の必要性の証明　$\mathbf{x} \in \{\mathbf{a}_1, \mathbf{a}_2, \cdots, \mathbf{a}_r\}_\mathbf{R}$ とすれば

$$\mathbf{x} = x_1 \mathbf{a}_1 + x_2 \mathbf{a}_2 + \cdots + x_r \mathbf{a}_r$$

と一意的に表される．これと

$$B\mathbf{a}_1 = \mathbf{e}_1, \quad B\mathbf{a}_2 = \mathbf{e}_2, \quad \cdots, \quad B\mathbf{a}_r = \mathbf{e}_r$$

とを用いて

$$B\mathbf{x} = x_1 B\mathbf{a}_1 + x_2 B\mathbf{a}_2 + \cdots + x_r B\mathbf{a}_r = x_1 \mathbf{e}_1 + x_2 \mathbf{e}_2 + \cdots + x_r \mathbf{e}_r.$$

右辺のベクトルの $r+1, r+2, \cdots, n$ の各成分はすべて 0 に等しい．

(2) の十分性および (3) の証明　$B\mathbf{x} = \begin{pmatrix} y_1 \\ \vdots \\ y_r \\ 0 \\ \vdots \\ 0 \end{pmatrix}$ としよう．このとき，

$$B\mathbf{x} = y_1 \mathbf{e}_1 + y_2 \mathbf{e}_2 + \cdots + y_r \mathbf{e}_r$$

と表して，

$$\mathbf{e}_1 = B\mathbf{a}_1, \quad \mathbf{e}_2 = B\mathbf{a}_2, \quad \cdots, \quad \mathbf{e}_r = B\mathbf{a}_r$$

を用いると，

$$B\mathbf{x} = y_1 B\mathbf{a}_1 + y_2 B\mathbf{a}_2 + \cdots + y_r B\mathbf{a}_r = B\left(y_1 \mathbf{a}_1 + y_2 \mathbf{a}_2 + \cdots + y_r \mathbf{a}_r\right).$$

両辺に B^{-1} を左乗して

$$\mathbf{x} = y_1\mathbf{a}_1 + y_2\mathbf{a}_2 + \cdots + y_r\mathbf{a}_r. \quad \blacksquare$$

◆ 例題 4.5 $\begin{pmatrix} 1 \\ -1 \\ -1 \\ -1 \end{pmatrix}, \begin{pmatrix} 1 \\ 1 \\ -1 \\ 1 \end{pmatrix}, \begin{pmatrix} 1 \\ 1 \\ 1 \\ -1 \end{pmatrix}$ に対して，上の定理を検証しよう．

$$\begin{pmatrix} 1 & 1 & 1 & 1 \\ -1 & 1 & 1 & -1 \\ -1 & -1 & 1 & 1 \\ -1 & 1 & -1 & 1 \end{pmatrix}^{-1} = \frac{1}{4}\begin{pmatrix} 1 & -1 & -1 & -1 \\ 1 & 1 & -1 & 1 \\ 1 & 1 & 1 & -1 \\ 1 & -1 & 1 & 1 \end{pmatrix}$$

であるから（例題 3.9 (p.58) 参照）

$$\frac{1}{4}\begin{pmatrix} 1 & -1 & -1 & -1 \\ 1 & 1 & -1 & 1 \\ 1 & 1 & 1 & -1 \\ 1 & -1 & 1 & 1 \end{pmatrix}\begin{pmatrix} 1 \\ -1 \\ -1 \\ -1 \end{pmatrix} = \begin{pmatrix} 1 \\ 0 \\ 0 \\ 0 \end{pmatrix},$$

$$\frac{1}{4}\begin{pmatrix} 1 & -1 & -1 & -1 \\ 1 & 1 & -1 & 1 \\ 1 & 1 & 1 & -1 \\ 1 & -1 & 1 & 1 \end{pmatrix}\begin{pmatrix} 1 \\ 1 \\ -1 \\ 1 \end{pmatrix} = \begin{pmatrix} 0 \\ 1 \\ 0 \\ 0 \end{pmatrix},$$

$$\frac{1}{4}\begin{pmatrix} 1 & -1 & -1 & -1 \\ 1 & 1 & -1 & 1 \\ 1 & 1 & 1 & -1 \\ 1 & -1 & 1 & 1 \end{pmatrix}\begin{pmatrix} 1 \\ 1 \\ 1 \\ -1 \end{pmatrix} = \begin{pmatrix} 0 \\ 0 \\ 1 \\ 0 \end{pmatrix}.$$

いま，

$$\frac{1}{4}\begin{pmatrix} 1 & -1 & -1 & -1 \\ 1 & 1 & -1 & 1 \\ 1 & 1 & 1 & -1 \\ 1 & -1 & 1 & 1 \end{pmatrix}\begin{pmatrix} 1 \\ 1 \\ 1 \\ 1 \end{pmatrix} = \frac{1}{2}\begin{pmatrix} -1 \\ 1 \\ 1 \\ 1 \end{pmatrix}$$

より $\begin{pmatrix} 1 \\ 1 \\ 1 \\ 1 \end{pmatrix}$ を $\begin{pmatrix} 1 \\ -1 \\ -1 \\ -1 \end{pmatrix}, \begin{pmatrix} 1 \\ 1 \\ -1 \\ 1 \end{pmatrix}, \begin{pmatrix} 1 \\ 1 \\ 1 \\ -1 \end{pmatrix}$ の 1 次結合として表すことはできない.

他方

$$\frac{1}{4}\begin{pmatrix} 1 & -1 & -1 & -1 \\ 1 & 1 & -1 & 1 \\ 1 & 1 & 1 & -1 \\ 1 & -1 & 1 & 1 \end{pmatrix}\begin{pmatrix} 6 \\ 4 \\ 0 \\ -2 \end{pmatrix} = \begin{pmatrix} 1 \\ 2 \\ 3 \\ 0 \end{pmatrix}$$

より

$$\begin{pmatrix} 6 \\ 4 \\ 0 \\ -2 \end{pmatrix} = \begin{pmatrix} 1 \\ -1 \\ -1 \\ -1 \end{pmatrix} + 2\begin{pmatrix} 1 \\ 1 \\ -1 \\ 1 \end{pmatrix} + 3\begin{pmatrix} 1 \\ 1 \\ 1 \\ -1 \end{pmatrix}. \quad \square$$

行列の階数の幾何的意味 $A = (\mathbf{a}_1, \cdots, \mathbf{a}_n)$ を (m, n) 型行列とする. このとき, $\mathbf{R}^n$ から $\mathbf{R}^m$ への写像 T_A が

$$T_A(\mathbf{x}) = A\mathbf{x} \quad (\mathbf{x} \in \mathbf{R}^n)$$

により定義され, 次を満たす[†2].

$$\begin{cases} T_A(\mathbf{x} + \mathbf{y}) = A(\mathbf{x} + \mathbf{y}) = A\mathbf{x} + A\mathbf{y} = T_A(\mathbf{x}) + T_A(\mathbf{y}), \\ T_A(c\mathbf{x}) = A(c\mathbf{x}) = cA\mathbf{x} = cT_A(\mathbf{x}) \quad (\mathbf{x}, \mathbf{y} \in \mathbf{R}^n, c \in \mathbf{R}). \end{cases}$$

T_A は $\mathbf{R}^n$ から $\mathbf{R}^m$ への線形写像である. これを行列 A の**行列によって定まる線形写像**という.

写像 T_A の像の全体 $T_A(\mathbf{R}^n)$ を特に $R(A)$ と表す. 集合の記法では

$$R(A) = \{A\mathbf{x} \mid \mathbf{x} \in \mathbf{R}^n\} \subset \mathbf{R}^m$$

と表される.

[†2]この性質をもつ写像を**線形写像**といい, 第 6 章でさらに研究する. また, 写像に関する規約は第 0 章を見ていただきたい.

$\mathbf{x} = (x_i) \in \mathbf{R}^n$ として

$$A\mathbf{x} = x_1\mathbf{a}_1 + x_2\mathbf{a}_2 + \cdots + x_n\mathbf{a}_n$$

と表せば，$R(A)$ は $\mathbf{a}_1, \mathbf{a}_2, \cdots, \mathbf{a}_n$ によって生成される $\mathbf{R}^m$ の部分空間に等しいことがわかる．すなわち，

$$R(A) = \{\mathbf{a}_1, \mathbf{a}_2, \cdots, \mathbf{a}_n\}_{\mathbf{R}}.$$

定理 4.6 を用いて $R(A)$ の次元に関する次の定理が証明される．これが行列の階数の幾何的な意味づけである．

定理 4.7　$\mathrm{rank}\, A = \dim R(A)$.

証明　$\dim R(A) = r$ としよう．注意 4.3 (p.67) と同様に考えて，$\mathbf{a}_1, \mathbf{a}_2, \cdots, \mathbf{a}_n$ の中から r 個のベクトルを選んでそれを

$$R(A) = \{\mathbf{a}_1, \mathbf{a}_2, \cdots, \mathbf{a}_n\}_{\mathbf{R}}$$

の基底であるようにできる．必要なら番号を付け替えることにして（列を入れ替えることにして）$\langle\langle \mathbf{a}_1, \mathbf{a}_2, \cdots, \mathbf{a}_r \rangle\rangle$ をその基底とする．

このとき，定理 4.6(1) より，可逆な m 次行列 B を一つ選んで

$$B\mathbf{a}_1 = \mathbf{e}_1, \quad B\mathbf{a}_2 = \mathbf{e}_2, \quad \cdots, \quad B\mathbf{a}_r = \mathbf{e}_r$$

とできる．ここで $\mathbf{e}_1, \mathbf{e}_2, \cdots, \mathbf{e}_r$ は m 項単位ベクトルを表す．また，定理 4.6(2) より，$B\mathbf{a}_{r+1}, B\mathbf{a}_{r+2}, \cdots, B\mathbf{a}_n$ の $r+1, r+2, \cdots, n$ の各成分はすべて 0 に等しい．ゆえに

$$BA = B(\mathbf{a}_1, \mathbf{a}_2, \cdots, \mathbf{a}_n) = (B\mathbf{a}_1, B\mathbf{a}_2, \cdots, B\mathbf{a}_n) = \begin{pmatrix} E_r & Y \\ O & O \end{pmatrix}$$

の成立がわかる．ここで Y は $(r, n-r)$ 型行列である．

可逆な m 次行列は初等変形を表す行列の積と見なすことができて，上式より A は行に関する初等変形によって

$$A \implies \begin{pmatrix} E_r & Y \\ O & O \end{pmatrix}$$

の形に変形できる．列の初等変形を新たに加えて

$$\begin{pmatrix} E_r & Y \\ O & O \end{pmatrix} \implies \begin{pmatrix} E_r & O \\ O & O \end{pmatrix}$$

の形に変形できて

$$\operatorname{rank} A = r. \quad \blacksquare$$

定理 4.7 と部分空間の次元の一意性（定理 4.4）より行列の階数の一意性が従う．また次の命題の成立も容易にわかる．

命題 4.8 行列の階数は，その 1 次独立である列ベクトルの最大数に等しい．

4.5 和空間と次元定理

本節では，まず和空間について説明し，次いで部分空間の次元に関する定理を二つ紹介する．

$\mathcal{W}_1, \mathcal{W}_2$ を $\mathbf{R}^n$ の部分空間とすれば一般に $\mathcal{W}_1 \cup \mathcal{W}_2$ は部分空間にならない．（例を挙げて考えよ．）しかし，$\mathcal{W}_1 \cap \mathcal{W}_2$ は必ず部分空間になる．実際，$\mathbf{o} \in \mathcal{W}_1 \cap \mathcal{W}_2$ より $\mathcal{W}_1 \cap \mathcal{W}_2$ は空ではない．$\mathbf{x}, \mathbf{y} \in \mathcal{W}_1 \cap \mathcal{W}_2$ とすれば

$$\mathbf{x}, \mathbf{y} \in \mathcal{W}_1 \implies \mathbf{x} + \mathbf{y} \in \mathcal{W}_1, \quad \mathbf{x}, \mathbf{y} \in \mathcal{W}_2 \implies \mathbf{x} + \mathbf{y} \in \mathcal{W}_2.$$

ゆえに $\mathbf{x} + \mathbf{y} \in \mathcal{W}_1 \cap \mathcal{W}_2$．$\mathbf{x} \in \mathcal{W}_1 \cap \mathcal{W}_2, a \in \mathbf{R}$ とすれば

$$\mathbf{x} \in \mathcal{W}_1 \implies a\mathbf{x} \in \mathcal{W}_1, \quad \mathbf{x} \in \mathcal{W}_2 \implies a\mathbf{x} \in \mathcal{W}_2.$$

ゆえに $a\mathbf{x} \in \mathcal{W}_1 \cap \mathcal{W}_2$．

部分空間の和　$\mathcal{W}_1, \mathcal{W}_2$ を $\mathbf{R}^n$ の部分空間とする.
$\mathcal{W}_1, \mathcal{W}_2$ に対して，その和空間を

$$\mathcal{W}_1 + \mathcal{W}_2 = \{\mathbf{x} + \mathbf{y} \mid \mathbf{x} \in \mathcal{W}_1, \mathbf{y} \in \mathcal{W}_2\}$$

で定義する.

定理 4.9　$\mathcal{W}_1 + \mathcal{W}_2$ は $\mathcal{W}_1, \mathcal{W}_2$ を含む最小の部分空間である.

証明　まず $\mathcal{W}_1 + \mathcal{W}_2$ が部分空間となることを示し，次いでそれは $\mathcal{W}_1, \mathcal{W}_2$ を含む最小の部分空間であることを示す. 最小であることは，$\mathcal{W}_1, \mathcal{W}_2$ を含むすべての部分空間 $\mathcal{W}$ が必ず $\mathcal{W}_1 + \mathcal{W}_2$ をも含むことを示せば十分である.

$\mathcal{W}_1 + \mathcal{W}_2$ が部分空間になることを示す.

$$\mathbf{o} = \mathbf{o} + \mathbf{o} \in \mathcal{W}_1 + \mathcal{W}_2$$

より $\mathcal{W}_1 + \mathcal{W}_2$ は空ではない. $\mathbf{x}, \mathbf{y} \in \mathcal{W}_1 + \mathcal{W}_2$ とすれば空間の和の定義より

$$\mathbf{x} = \mathbf{x}_1 + \mathbf{x}_2, \quad \mathbf{y} = \mathbf{y}_1 + \mathbf{y}_2 \quad (\mathbf{x}_1, \mathbf{y}_1 \in \mathcal{W}_1, \mathbf{x}_2, \mathbf{y}_2 \in \mathcal{W}_2)$$

と書ける. よって

$$\mathbf{x} + \mathbf{y} = (\mathbf{x}_1 + \mathbf{x}_2) + (\mathbf{y}_1 + \mathbf{y}_2) = (\mathbf{x}_1 + \mathbf{y}_1) + (\mathbf{x}_2 + \mathbf{y}_2) \in \mathcal{W}_1 + \mathcal{W}_2.$$

また，$a \in \mathbf{R}$ に対して，

$$a\mathbf{x} = a(\mathbf{x}_1 + \mathbf{x}_2) = a\mathbf{x}_1 + a\mathbf{x}_2 \in \mathcal{W}_1 + \mathcal{W}_2.$$

ゆえに $\mathcal{W}_1 + \mathcal{W}_2$ は部分空間となる.

次に，$\mathbf{x} \in \mathcal{W}_1$ とすると，$\mathbf{o} \in \mathcal{W}_2$ に注意して，

$$\mathbf{x} = \mathbf{x} + \mathbf{o} \in \mathcal{W}_1 + \mathcal{W}_2 \implies \mathcal{W}_1 \subset \mathcal{W}_1 + \mathcal{W}_2.$$

同様に $\mathcal{W}_2 \subset \mathcal{W}_1 + \mathcal{W}_2$. ゆえに $\mathcal{W}_1 + \mathcal{W}_2$ は $\mathcal{W}_1, \mathcal{W}_2$ を含む.

$\mathcal{W}$ を $\mathcal{W}_1, \mathcal{W}_2$ を含む任意の部分空間とすれば，任意の $\mathbf{x} \in \mathcal{W}_1, \mathbf{y} \in \mathcal{W}_2$ に対して，$\mathbf{x}, \mathbf{y} \in \mathcal{W}$ であるから $\mathbf{x} + \mathbf{y} \in \mathcal{W}$. ゆえに

$$\mathcal{W}_1 + \mathcal{W}_2 \subset \mathcal{W}.$$

したがって，$\mathcal{W}_1 + \mathcal{W}_2$ は $\mathcal{W}_1, \mathcal{W}_2$ を含む最小の部分空間となる．∎

和空間についても

$$(\mathcal{W}_1 + \mathcal{W}_2) + \mathcal{W}_3 = \mathcal{W}_1 + (\mathcal{W}_2 + \mathcal{W}_3), \qquad \mathcal{W}_1 + \mathcal{W}_2 = \mathcal{W}_2 + \mathcal{W}_1$$

等が成立する．

問題 4.5 $\mathbf{R}^3$ の部分空間

$$\mathcal{W}_1 = \left\{ \begin{pmatrix} x_1 \\ x_2 \\ x_3 \end{pmatrix} \middle| x_1 + x_2 + x_3 = 0 \right\},$$

$$\mathcal{W}_2 = \left\{ \begin{pmatrix} x_1 \\ x_2 \\ x_3 \end{pmatrix} \middle| x_1 = x_2 = x_3 \right\},$$

$$\mathcal{W}_3 = \left\{ \begin{pmatrix} x_1 \\ x_2 \\ x_3 \end{pmatrix} \middle| x_1 = x_2 \right\}$$

について次を示せ．

$$\mathcal{W}_1 + \mathcal{W}_2 = \mathbf{R}^3, \qquad \mathcal{W}_1 + \mathcal{W}_3 = \mathbf{R}^3.$$

【定義 4.6】（直和） $\mathcal{W}_1, \mathcal{W}_2$ を $\mathbf{R}^n$ の部分空間とする．$\mathcal{W}$ が $\mathcal{W}_1, \mathcal{W}_2$ の和空間であり，その任意のベクトルは $\mathcal{W}_1, \mathcal{W}_2$ のベクトルの和として一意的に表されるとき，$\mathcal{W}$ は $\mathcal{W}_1, \mathcal{W}_2$ の**直和** (direct sum) であるという．これを

$$\mathcal{W} = \mathcal{W}_1 \oplus \mathcal{W}_2$$

と表す．

定理 4.10 $\mathcal{W} = \mathcal{W}_1 + \mathcal{W}_2$ のとき次の三つの条件は同値である．
(1) $\mathcal{W} = \mathcal{W}_1 \oplus \mathcal{W}_2$.

(2) $\mathcal{W}_1 \cap \mathcal{W}_2 = \{\mathbf{o}\}$.
(3) $\dim \mathcal{W} = \dim \mathcal{W}_1 + \dim \mathcal{W}_2$.

証明 (1) $\Longrightarrow$ (3) $\Longrightarrow$ (2) $\Longrightarrow$ (1) の順に示そう．

$\mathcal{W}_1$ の次元を r とし基底を $\langle\langle \mathbf{x}_1, \cdots, \mathbf{x}_r \rangle\rangle$ とおく．$\mathcal{W}_2$ の次元を s とし基底を $\langle\langle \mathbf{y}_1, \cdots, \mathbf{y}_s \rangle\rangle$ とおく．すなわち，$\mathbf{x}_1, \cdots, \mathbf{x}_r$ および $\mathbf{y}_1, \cdots, \mathbf{y}_s$ はそれぞれ 1 次独立であり

$$\mathcal{W}_1 = \{\mathbf{x}_1, \cdots, \mathbf{x}_r\}_{\mathbf{R}}, \qquad \mathcal{W}_2 = \{\mathbf{y}_1, \cdots, \mathbf{y}_s\}_{\mathbf{R}}.$$

このとき，和空間の定義より，

$$\mathcal{W}_1 + \mathcal{W}_2 = \{\mathbf{x}_1, \cdots, \mathbf{x}_r, \mathbf{y}_1, \cdots, \mathbf{y}_s\}_{\mathbf{R}}. \tag{4.4}$$

$\boxed{(1) \Longrightarrow (3)}$ を示そう．(4.4) 式よりそれは，(1) を仮定して，$\mathbf{x}_1, \cdots, \mathbf{x}_r$, $\mathbf{y}_1, \cdots, \mathbf{y}_s$ が 1 次独立であることを示せば十分である．方程式

$$a_1 \mathbf{x}_1 + \cdots + a_r \mathbf{x}_r + b_1 \mathbf{y}_1 + \cdots + b_s \mathbf{y}_s = \mathbf{o}$$

を考えよう．これを

$$(a_1 \mathbf{x}_1 + \cdots + a_r \mathbf{x}_r) + (b_1 \mathbf{y}_1 + \cdots + b_s \mathbf{y}_s) = \mathbf{o}$$

のように $\mathcal{W}_1 + \mathcal{W}_2$ の形に表して，$\mathbf{o} + \mathbf{o} = \mathbf{o}$ と比較すれば，一意性の仮定より

$$a_1 \mathbf{x}_1 + \cdots + a_r \mathbf{x}_r = \mathbf{o}, \qquad b_1 \mathbf{y}_1 + \cdots + b_s \mathbf{y}_s = \mathbf{o}.$$

それぞれの式の左辺に現れるベクトルは 1 次独立であるから

$$a_1 = \cdots = a_r = 0, \quad b_1 = \cdots = b_s = 0.$$

1 次独立性が従う．

$\boxed{(3) \Longrightarrow (2)}$ を示そう．(3) を仮定すれば $\dim(\mathcal{W}_1 + \mathcal{W}_2) = r + s$．(4.4) 式を考慮して $\mathbf{x}_1, \cdots, \mathbf{x}_r, \mathbf{y}_1, \cdots, \mathbf{y}_s$ は 1 次独立となる．$\mathbf{w} \in \mathcal{W}_1 \cap \mathcal{W}_2$ とすれば

$$\mathbf{w} = c_1 \mathbf{x}_1 + \cdots + c_r \mathbf{x}_r, \qquad \mathbf{w} = d_1 \mathbf{y}_1 + \cdots + d_s \mathbf{y}_s$$

とできる．両右辺を等置して 1 次独立性に注意すれば

$$c_1 = \cdots = c_r = 0, \quad d_1 = \cdots = d_s = 0.$$

ゆえに $\mathbf{w} = \mathbf{o}$. (2) が従う．

$\boxed{(2) \implies (1)}$ を示そう．$\mathbf{u}_1, \mathbf{v}_1 \in \mathcal{W}_1, \mathbf{u}_2, \mathbf{v}_2 \in \mathcal{W}_2$ として

$$\mathbf{u}_1 + \mathbf{u}_2 = \mathbf{v}_1 + \mathbf{v}_2$$

であれば

$$\mathbf{u}_1 = \mathbf{v}_1, \quad \mathbf{u}_2 = \mathbf{v}_2$$

となることを示せば十分である．

$$\mathbf{u}_1 - \mathbf{v}_1 = \mathbf{v}_2 - \mathbf{u}_2$$

と変形して，左辺は $\mathcal{W}_1$ の元，右辺は $\mathcal{W}_2$ の元であるから両辺は共に $\mathcal{W}_1 \cap \mathcal{W}_2$ の元となり，(2) の仮定より，

$$\mathbf{u}_1 - \mathbf{v}_1 = \mathbf{o}, \mathbf{v}_2 - \mathbf{u}_2 = \mathbf{o} \iff \mathbf{u}_1 = \mathbf{v}_1, \mathbf{u}_2 = \mathbf{v}_2. \quad \blacksquare$$

次元定理 A を (m, n) 型行列とする．前節で見たように A によって $\mathbf{R}^n$ から $\mathbf{R}^m$ への線形写像 T_A が定まり，T_A の像の全体

$$R(A) = \{A\mathbf{x} | \mathbf{x} \in \mathbf{R}^n\}$$

は $\mathbf{R}^m$ の部分空間となる．その次元に関して $\dim R(A) = \operatorname{rank} A$ が成立した．

本節では，これに対して，$\mathbf{o} \in \mathbf{R}^m$ の T_A による全逆像 $T_A^{-1}(\mathbf{o}) \subset \mathbf{R}^n$ について調べてみよう[†3]．それは，$\mathbf{x} \in \mathbf{R}^n$ を変数とした斉次方程式 $A\mathbf{x} = \mathbf{o}$ の解全体を考察することである．$A\mathbf{x} = \mathbf{o}$ を満たす $\mathbf{x}$ 全体の集合は $\mathbf{R}^n$ の部分空間となる．実際，

$$A\mathbf{x} = \mathbf{o}, A\mathbf{y} = \mathbf{o} \implies A(\mathbf{x} + \mathbf{y}) = A\mathbf{x} + A\mathbf{y} = \mathbf{o} + \mathbf{o} = \mathbf{o},$$

$$A\mathbf{x} = \mathbf{o}, a \in \mathbf{R} \implies A(a\mathbf{x}) = aA\mathbf{x} = a\mathbf{o} = \mathbf{o}.$$

[†3] 写像に関する規約は第 0 章を見ていただきたい．

この部分空間を写像 T_A の**核** (kernel) といい，特に $N(A)$ と表す．集合の記法では
$$N(A) = \{\mathbf{x} \in \mathbf{R}^n \,|\, A\mathbf{x} = \mathbf{o}\}$$
と表される．

$R(A), N(A)$ の次元に関して次の**次元定理**が成立する．

定理 4.11 $\dim R(A) + \dim N(A) = n.$

証明 $R(A)$ の次元を r とし基底を $\langle\langle \mathbf{u}_1, \mathbf{u}_2, \cdots, \mathbf{u}_r \rangle\rangle$ とおく．各 $i = 1, 2, \cdots, r$ について，$\mathbf{u}_i \in R(A)$ であるから，方程式
$$A\mathbf{x} = \mathbf{u}_i \quad (i = 1, 2, \cdots, r)$$
は少なくとも一つの解 $\mathbf{v}_i$ をもつ．

$\mathbf{v}_1, \mathbf{v}_2, \cdots, \mathbf{v}_r \in \mathbf{R}^n$ は 1 次独立である．実際，方程式
$$a_1 \mathbf{v}_1 + a_2 \mathbf{v}_2 + \cdots + a_r \mathbf{v}_r = \mathbf{o}$$
の両辺に A を左乗して線形性を考慮すれば
$$a_1 \mathbf{u}_1 + a_2 \mathbf{u}_2 + \cdots + a_r \mathbf{u}_r = \mathbf{o}.$$
この式の左辺に現れるベクトルは 1 次独立であるから
$$a_1 = a_2 = \cdots = a_r = 0.$$
1 次独立性が従う．

$\mathcal{W} = \{\mathbf{v}_1, \mathbf{v}_2, \cdots, \mathbf{v}_r\}_\mathbf{R}$ として
$$\mathbf{R}^n = \mathcal{W} \oplus N(A)$$
を示そう．まず
$$\mathbf{R}^n = \mathcal{W} + N(A)$$

を確認する．任意の $\mathbf{x} \in \mathbf{R}^n$ に対して，$A\mathbf{x} \in R(A)$ であるから，

$$A\mathbf{x} = b_1 \mathbf{u}_1 + b_2 \mathbf{u}_2 + \cdots + b_r \mathbf{u}_r$$

と一意的に表される．この表現に現れる係数を用いて

$$\mathbf{x}' = b_1 \mathbf{v}_1 + b_2 \mathbf{v}_2 + \cdots + b_r \mathbf{v}_r \in \mathcal{W}$$

とおけば線形性を考慮して

$$A(\mathbf{x} - \mathbf{x}') = A\mathbf{x} - (b_1 \mathbf{u}_1 + b_2 \mathbf{u}_2 + \cdots + b_r \mathbf{u}_r) = \mathbf{o}.$$

ゆえに $\mathbf{x} - \mathbf{x}' \in N(A)$ となり

$$\mathbf{x} = \mathbf{x}' + (\mathbf{x} - \mathbf{x}')$$

と変形して

$$\mathbf{R}^n = \mathcal{W} + N(A).$$

次に $\mathcal{W} \cap N(A) = \{\mathbf{o}\}$ を確認する．$\mathbf{y} \in \mathcal{W} \cap N(A)$ としよう．$\mathbf{y} \in \mathcal{W}$ より

$$\mathbf{y} = c_1 \mathbf{v}_1 + c_2 \mathbf{v}_2 + \cdots + c_r \mathbf{v}_r.$$

A を左乗し線形性を考慮すれば

$$c_1 \mathbf{u}_1 + c_2 \mathbf{u}_2 + \cdots + c_r \mathbf{u}_r = A\mathbf{y}.$$

$\mathbf{y} \in N(A)$ より $A\mathbf{y} = \mathbf{o}$ であるから

$$c_1 \mathbf{u}_1 + c_2 \mathbf{u}_2 + \cdots + c_r \mathbf{u}_r = \mathbf{o}.$$

この式の左辺に現れるベクトルは1次独立であるから

$$c_1 = c_2 = \cdots = c_r = 0.$$

ゆえに $\mathbf{y} = \mathbf{o}$．定理 4.10 (2) より直和であることが従い，その (3) より

$$\dim R(A) + \dim N(A) = n. \quad \blacksquare$$

注意 4.5 n 次行列 A に対して，定理 4.7, 4.11 および定理 3.4 (p.48) より

$$A \text{ は可逆} \iff \operatorname{rank} A = n \iff R(A) = \mathbf{R}^n \iff N(A) = \{\mathbf{o}\}$$

が従う．

この関係を用いて定理 2.3 (p.40) に別証を与えることができる．

定理 2.3 の別証　まず A は左逆元 X をもつとする．このとき，

$$A\mathbf{x} = \mathbf{o} \quad (\mathbf{x} \in \mathbf{R}^n)$$

の両辺に X を左乗して

$$XA\mathbf{x} = \mathbf{o} \implies E\mathbf{x} = \mathbf{o} \implies \mathbf{x} = \mathbf{o}.$$

ゆえに $N(A) = \{\mathbf{o}\}$ となり A は可逆．

次に A は右逆元 Y をもつとする．このとき，任意の $\mathbf{x} \in \mathbf{R}^n$ に対して，

$$A(Y\mathbf{x}) = (AY)\mathbf{x} = E\mathbf{x} = \mathbf{x}.$$

ゆえに $R(A) = \mathbf{R}^n$ となり A は可逆．∎

定理 4.12　$\mathcal{W}_1, \mathcal{W}_2$ を $\mathbf{R}^n$ の部分空間とする．このとき，

$$\dim \mathcal{W}_1 + \dim \mathcal{W}_2 = \dim(\mathcal{W}_1 + \mathcal{W}_2) + \dim(\mathcal{W}_1 \cap \mathcal{W}_2)$$

が成立する．

証明　$\mathcal{W}_1 \cap \mathcal{W}_2 \subset \mathcal{W}_1, \mathcal{W}_1 \cap \mathcal{W}_2 \subset \mathcal{W}_2$ であることに注意し，$\dim(\mathcal{W}_1 \cap \mathcal{W}_2) = r$, $\dim \mathcal{W}_1 = r + s$, $\dim \mathcal{W}_2 = r + t$ として

$$\dim(\mathcal{W}_1 + \mathcal{W}_2) = r + s + t$$

を確認する．

$\mathcal{W}_1 \cap \mathcal{W}_2$ の基底を $\langle\!\langle \mathbf{a}_1, \cdots, \mathbf{a}_r \rangle\!\rangle$ とする．注意 4.3 (p.67) と同様に考えて，$\mathcal{W}_1, \mathcal{W}_2$ の基底を

$$\langle\!\langle \mathbf{a}_1, \cdots, \mathbf{a}_r, \mathbf{b}_1, \cdots, \mathbf{b}_s \rangle\!\rangle, \qquad \langle\!\langle \mathbf{a}_1, \cdots, \mathbf{a}_r, \mathbf{c}_1, \cdots, \mathbf{c}_t \rangle\!\rangle$$

のようにできる．

$$\langle\!\langle \mathbf{a}_1, \cdots, \mathbf{a}_r, \mathbf{b}_1, \cdots, \mathbf{b}_s, \mathbf{c}_1, \cdots, \mathbf{c}_t \rangle\!\rangle$$

が $\mathcal{W}_1 + \mathcal{W}_2$ の基底となることを示そう．

これらのベクトルの 1 次結合により $\mathcal{W}_1 + \mathcal{W}_2$ の元が表されることは，和空間の定義より明らかであるから，これらのベクトルが 1 次独立となることを見る．方程式

$$\sum_{i=1}^{r} x_i \mathbf{a}_i + \sum_{j=1}^{s} y_j \mathbf{b}_j + \sum_{k=1}^{t} z_k \mathbf{c}_k = \mathbf{o}$$

を考えよう．第 3 項を移行して

$$\sum_{i=1}^{r} x_i \mathbf{a}_i + \sum_{j=1}^{s} y_j \mathbf{b}_j = -\sum_{k=1}^{t} z_k \mathbf{c}_k \tag{4.5}$$

と変形する．上式左辺は $\in \mathcal{W}_1$，右辺は $\in \mathcal{W}_2$ であるから両辺は共に $\in \mathcal{W}_1 \cap \mathcal{W}_2$．ゆえに

$$-\sum_{k=1}^{t} z_k \mathbf{c}_k = \sum_{i=1}^{r} w_i \mathbf{a}_i$$

と表すことができる．1 次独立性より上式のベクトルの係数はすべて 0 に等しい．したがって，(4.5) 式の右辺は $\mathbf{o}$ に等しい．再び 1 次独立性より (4.5) 式の左辺のベクトルの係数もすべて 0 に等しい．かくして

$$\langle\langle \mathbf{a}_1, \cdots, \mathbf{a}_r, \mathbf{b}_1, \cdots, \mathbf{b}_s, \mathbf{c}_1, \cdots, \mathbf{c}_t \rangle\rangle$$

は $\mathcal{W}_1 + \mathcal{W}_2$ の基底となり，定理が証明された．∎

直和の概念を二つより多くの空間についても定義しておこう．

【定義 4.7】（直和） $\mathcal{W}$ が $\mathbf{R}^n$ の部分空間 $\mathcal{W}_1, \mathcal{W}_2, \cdots, \mathcal{W}_k$ の和空間（定義は $k = 2$ のときと同様）であり，その任意のベクトルは $\mathcal{W}_1, \mathcal{W}_2, \cdots, \mathcal{W}_k$ のベクトルの和として一意的に表されるとき，$\mathcal{W}$ は $\mathcal{W}_1, \mathcal{W}_2, \cdots, \mathcal{W}_k$ の**直和** (direct sum) であるという．これを

$$\mathcal{W} = \mathcal{W}_1 \oplus \mathcal{W}_2 \oplus \cdots \oplus \mathcal{W}_k = \bigoplus_{i=1}^{k} \mathcal{W}_i$$

と表す．

次の定理は第 8 章において本質的に用いられる．

定理 4.13 $\mathcal{W} = \mathcal{W}_1 + \mathcal{W}_2 + \cdots + \mathcal{W}_k$ のとき次の三つの条件は同値である.
(1) $\mathcal{W} = \mathcal{W}_1 \oplus \mathcal{W}_2 \oplus \cdots \oplus \mathcal{W}_k$.
(2) 各 $i = 1, 2, \cdots, k$ について

$$\mathcal{W}_i \cap (\mathcal{W}_1 + \cdots + \mathcal{W}_{i-1} + \mathcal{W}_{i+1} + \cdots + \mathcal{W}_k) = \{\mathbf{o}\}.$$

(3) $\dim \mathcal{W} = \dim \mathcal{W}_1 + \dim \mathcal{W}_2 + \cdots + \dim \mathcal{W}_k$.

証明 定理 4.12 と帰納法とにより, (2) $\iff$ (3) は容易. (1) $\iff$ (2) を示そう.

$\boxed{(1) \implies (2)}$ ある i で

$$\mathcal{W}_i \cap (\mathcal{W}_1 + \cdots + \mathcal{W}_{i-1} + \mathcal{W}_{i+1} + \cdots + \mathcal{W}_k) \ni \mathbf{w} \neq \mathbf{o}$$

を満たす $\mathbf{w}$ が存在すれば $\mathbf{o}, \mathbf{w} \in \mathcal{W}_i$ および $\mathbf{o}, -\mathbf{w} \in (\mathcal{W}_1 + \cdots + \mathcal{W}_{i-1} + \mathcal{W}_{i+1} + \cdots + \mathcal{W}_k)$ となることに注意して

$$\mathbf{o} + \mathbf{o} = \mathbf{o}, \qquad \mathbf{w} + (-\mathbf{w}) = \mathbf{o}.$$

これは $\mathbf{o}$ の $\mathcal{W}_1 + \mathcal{W}_2 + \cdots + \mathcal{W}_k$ の形による異なる 2 通りの表現であるから, (1) の主張に反する. ゆえに (2) が従う.

$\boxed{(2) \implies (1)}$ $\mathbf{x}_1, \mathbf{y}_1 \in \mathcal{W}_1, \mathbf{x}_2, \mathbf{y}_2 \in \mathcal{W}_2, \cdots, \mathbf{x}_k, \mathbf{y}_k \in \mathcal{W}_k$ として

$$\mathbf{x}_1 + \mathbf{x}_2 + \cdots + \mathbf{x}_k = \mathbf{y}_1 + \mathbf{y}_2 + \cdots + \mathbf{y}_k$$
$$\implies \mathbf{x}_1 = \mathbf{y}_1, \mathbf{x}_2 = \mathbf{y}_2, \cdots, \mathbf{x}_k = \mathbf{y}_k \tag{4.6}$$

を示せば十分である.

$$\mathbf{x}_i - \mathbf{y}_i = (\mathbf{y}_1 - \mathbf{x}_1) + \cdots + (\mathbf{y}_{i-1} - \mathbf{x}_{i-1}) + (\mathbf{y}_{i+1} - \mathbf{x}_{i+1}) + \cdots + (\mathbf{y}_k - \mathbf{x}_k)$$

と変形して, 左辺は $\mathcal{W}_i$ の元, 右辺は $\mathcal{W}_1 + \cdots + \mathcal{W}_{i-1} + \mathcal{W}_{i+1} + \cdots + \mathcal{W}_k$ の元であるから両辺は共に $\mathcal{W}_i \cap (\mathcal{W}_1 + \cdots + \mathcal{W}_{i-1} + \mathcal{W}_{i+1} + \cdots + \mathcal{W}_k)$ の元となり, (2) の仮定より

$$\mathbf{x}_i - \mathbf{y}_i = \mathbf{o} \iff \mathbf{x}_i = \mathbf{y}_i.$$

i は任意であるから (4.6) 式が従う. ∎

章末問題

4.1 $\mathbf{a}_1 = \begin{pmatrix} 1 \\ 2 \\ 0 \\ 4 \end{pmatrix}$, $\mathbf{a}_2 = \begin{pmatrix} -1 \\ 1 \\ 3 \\ -3 \end{pmatrix}$, $\mathbf{a}_3 = \begin{pmatrix} 0 \\ 1 \\ -5 \\ -2 \end{pmatrix}$, $\mathbf{a}_4 = \begin{pmatrix} -1 \\ -9 \\ -1 \\ -4 \end{pmatrix}$ とする. $\mathbf{a}_1, \mathbf{a}_2$ によって生成される $\mathbf{R}^4$ の部分空間を $\mathcal{W}_1$ とし, $\mathbf{a}_3, \mathbf{a}_4$ によって生成される $\mathbf{R}^4$ の部分空間を $\mathcal{W}_2$ とするとき, 共通部分 $\mathcal{W}_1 \cap \mathcal{W}_2$ の次元および基底を求めよ.

4.2 $\mathbf{e}_1, \mathbf{e}_2, \mathbf{e}_3, \mathbf{e}_4$ を $\mathbf{R}^4$ の単位ベクトルとする. $\mathbf{e}_1, \mathbf{e}_2$ によって生成される $\mathbf{R}^4$ の部分空間を $\mathcal{W}_1$ とし, $\mathbf{e}_3, \mathbf{e}_4$ によって生成される $\mathbf{R}^4$ の部分空間を $\mathcal{W}_2$ とするとき, 共通部分 $\mathcal{W}_1 \cap \mathcal{W}_2 = \{\mathbf{o}\}$ であることを確認し上の問題と比較せよ.

4.3 $\mathcal{W}_1, \mathcal{W}_2$ を $\mathbf{R}^n$ の部分空間とする. $\mathcal{W}_1 \cap \mathcal{W}_2 = \{\mathbf{o}\}$ ならば, $\mathcal{W}_1$ の 1 次独立なベクトルと $\mathcal{W}_2$ の 1 次独立なベクトルとを合わせたベクトルは $\mathbf{R}^n$ の 1 次独立なベクトルとなることを証明せよ.

4.4 ベクトル $\mathbf{a}_1, \mathbf{a}_2, \mathbf{a}_3$ が 1 次従属であり, ベクトル $\mathbf{a}_1', \mathbf{a}_2, \mathbf{a}_3$ が 1 次従属であるとき, ベクトル $\mathbf{a}_1 + \mathbf{a}_1', \mathbf{a}_2, \mathbf{a}_3$ は 1 次従属であることを証明せよ.

4.5 $f(x)$ は $\mathbf{R}$ 上の関数で
$$f(x+y) = f(x) + f(y)$$
を満たすとする. このとき, 次を証明せよ.
 (1) $f(0) = 0$, $f(-x) = -f(x)$.
 (2) $f(2x) = 2f(x)$, $f(3x) = 3f(x)$, $f(nx) = nf(x)$ $(n \in \mathbf{N})$.
 (3) $f\left(\dfrac{m}{n}x\right) = \dfrac{m}{n} f(x)$ $(m \in \mathbf{Z}, n \in \mathbf{N})$.

4.6 $A = \begin{pmatrix} 1 & -1 & 1 & -1 \\ 2 & -2 & 2 & -2 \\ 2 & -3 & 4 & -4 \\ 1 & -2 & 3 & -3 \end{pmatrix}$ として $R(A), N(A)$ の次元および基底をそれぞれ求めよ.

4.7 A は (m, n) 型行列とする.
 (1) $A\mathbf{a}_1, A\mathbf{a}_2, \cdots, A\mathbf{a}_k \in \mathbf{R}^m$ を 1 次独立とすれば $\mathbf{a}_1, \mathbf{a}_2, \cdots, \mathbf{a}_k \in \mathbf{R}^n$ も 1 次独立であることを示せ.
 (2) $\mathbf{a}_1, \mathbf{a}_2, \cdots, \mathbf{a}_k \in \mathbf{R}^n$ を 1 次独立として $A\mathbf{a}_1, A\mathbf{a}_2, \cdots, A\mathbf{a}_k \in \mathbf{R}^m$ が 1 次従属となる例を考えよ.

4.8 $\mathbf{a}_1, \mathbf{a}_2, \cdots, \mathbf{a}_k \in \mathbf{R}^n$ を 1 次独立なベクトル, A を可逆な n 次行列とする. このとき, $A\mathbf{a}_1, A\mathbf{a}_2, \cdots, A\mathbf{a}_k$ も 1 次独立となることを証明せよ.

4.9 n 次行列 A に対して, 少なくとも一つは 0 でない定数 $c_0, c_1, c_2, c_3, \cdots, c_{n^2}$ が存在して

$$c_0E + c_1A + c_2A^2 + C_3A^3 + \cdots + c_{n^2}A^{n^2} = O$$

とできることを証明せよ．

Hint $E, A, A^2, A^3, \cdots, A^{n^2}$ を n^2+1 個の $\mathbf{R}^{n^2}$ のベクトルと見なして考えよ．

第5章

行列式とその性質

　本章では，行列式の概念およびその基本的な性質について概説する．ベクトルの1次独立性・行列の可逆性のための判定条件は，行列式を使って簡明に述べることができる．また，n次行列に関するケイリー–ハミルトンの定理および行列式と平行体の体積の関係についても述べる．新しい記法として，$M_n(\mathbf{R})$ により実数を成分とする n 次行列全体の作る集合を表すこととする．

5.1　2次行列式

　2次行列式についてはすでに説明した．すなわち，2次行列 $A = \begin{pmatrix} a & b \\ c & d \end{pmatrix} \in M_2(\mathbf{R})$ に対して，その行列式は

$$\det A = \det(A) = |A| = \begin{vmatrix} a & b \\ c & d \end{vmatrix} = ad - bc$$

で定義された．これは，実数を成分とするすべての2次行列に実数を対応させる関数（写像）であると見なすことができる．

　A の列ベクトルを $\mathbf{a}_1 = \begin{pmatrix} a \\ c \end{pmatrix}, \mathbf{a}_2 = \begin{pmatrix} b \\ d \end{pmatrix}$ として，通例のように，$A = (\mathbf{a}_1, \mathbf{a}_2)$ と表記すれば $\det A = \det(\mathbf{a}_1, \mathbf{a}_2)$ と表される．この記法で，$\det(\mathbf{a}_1, \mathbf{a}_2)$ を二つの列ベクトル $\mathbf{a}_1, \mathbf{a}_2 \in \mathbf{R}^2$ の関数と考えれば，それは次の三つの性質 (i)–(iii) をもつことがわかる．

(i) $\det(\mathbf{a}_1, \mathbf{a}_2)$ は列ベクトル $\mathbf{a}_1, \mathbf{a}_2$ のいずれについても線形である．これを**双線形性**という．すなわち，$\mathbf{a}_2 \in \mathbf{R}^2$ を任意に固定したとき，すべての $\mathbf{a}_1, \mathbf{a}_1' \in \mathbf{R}^2$ および $\alpha \in \mathbf{R}$ に対して，

$$\begin{cases} \det(\mathbf{a}_1 + \mathbf{a}_1', \mathbf{a}_2) = \det(\mathbf{a}_1, \mathbf{a}_2) + \det(\mathbf{a}_1', \mathbf{a}_2), \\ \det(\alpha\mathbf{a}_1, \mathbf{a}_2) = \alpha \det(\mathbf{a}_1, \mathbf{a}_2) \end{cases}$$

が成立する．同様に，$\mathbf{a}_1 \in \mathbf{R}^2$ を任意に固定したとき，すべての $\mathbf{a}_2, \mathbf{a}_2' \in \mathbf{R}^2$ および $\alpha \in \mathbf{R}$ に対して，

$$\begin{cases} \det(\mathbf{a}_1, \mathbf{a}_2 + \mathbf{a}_2') = \det(\mathbf{a}_1, \mathbf{a}_2) + \det(\mathbf{a}_1, \mathbf{a}_2'), \\ \det(\mathbf{a}_1, \alpha\mathbf{a}_2) = \alpha \det(\mathbf{a}_1, \mathbf{a}_2) \end{cases}$$

が成立する．

(ii) $\det(\mathbf{a}_1, \mathbf{a}_2)$ は列ベクトル $\mathbf{a}_1, \mathbf{a}_2$ を入れ替えると符号が変わる．これを**交代的** (alternating) であるという．すなわち，

$$\det(\mathbf{a}_2, \mathbf{a}_1) = -\det(\mathbf{a}_1, \mathbf{a}_2)$$

が成立する．

(iii) $\mathbf{R}^2$ 上の単位ベクトル $\mathbf{e}_1 = \begin{pmatrix} 1 \\ 0 \end{pmatrix}, \mathbf{e}_2 = \begin{pmatrix} 0 \\ 1 \end{pmatrix}$ に対して，

$$\det E = \det(\mathbf{e}_1, \mathbf{e}_2) = 1$$

が成立する．

問題 5.1 以上三つの性質を確かめよ．

実は，2 次行列式は上の三つの性質 (i)–(iii) によって完全に特徴づけられてしまう．

命題 5.1 二つの列ベクトル $\mathbf{a}_1, \mathbf{a}_2 \in \mathbf{R}^2$ の関数 $D(\mathbf{a}_1, \mathbf{a}_2)$ が上の三つの性質 (i)–(iii) をもつと仮定する．このとき，$\mathbf{a}_1 = \begin{pmatrix} a \\ c \end{pmatrix}, \mathbf{a}_2 = \begin{pmatrix} b \\ d \end{pmatrix}$ とおけば

$$D(\mathbf{a}_1, \mathbf{a}_2) = ad - bc$$

が成立する.

証明 $D(\mathbf{a}_1, \mathbf{a}_2)$ が (ii) の性質をもつとき, 任意の $\mathbf{a} \in \mathbf{R}^2$ に対して, $D(\mathbf{a}, \mathbf{a}) = 0$ が成立する. 実際,

$$D(\mathbf{a}, \mathbf{a}) = -D(\mathbf{a}, \mathbf{a}) \iff 2D(\mathbf{a}, \mathbf{a}) = 0 \iff D(\mathbf{a}, \mathbf{a}) = 0.$$

単位ベクトル $\mathbf{e}_1, \mathbf{e}_2 \in \mathbf{R}^2$ によって

$$\mathbf{a}_1 = a\mathbf{e}_1 + c\mathbf{e}_2, \qquad \mathbf{a}_2 = b\mathbf{e}_1 + d\mathbf{e}_2$$

と表し, 各列に関する線形性を用いて変形すると

$$\begin{aligned}
D(\mathbf{a}_1, \mathbf{a}_2) &= D(a\mathbf{e}_1 + c\mathbf{e}_2, b\mathbf{e}_1 + d\mathbf{e}_2) \\
&= D(a\mathbf{e}_1, b\mathbf{e}_1 + d\mathbf{e}_2) + D(c\mathbf{e}_2, b\mathbf{e}_1 + d\mathbf{e}_2) \\
&= aD(\mathbf{e}_1, b\mathbf{e}_1 + d\mathbf{e}_2) + cD(\mathbf{e}_2, b\mathbf{e}_1 + d\mathbf{e}_2) \\
&= aD(\mathbf{e}_1, b\mathbf{e}_1) + aD(\mathbf{e}_1, d\mathbf{e}_2) + cD(\mathbf{e}_2, b\mathbf{e}_1) + cD(\mathbf{e}_2, d\mathbf{e}_2) \\
&= abD(\mathbf{e}_1, \mathbf{e}_1) + adD(\mathbf{e}_1, \mathbf{e}_2) + cbD(\mathbf{e}_2, \mathbf{e}_1) + cdD(\mathbf{e}_2, \mathbf{e}_2)
\end{aligned}$$

が得られる. $D(a, a) = 0$ および (iii) より

$$\begin{cases} D(\mathbf{e}_1, \mathbf{e}_1) = 0, \\ D(\mathbf{e}_1, \mathbf{e}_2) = 1, \\ D(\mathbf{e}_2, \mathbf{e}_1) = -1, \\ D(\mathbf{e}_2, \mathbf{e}_2) = 0 \end{cases}$$

であるから, 上式に代入して

$$D(\mathbf{a}_1, \mathbf{a}_2) = ad - bc. \quad \blacksquare$$

5.2　n 次行列式

本節では, 2 次行列式がもっている三つの性質 (i)–(iii) に着目して, n 次行列式を定義する.

n 次行列 $A = (\mathbf{a}_1, \cdots, \mathbf{a}_n) \in M_n(\mathbf{R})$ に対して,次の三つの性質 (I)–(III) をもつ関数 $\det A = \det(\mathbf{a}_1, \cdots, \mathbf{a}_n)$ を考察しよう.

(I) $\det(\mathbf{a}_1, \mathbf{a}_2, \cdots, \mathbf{a}_n)$ は各列ベクトル $\mathbf{a}_i$ に関して線形である.これを **n 重線形性**という.すなわち,各 $i = 1, 2, \cdots, n$ について,列ベクトル $\mathbf{a}_1, \cdots, \mathbf{a}_{i-1}, \mathbf{a}_{i+1}, \cdots, \mathbf{a}_n \in \mathbf{R}^n$ を任意に固定したとき,すべての $\mathbf{a}_i, \mathbf{a}'_i \in \mathbf{R}^n$ および $\alpha \in \mathbf{R}$ に対して,

$$\begin{cases} \det(\mathbf{a}_1, \cdots, \mathbf{a}_{i-1}, \mathbf{a}_i + \mathbf{a}'_i, \mathbf{a}_{i+1}, \cdots, \mathbf{a}_n) \\ \quad = \det(\mathbf{a}_1, \cdots, \mathbf{a}_{i-1}, \mathbf{a}_i, \mathbf{a}_{i+1}, \cdots, \mathbf{a}_n) + \det(\mathbf{a}_1, \cdots, \mathbf{a}_{i-1}, \mathbf{a}'_i, \mathbf{a}_{i+1}, \cdots, \mathbf{a}_n) \\ \det(\mathbf{a}_1, \cdots, \mathbf{a}_{i-1}, \alpha \mathbf{a}_i, \mathbf{a}_{i+1}, \cdots, \mathbf{a}_n) = \alpha \det(\mathbf{a}_1, \cdots, \mathbf{a}_{i-1}, \mathbf{a}_i, \mathbf{a}_{i+1}, \cdots, \mathbf{a}_n) \end{cases}$$

が成立する.

(II) $\det(\mathbf{a}_1, \mathbf{a}_2, \cdots, \mathbf{a}_n)$ はどの二つの列ベクトル $\mathbf{a}_i, \mathbf{a}_j$ $(i < j)$ を入れ替えても符号が変わる.これを**交代的** (alternating) であるという.すなわち,

$$\det(\mathbf{a}_1, \cdots, \mathbf{a}_j, \cdots, \mathbf{a}_i, \cdots, \mathbf{a}_n) = -\det(\mathbf{a}_1, \cdots, \mathbf{a}_i, \cdots, \mathbf{a}_j, \cdots, \mathbf{a}_n)$$

が成立する.

(III) $\mathbf{R}^n$ の単位ベクトル $\mathbf{e}_1 = \begin{pmatrix} 1 \\ 0 \\ 0 \\ \vdots \\ 0 \end{pmatrix}, \mathbf{e}_2 = \begin{pmatrix} 0 \\ 1 \\ 0 \\ \vdots \\ 0 \end{pmatrix}, \cdots, \mathbf{e}_n = \begin{pmatrix} 0 \\ 0 \\ \vdots \\ 0 \\ 1 \end{pmatrix}$ に対して,

$$\det E = \det(\mathbf{e}_1, \cdots, \mathbf{e}_n) = 1$$

が成立する.

次の定理は,この関数 $\det$ の存在と一意性とを保証するものである.その証明は 5.4 節で与えることにする.

定理 5.2 上の三つの性質 (I)–(III) をもつ $A = (\mathbf{a}_1, \cdots, \mathbf{a}_n) \in M_n(\mathbf{R})$ の関数

$$\det A = \det(\mathbf{a}_1, \cdots, \mathbf{a}_n)$$

が一意的に存在する.

【定義 5.1】(**n 次行列式**)　定理 5.2 により一意的に確定する $A = (\mathbf{a}_1, \cdots, \mathbf{a}_n) \in M_n(\mathbf{R})$ の関数 $\det A$ を **n 次行列式関数**という. この関数の値 $\det A \ (\in \mathbf{R})$ を A の**行列式** (determinant) という.

$\det A$ は $\det(A)$, $|A|$, $|\mathbf{a}_1, \mathbf{a}_2, \cdots, \mathbf{a}_n|$ とも表す. $A = (a_{ij})$ の成分を用いて表すときには

$$\det A = \begin{vmatrix} a_{11} & a_{12} & \cdots & a_{1n} \\ a_{21} & a_{22} & \cdots & a_{2n} \\ \vdots & \vdots & \ddots & \vdots \\ a_{n1} & a_{n2} & \cdots & a_{nn} \end{vmatrix}$$

と表記する. また, 行列 A の行, 列あるいは成分をそのまま行列式 $\det A$ の行, 列あるいは成分という.

以下本節では, 性質 (I), (II) からさらにどのような性質が導かれるかを見ていく.

(a)　(II) は, (I) の仮定の下, 次の性質 (II′) と同値である. (II) および (II′) の性質を共に**交代的** (alternating) であるという.

(II′) $\det(\mathbf{a}_1, \mathbf{a}_2, \cdots, \mathbf{a}_n)$ は列ベクトルのうちに等しいものがあるならば 0 に等しい. すなわち, $\mathbf{a}_i = \mathbf{a}_j \ (i < j)$ ならば

$$\det(\mathbf{a}_1, \cdots, \mathbf{a}_i, \cdots, \mathbf{a}_i, \cdots, \mathbf{a}_n) = 0$$

が成立する.

証明　(II) を仮定すれば

$$\det(\mathbf{a}_1, \cdots, \mathbf{a}_i, \cdots, \mathbf{a}_i, \cdots, \mathbf{a}_n) = -\det(\mathbf{a}_1, \cdots, \mathbf{a}_i, \cdots, \mathbf{a}_i, \cdots, \mathbf{a}_n)$$

となり

$$2\det(\mathbf{a}_1, \cdots, \mathbf{a}_i, \cdots, \mathbf{a}_i, \cdots, \mathbf{a}_n) = 0 \iff \det(\mathbf{a}_1, \cdots, \mathbf{a}_i, \cdots, \mathbf{a}_i, \cdots, \mathbf{a}_n) = 0$$

を得る．逆に，(II′) を仮定すれば，$\det(\mathbf{a}_1, \mathbf{a}_2, \cdots, \mathbf{a}_n)$ の $\mathbf{a}_i, \mathbf{a}_j\ (i < j)$ を共に $\mathbf{a}_i + \mathbf{a}_j$ に置き換えたものは

$$\det(\mathbf{a}_1, \cdots, \mathbf{a}_i + \mathbf{a}_j, \cdots, \mathbf{a}_i + \mathbf{a}_j, \cdots, \mathbf{a}_n) = 0$$

となる．さらに各列に関する線形性を用いると，

$$\begin{aligned}
&\det(\mathbf{a}_1, \cdots, \mathbf{a}_i + \mathbf{a}_j, \cdots, \mathbf{a}_i + \mathbf{a}_j, \cdots, \mathbf{a}_n) \\
&= \det(\mathbf{a}_1, \cdots, \mathbf{a}_i, \cdots, \mathbf{a}_i, \cdots, \mathbf{a}_n) + \det(\mathbf{a}_1, \cdots, \mathbf{a}_i, \cdots, \mathbf{a}_j, \cdots, \mathbf{a}_n) \\
&\quad + \det(\mathbf{a}_1, \cdots, \mathbf{a}_j, \cdots, \mathbf{a}_i, \cdots, \mathbf{a}_n) + \det(\mathbf{a}_1, \cdots, \mathbf{a}_j, \cdots, \mathbf{a}_j, \cdots, \mathbf{a}_n)
\end{aligned}$$

と変形でき，右辺第 1 項および第 4 項は (II′) により 0 に等しく

$$\det(\mathbf{a}_1, \cdots, \mathbf{a}_i, \cdots, \mathbf{a}_j, \cdots, \mathbf{a}_n) + \det(\mathbf{a}_1, \cdots, \mathbf{a}_j, \cdots, \mathbf{a}_i, \cdots, \mathbf{a}_n) = 0$$

$$\iff \det(\mathbf{a}_1, \cdots, \mathbf{a}_i, \cdots, \mathbf{a}_j, \cdots, \mathbf{a}_n) = -\det(\mathbf{a}_1, \cdots, \mathbf{a}_j, \cdots, \mathbf{a}_i, \cdots, \mathbf{a}_n).$$

(II) を得る．■

(b) $A = (\mathbf{a}_1, \cdots, \mathbf{a}_n) \in M_n(\mathbf{R})$ のある列に他の列の定数倍を加えてもその行列式は変わらない．

証明 $c \in \mathbf{R}$ として

$$\det(\mathbf{a}_1, \cdots, \mathbf{a}_i + c\mathbf{a}_j, \cdots, \mathbf{a}_j, \cdots, \mathbf{a}_n) \tag{5.1}$$

は 第 i 列に関する線形性により

$$\det(\mathbf{a}_1, \cdots, \mathbf{a}_i, \cdots, \mathbf{a}_j, \cdots, \mathbf{a}_n) + c\det(\mathbf{a}_1, \cdots, \mathbf{a}_j, \cdots, \mathbf{a}_j, \cdots, \mathbf{a}_n)$$

と変形できる．この第 2 項は (II′) により 0 に等しく，(5.1) 式は $\det A$ に等しい．■

(c) $A = (\mathbf{a}_1, \cdots, \mathbf{a}_n) \in M_n(\mathbf{R})$ について，列ベクトル $\mathbf{a}_1, \mathbf{a}_2, \cdots, \mathbf{a}_n$ が 1 次従属ならば $\det A = 0$ である．

証明 1 次従属の仮定より

$$a_1\mathbf{a}_1 + a_2\mathbf{a}_2 + \cdots + a_n\mathbf{a}_n = \mathbf{o} \tag{5.2}$$

を満たす少なくとも一つは 0 ではない数 $a_1, a_2, \cdots, a_n \in \mathbf{R}$ が存在する．たとえば $a_1 \neq 0$ とすれば $b_i = -\dfrac{a_i}{a_1}$ として，

$$\mathbf{a}_1 = b_2 \mathbf{a}_2 + b_3 \mathbf{a}_3 + \cdots + b_n \mathbf{a}_n.$$

これを用いて第 1 列に関する線形性から

$$\begin{aligned}
\det A &= \det(b_2 \mathbf{a}_2 + b_3 \mathbf{a}_3 + \cdots + b_n \mathbf{a}_n, \mathbf{a}_2, \mathbf{a}_3, \cdots, \mathbf{a}_n) \\
&= b_2 \det(\mathbf{a}_2, \mathbf{a}_2, \mathbf{a}_3, \cdots, \mathbf{a}_n) + b_3 \det(\mathbf{a}_3, \mathbf{a}_2, \mathbf{a}_3, \cdots, \mathbf{a}_n) + \cdots \\
&\quad + b_n \det(\mathbf{a}_n, \mathbf{a}_2, \mathbf{a}_3, \cdots, \mathbf{a}_n).
\end{aligned}$$

右辺の各行列式はすべて二つの等しい列ベクトルを含むからその値は 0 に等しい．ゆえに，$\det A = 0$. ∎

(d) $A = (\mathbf{a}_1, \cdots, \mathbf{a}_n) \in M_n(\mathbf{R})$ について，$\det A \neq 0$ ならばその列ベクトル $\mathbf{a}_1, \mathbf{a}_2, \cdots, \mathbf{a}_n$ は 1 次独立である．このとき，注意 4.4 (p.71) より，A は可逆行列となる．

証明 これは (c) の対偶である． ∎

(e) (**クラメル (Cramer) の公式**) $A = (\mathbf{a}_1, \cdots, \mathbf{a}_n) \in M_n(\mathbf{R}), \mathbf{b} \in \mathbf{R}^n$ として，変数 $\mathbf{x} = (x_i) \in \mathbf{R}^n$ の方程式

$$A\mathbf{x} = \mathbf{b} \iff x_1 \mathbf{a}_1 + x_2 \mathbf{a}_2 + \cdots + x_n \mathbf{a}_n = \mathbf{b} \tag{5.3}$$

を考える．$\det A \neq 0$ ならば，(d) および命題 3.6 (p.51) により，この方程式は唯一の解 $\mathbf{x} = A^{-1}\mathbf{b}$ をもつ．行列式の理論を使うと，さらにそれを簡明に表すことができる．ここでは慣例に従い $\det A = |A|$ と書くこととしたい．

行列式

$$|\mathbf{a}_1, \cdots, \mathbf{a}_{i-1}, \mathbf{a}_i, \mathbf{a}_{i+1}, \cdots, \mathbf{a}_n|$$

において $\mathbf{a}_i$ を $\mathbf{b}$ で置き換えて得られる行列式

$$|\mathbf{a}_1, \cdots, \mathbf{a}_{i-1}, \mathbf{b}, \mathbf{a}_{i+1}, \cdots, \mathbf{a}_n|$$

を計算しよう．$\mathbf{b}$ に (5.3) 式の左辺を代入して，第 i 列に関する線形性を使うと，

$$|\mathbf{a}_1, \cdots, \mathbf{a}_{i-1}, \mathbf{b}, \mathbf{a}_{i+1}, \cdots, \mathbf{a}_n|$$
$$= \left|\mathbf{a}_1, \cdots, \mathbf{a}_{i-1}, \sum_{k=1}^n x_k \mathbf{a}_k, \mathbf{a}_{i+1}, \cdots, \mathbf{a}_n\right|$$
$$= \sum_{k=1}^n x_k |\mathbf{a}_1, \cdots, \mathbf{a}_{i-1}, \mathbf{a}_k, \mathbf{a}_{i+1}, \cdots, \mathbf{a}_n|.$$

右辺の和で，i 以外の k に対しては

$$|\mathbf{a}_1, \cdots, \mathbf{a}_{i-1}, \mathbf{a}_k, \mathbf{a}_{i+1}, \cdots, \mathbf{a}_n|$$

が等しい二つの列ベクトルを含むから，その値は 0 に等しい．したがって，$k = i$ に対する項すなわち $x_i|A|$ のみが残り

$$x_i|A| = |\mathbf{a}_1, \cdots, \mathbf{a}_{i-1}, \mathbf{b}, \mathbf{a}_{i+1}, \cdots, \mathbf{a}_n| \quad (i = 1, 2, \cdots, n) \tag{5.4}$$

が成立する．ゆえに，$|A| \neq 0$ ならば

$$x_i = \frac{|\mathbf{a}_1, \cdots, \mathbf{a}_{i-1}, \mathbf{b}, \mathbf{a}_{i+1}, \cdots, \mathbf{a}_n|}{|\mathbf{a}_1, \cdots, \mathbf{a}_{i-1}, \mathbf{a}_i, \mathbf{a}_{i+1}, \cdots, \mathbf{a}_n|} \quad (i = 1, 2, \cdots, n). \tag{5.5}$$

これが**クラメル (Cramer) の公式**である．この公式における分母は一定の行列式 $|A|$ であり，分子は $x_1, x_2, \cdots, x_n$ の順に $|\mathbf{a}_1, \mathbf{a}_2, \cdots, \mathbf{a}_n|$ の列ベクトル $\mathbf{a}_1, \mathbf{a}_2, \cdots, \mathbf{a}_n$ を順次定数項ベクトル $\mathbf{b}$ で置き換えた行列式である．

問題 5.2 クラメルの公式を使って

$$x \begin{pmatrix} 1 \\ 2 \end{pmatrix} + y \begin{pmatrix} 2 \\ 1 \end{pmatrix} = \begin{pmatrix} 5 \\ 6 \end{pmatrix}$$

を解け．

/ 注意 5.1 方程式 (5.3) においてクラメルの公式を使い

$$\mathbf{b} = \mathbf{e}_i \quad (i = 1, 2, \cdots, n)$$

に対する解 $\mathbf{x}_i$ を求めて

$$X = (\mathbf{x}_1, \cdots, \mathbf{x}_n) \in M_n(\mathbf{R})$$

とおけば

$$AX = (A\mathbf{x}_1, A\mathbf{x}_2, \cdots, A\mathbf{x}_n) = (\mathbf{e}_1, \mathbf{e}_2, \cdots, \mathbf{e}_n) = E.$$

すなわち，行列式を使って A の逆行列が計算できる．

5.3 3次行列式の計算

定理 5.2 を証明する前に 3 次行列式の計算法を紹介しておく．

一般に，n 次行列 $A = (a_{ij}) \in M_n(\mathbf{R})$ の第 i 行および第 j 列を取り去ってできる $(n-1)$ 次行列を A^{ij} と表す．

この記法を用いて 3 次行列 $A = \begin{pmatrix} a_{11} & a_{12} & a_{13} \\ a_{21} & a_{22} & a_{23} \\ a_{31} & a_{32} & a_{33} \end{pmatrix}$ に対して，その行列式を

$$|A| = (-1)^{i+1} a_{i1} |A^{i1}| + (-1)^{i+2} a_{i2} |A^{i2}| + (-1)^{i+3} a_{i3} |A^{i3}| \quad (i = 1, 2, 3)$$

で定義する．2 次行列式はすでに定義されているからこの右辺は実際に計算できる．成分を用いて書いてみると

$$\begin{vmatrix} a_{11} & a_{12} & a_{13} \\ a_{21} & a_{22} & a_{23} \\ a_{31} & a_{32} & a_{33} \end{vmatrix} = a_{11} \begin{vmatrix} a_{22} & a_{23} \\ a_{32} & a_{33} \end{vmatrix} - a_{12} \begin{vmatrix} a_{21} & a_{23} \\ a_{31} & a_{33} \end{vmatrix} + a_{13} \begin{vmatrix} a_{21} & a_{22} \\ a_{31} & a_{32} \end{vmatrix},$$

$$\begin{vmatrix} a_{11} & a_{12} & a_{13} \\ a_{21} & a_{22} & a_{23} \\ a_{31} & a_{32} & a_{33} \end{vmatrix} = -a_{21} \begin{vmatrix} a_{12} & a_{13} \\ a_{32} & a_{33} \end{vmatrix} + a_{22} \begin{vmatrix} a_{11} & a_{13} \\ a_{31} & a_{33} \end{vmatrix} - a_{23} \begin{vmatrix} a_{11} & a_{12} \\ a_{31} & a_{32} \end{vmatrix},$$

$$\begin{vmatrix} a_{11} & a_{12} & a_{13} \\ a_{21} & a_{22} & a_{23} \\ a_{31} & a_{32} & a_{33} \end{vmatrix} = a_{31} \begin{vmatrix} a_{12} & a_{13} \\ a_{22} & a_{23} \end{vmatrix} - a_{32} \begin{vmatrix} a_{11} & a_{13} \\ a_{21} & a_{23} \end{vmatrix} + a_{33} \begin{vmatrix} a_{11} & a_{12} \\ a_{21} & a_{22} \end{vmatrix},$$

となる．この三つの式は共に

$$a_{11}a_{22}a_{33} + a_{12}a_{23}a_{31} + a_{13}a_{21}a_{32} - a_{13}a_{22}a_{31} - a_{12}a_{21}a_{33} - a_{11}a_{23}a_{32}$$

に等しい．

このように定義された $|A|$ が前節の三つの性質 (I)–(III) を満たすことを実際に確認し，4 次行列，5 次行列と同様に順次帰納的に定義していく，それが存在証明のシナリオである．

◆ **例題 5.1** $i = 1$ として次の行列式を計算する．

$$\begin{vmatrix} 1 & 2 & 3 \\ 2 & 3 & 4 \\ 3 & 4 & 5 \end{vmatrix}$$

$$= (-1)^{1+1} 1 \begin{vmatrix} 3 & 4 \\ 4 & 5 \end{vmatrix} + (-1)^{1+2} 2 \begin{vmatrix} 2 & 4 \\ 3 & 5 \end{vmatrix} + (-1)^{1+3} 3 \begin{vmatrix} 2 & 3 \\ 3 & 4 \end{vmatrix}$$
$$= 1 \times (-1) + (-2) \times (-2) + 3 \times (-1) = 0. \quad \square$$

◆例題 5.2　$i = 2$ として次の行列式を計算する．

$$\begin{vmatrix} 1 & 1 & 1 \\ 1 & 0 & 0 \\ 0 & 1 & 0 \end{vmatrix}$$
$$= (-1)^{2+1} 1 \begin{vmatrix} 1 & 1 \\ 1 & 0 \end{vmatrix} + (-1)^{2+2} 0 \begin{vmatrix} 1 & 1 \\ 0 & 0 \end{vmatrix} + (-1)^{2+3} 0 \begin{vmatrix} 1 & 1 \\ 0 & 1 \end{vmatrix}$$
$$= 1. \quad \square$$

◆例題 5.3　$i = 3$ として次の行列式を計算する．

$$\begin{vmatrix} 0 & 1 & -1 \\ 1 & -1 & 0 \\ -1 & 0 & 1 \end{vmatrix}$$
$$= (-1)^{3+1} (-1) \begin{vmatrix} 1 & -1 \\ -1 & 0 \end{vmatrix} + (-1)^{3+2} 0 \begin{vmatrix} 0 & -1 \\ 1 & 0 \end{vmatrix} + (-1)^{3+3} 1 \begin{vmatrix} 0 & 1 \\ 1 & -1 \end{vmatrix}$$
$$= (-1) \times (-1) + 1 \times (-1) = 0. \quad \square$$

◆例題 5.4　$A = \begin{pmatrix} a & 1 & 1 \\ 1 & a & 1 \\ 1 & 1 & a \end{pmatrix}$ の行列式を計算して，その逆行列をクラメルの公式により求めてみよう．

（解）

$$|A| = \begin{vmatrix} a & 1 & 1 \\ 1 & a & 1 \\ 1 & 1 & a \end{vmatrix} = a(a^2 - 1) - (a - 1) + (1 - a) = (a-1)^2 (a+2).$$

ゆえに，A は $a \neq -2, 1$ のとき可逆となる．クラメルの公式により方程式

$$A\mathbf{x} = \begin{pmatrix} 1 \\ 0 \\ 0 \end{pmatrix}, \quad A\mathbf{x} = \begin{pmatrix} 0 \\ 1 \\ 0 \end{pmatrix}, \quad A\mathbf{x} = \begin{pmatrix} 0 \\ 0 \\ 1 \end{pmatrix}$$

を解くために，適宜に i を選んで，以下の計算を実行する．

$$\begin{vmatrix} 1 & 1 & 1 \\ 0 & a & 1 \\ 0 & 1 & a \end{vmatrix} = a^2 - 1, \quad \begin{vmatrix} a & 1 & 1 \\ 1 & 0 & 1 \\ 1 & 0 & a \end{vmatrix} = 1 - a, \quad \begin{vmatrix} a & 1 & 1 \\ 1 & a & 0 \\ 1 & 1 & 0 \end{vmatrix} = 1 - a,$$

$$\begin{vmatrix} 0 & 1 & 1 \\ 1 & a & 1 \\ 0 & 1 & a \end{vmatrix} = 1 - a, \quad \begin{vmatrix} a & 0 & 1 \\ 1 & 1 & 1 \\ 1 & 0 & a \end{vmatrix} = a^2 - 1, \quad \begin{vmatrix} a & 1 & 0 \\ 1 & a & 1 \\ 1 & 1 & 0 \end{vmatrix} = 1 - a,$$

$$\begin{vmatrix} 0 & 1 & 1 \\ 0 & a & 1 \\ 1 & 1 & a \end{vmatrix} = 1 - a, \quad \begin{vmatrix} a & 0 & 1 \\ 1 & 0 & 1 \\ 1 & 1 & a \end{vmatrix} = 1 - a, \quad \begin{vmatrix} a & 1 & 0 \\ 1 & a & 0 \\ 1 & 1 & 1 \end{vmatrix} = a^2 - 1.$$

これを用いて求める逆行列は

$$A^{-1} = \frac{1}{(a-1)^2(a+2)} \begin{pmatrix} a^2-1 & 1-a & 1-a \\ 1-a & a^2-1 & 1-a \\ 1-a & 1-a & a^2-1 \end{pmatrix}$$

$$= \frac{1}{(a-1)(a+2)} \begin{pmatrix} a+1 & -1 & -1 \\ -1 & a+1 & -1 \\ -1 & -1 & a+1 \end{pmatrix}$$

となる． □

5.4 定理 5.2 の証明

本節では，定理 5.2 に証明を与える．

存在の証明 三つの性質 (I)–(III) をもつ $M_n(\mathbf{R})$ 上の関数 det が実際に存在することを，n について帰納的に証明する．2 次行列式関数の存在はすでに見た．そこで，$n \geq 3$ として，$(n-1)$ 次行列式関数の存在を仮定する．

$A = (\mathbf{a}_1, \cdots, \mathbf{a}_n) = (a_{ij}) \in M_n(\mathbf{R})$ として，関数 $D(A) = D(\mathbf{a}_1, \cdots, \mathbf{a}_n)$ を次で定義しよう．

$$D(\mathbf{a}_1, \mathbf{a}_2, \cdots, \mathbf{a}_n) = \sum_{j=1}^{n} (-1)^{i+j} a_{ij} \det(A^{ij}) \quad (i = 1, 2, \cdots, n).$$

$\det(A^{ij})$ は性質 (I)–(III) をもっていると仮定して，$D(A)$ が (I), (II′), (III) の各性質をもつことを確認しよう．

(I) の証明 $D(A)$ の k 列に関する線形性を確認する．それには $j = 1, 2, \cdots, n$ の各々について $a_{ij}\det(A^{ij})$ が線形であることを確認すればよい．$j \neq k$ ならば A^{ij} は k 列の部分を含み，仮定より $\det(A^{ij})$ は線形となる．a_{ij} は k 列に無関係であるから $a_{ij}\det(A^{ij})$ が線形となる．$j = k$ ならば今度は a_{ik} が線形となり $\det(A^{ik})$ は k 列に無関係であるから $a_{ij}\det(A^{ij})$ が線形となる．

(II′) の証明 $A = (\mathbf{a}_1, \cdots, \mathbf{a}_k, \cdots, \mathbf{a}_l, \cdots, \mathbf{a}_n)$ $(k < l)$ において，$\mathbf{a}_k = \mathbf{a}_l$ ならば $D(A) = 0$ を確認する．$j \neq k, l$ ならば A^{ij} は等しい二つの列ベクトルを含み，交代性 (II′) の仮定より $\det(A^{ij}) = 0$ である．一方，A^{ik} と A^{il} とは隣り合う二つの列ベクトルを $l - k - 1$ 回順次入れ替えることで等しい行列に変形できるから，再び交代性 (II) の仮定より $\det(A^{ik}) = (-1)^{l-k-1}\det(A^{il})$ である．ゆえに

$$\begin{aligned}
&D(\mathbf{a}_1, \cdots, \mathbf{a}_k, \cdots, \mathbf{a}_l, \cdots, \mathbf{a}_n) \\
&= (-1)^{i+k}a_{ik}\det(A^{ik}) + (-1)^{i+l}a_{il}\det(A^{il}) \\
&= (-1)^{i+l-1}a_{il}\det(A^{il}) + (-1)^{i+l}a_{il}\det(A^{il}) = 0.
\end{aligned}$$

(III) の証明 $A = (a_{ij}) = E_n$ とする．このとき，$j \neq i$ ならば $a_{ij} = 0$ であり，$j = i$ ならば $a_{ii} = 1$, $A^{ii} = E_{n-1}$ である．ゆえに

$$D(E_n) = (-1)^{2i}\det(E_{n-1}) = 1.$$

以上で存在の証明が完了した． ∎

一意性の証明 $A = (\mathbf{a}_1, \cdots, \mathbf{a}_n) = (a_{ij}) \in M_n(\mathbf{R})$ として，$\det(\mathbf{a}_1, \mathbf{a}_2, \cdots, \mathbf{a}_n)$ が三つの性質 (I)–(III) をもっていると仮定する．

各 $j = 1, 2, \cdots, n$ について

$$\mathbf{a}_j = \sum_{i=1}^{n} a_{ij}\mathbf{e}_i$$

とおいて各列に関する線形性を用いると

$$\det A = \det(\mathbf{a}_1, \mathbf{a}_2, \cdots, \mathbf{a}_n)$$
$$= \det\left(\sum_{i=1}^n a_{i1}\mathbf{e}_i, \sum_{i=1}^n a_{i2}\mathbf{e}_i, \cdots, \sum_{i=1}^n a_{in}\mathbf{e}_i\right)$$
$$= \sum_{i_1,i_2,\cdots,i_n=1}^n a_{i_1 1} a_{i_2 2} \cdots a_{i_n n} \det(\mathbf{e}_{i_1}, \mathbf{e}_{i_2}, \cdots, \mathbf{e}_{i_n}).$$

ここで, $(i_1, i_2, \cdots, i_n)$ はそれぞれ独立に $(1, 2, \cdots, n)$ を動くものとする.

(II), (II'), (III) の仮定より, $\det(\mathbf{e}_{i_1}, \mathbf{e}_{i_2}, \cdots, \mathbf{e}_{i_n})$ は, $(i_1, i_2, \cdots, i_n)$ が $(1, 2, \cdots, n)$ を並べ替えたもの, すなわち $(1, 2, \cdots, n)$ の順列と等しいときにだけ 1 または -1 の値をもち, それ以外のとき, すなわち, $(i_1, i_2, \cdots, i_n)$ の中に同じものが現れるときには 0 に等しい.

$\det(\mathbf{e}_{i_1}, \mathbf{e}_{i_2}, \cdots, \mathbf{e}_{i_n})$ の値は一意的に確定する. 実際, $\det, \det'$ が共に (II) および (III) を満たし, $(i_1, i_2, \cdots, i_n)$ が $(1, 2, \cdots, n)$ の順列であって,

$$\det(\mathbf{e}_{i_1}, \mathbf{e}_{i_2}, \cdots, \mathbf{e}_{i_n}) \neq \det'(\mathbf{e}_{i_1}, \mathbf{e}_{i_2}, \cdots, \mathbf{e}_{i_n})$$

を満たすと仮定する. このとき, 上式の両辺で同時に同じ二つの列ベクトルを入れ替えると共にその符号が変わるから, その変形において $\neq$ という関係は変わらない. したがって, 順次入れ替えを続けて,

$$\det(\mathbf{e}_1, \mathbf{e}_2, \cdots, \mathbf{e}_n) \neq \det'(\mathbf{e}_1, \mathbf{e}_2, \cdots, \mathbf{e}_n)$$

を得る. これは $1 \neq 1$ を意味して矛盾に至る.

以上より, $\det(A)$ は A により一意的に確定し, 一意性の証明が完了した. ■

この一意性に注意して次の**行に関する展開定理**が従う.

定理 5.3(行に関する展開定理) $A = (a_{ij}) \in M_n(\mathbf{R})$ に対して, 各 $i = 1, 2, \cdots, n$ について次が成立する.

$$|A| = \sum_{j=1}^n (-1)^{i+j} a_{ij} |A^{ij}|. \tag{5.6}$$

実際に行列式を計算するときには，i を適宜選んで展開定理を用いる．

◆ **例題 5.5** $i=2$ として次の行列式を計算する．

$$\begin{vmatrix} 1 & -1 & 1 & 2 \\ 2 & 1 & 1 & 0 \\ 2 & 0 & -1 & 1 \\ -1 & 1 & 2 & 1 \end{vmatrix}$$

$$= (-1)^{2+1} 2 \begin{vmatrix} -1 & 1 & 2 \\ 0 & -1 & 1 \\ 1 & 2 & 1 \end{vmatrix} + (-1)^{2+2} 1 \begin{vmatrix} 1 & 1 & 2 \\ 2 & -1 & 1 \\ -1 & 2 & 1 \end{vmatrix}$$

$$+ (-1)^{2+3} 1 \begin{vmatrix} 1 & -1 & 2 \\ 2 & 0 & 1 \\ -1 & 1 & 1 \end{vmatrix} + (-1)^{2+4} 0 \begin{vmatrix} 1 & -1 & 1 \\ 2 & 0 & -1 \\ -1 & 1 & 2 \end{vmatrix}$$

$$= (-2) \times 6 + 1 \times 0 + (-1) \times 6 = -18. \quad \square$$

問題 5.3 $\begin{vmatrix} 0 & 1 & 1 \\ 1 & 0 & 1 \\ 1 & 1 & 0 \end{vmatrix}, \begin{vmatrix} 1 & 0 & 1 & 0 \\ 1 & 1 & 1 & 1 \\ 0 & 1 & 0 & 0 \\ 1 & 0 & 1 & 0 \end{vmatrix}$ を計算せよ．

5.5 積の行列式

本節では，「積の行列の行列式は行列式の積」というきれいな定理を証明する．

> **定理 5.4** $A = (\mathbf{a}_1, \cdots, \mathbf{a}_n) = (a_{ij}) \in M_n(\mathbf{R})$ の関数 $F(A) = F(\mathbf{a}_1, \cdots, \mathbf{a}_n)$ が各列ベクトルに関して線形性をもち列ベクトルについて交代的であると仮定する．このとき，$c = F(\mathbf{e}_1, \mathbf{e}_2, \cdots, \mathbf{e}_n)$ とおいて $F(A) = c \det(A)$ が成立する．

証明 各 $j = 1, 2, \cdots, n$ について

$$\mathbf{a}_j = \sum_{i=1}^n a_{ij} \mathbf{e}_i$$

であるから，各列に関する線形性を用いて，

$$F(\mathbf{a}_1, \mathbf{a}_2, \cdots, \mathbf{a}_n) = \sum_{i_1, i_2, \cdots, i_n = 1}^{n} a_{i_1 1} a_{i_2 2} \cdots a_{i_n n} F(\mathbf{e}_{i_1}, \mathbf{e}_{i_2}, \cdots, \mathbf{e}_{i_n})$$

とできる．交代性より

$$F(\mathbf{e}_{i_1}, \mathbf{e}_{i_2}, \cdots, \mathbf{e}_{i_n}) = \det(\mathbf{e}_{i_1}, \mathbf{e}_{i_2}, \cdots, \mathbf{e}_{i_n}) F(\mathbf{e}_1, \mathbf{e}_2, \cdots, \mathbf{e}_n)$$

が成立するから，行列式の一意性の証明の箇所を想起して，$F(A) = c \det(A)$ が従う．■

定理 5.4 より次の定理が証明できる．

定理 5.5 $A, B \in M_n(\mathbf{R})$ に対して，

$$|BA| = |B||A|$$

が成立する．

証明 A の列ベクトルを $\mathbf{a}_1, \mathbf{a}_2, \cdots, \mathbf{a}_n$ とおけば

$$|BA| = \det(B\mathbf{a}_1, B\mathbf{a}_2, \cdots, B\mathbf{a}_n).$$

ベクトル $\mathbf{a}_1, \mathbf{a}_2, \cdots, \mathbf{a}_n \in \mathbf{R}^n$ の関数 $F(\mathbf{a}_1, \mathbf{a}_2, \cdots, \mathbf{a}_n)$ を

$$F(\mathbf{a}_1, \mathbf{a}_2, \cdots, \mathbf{a}_n) = \det(B\mathbf{a}_1, B\mathbf{a}_2, \cdots, B\mathbf{a}_n)$$

で定義すると，F は各列ベクトルに関する線形性と列ベクトルに関する交代性とをもつことが容易にわかる．いま，

$$F(\mathbf{e}_1, \mathbf{e}_2, \cdots, \mathbf{e}_n) = |BE| = |B|$$

であるから，定理 5.4 より $|BA| = F(A) = |B||A|$ が従う．■

次の定理は，行列の可逆性のための判定条件を行列式により与えるものである．

定理 5.6 n 次行列 A が可逆であるための必要で十分な条件は $|A| \neq 0$ である．また，このとき，$|A^{-1}| = |A|^{-1}$ が成立する．

証明 A を可逆とすれば $A^{-1}A = E$. 両辺の行列式をとり，定理 5.5 を使うと，

$$|A^{-1}||A| = |E| = 1 \iff |A| \neq 0, \quad |A^{-1}| = |A|^{-1}.$$

逆に，$|A| \neq 0$ とすれば，5.2 節の (d) より，A は可逆となる． ∎

⚠ 注意 5.2 n 次行列 $A = (\mathbf{a}_1, \cdots, \mathbf{a}_n)$ に対して，定理 5.6 と注意 4.4 (p.71) より
$|A| \neq 0 \iff A$ は可逆 $\iff \operatorname{rank} A = n$
$\iff A$ は行に関する初等変形だけで E の形に変形できる
$\iff \mathbf{a}_1, \mathbf{a}_2, \cdots, \mathbf{a}_n$ は 1 次独立

が従う．

5.6 行列式の性質（行ベクトルの視点から）

本節では，行ベクトルの視点から行列式を再見する．列に関する展開定理を示し，次いで転置行列を定義して転置によって行列式が変わらないことを証明する．

n 次行列 $A = (a_{ij}) \in M_n(\mathbf{R})$ の行ベクトル（横ベクトル）を

$$\begin{aligned}
\hat{\mathbf{a}}_1 &= (a_{11} \quad a_{12} \quad \cdots \quad a_{1n}), \\
\hat{\mathbf{a}}_2 &= (a_{21} \quad a_{22} \quad \cdots \quad a_{2n}), \\
&\vdots \\
\hat{\mathbf{a}}_n &= (a_{n1} \quad a_{n2} \quad \cdots \quad a_{nn})
\end{aligned}$$

と表し，

$$A = \begin{pmatrix} \hat{\mathbf{a}}_1 \\ \hat{\mathbf{a}}_2 \\ \vdots \\ \hat{\mathbf{a}}_n \end{pmatrix}$$

と表す．

5.6 行列式の性質（行ベクトルの視点から）

定理 5.7 $\det A = \det \begin{pmatrix} \hat{\mathbf{a}}_1 \\ \hat{\mathbf{a}}_2 \\ \vdots \\ \hat{\mathbf{a}}_n \end{pmatrix}$ を行ベクトルの関数と見なすとき，次が成立する．

(1) $\det \begin{pmatrix} \hat{\mathbf{a}}_1 \\ \hat{\mathbf{a}}_2 \\ \vdots \\ \hat{\mathbf{a}}_n \end{pmatrix}$ は各行ベクトル $\hat{\mathbf{a}}_i$ に関して線形である．たとえば $\hat{\mathbf{a}}_2$, $\cdots$, $\hat{\mathbf{a}}_n$ を固定したとき，任意の行ベクトル $\hat{\mathbf{a}}_1, \hat{\mathbf{a}}_1'$ および $\alpha \in \mathbf{R}$ に対して，

$$\det \begin{pmatrix} \hat{\mathbf{a}}_1 + \hat{\mathbf{a}}_1' \\ \hat{\mathbf{a}}_2 \\ \vdots \\ \hat{\mathbf{a}}_n \end{pmatrix} = \det \begin{pmatrix} \hat{\mathbf{a}}_1 \\ \hat{\mathbf{a}}_2 \\ \vdots \\ \hat{\mathbf{a}}_n \end{pmatrix} + \det \begin{pmatrix} \hat{\mathbf{a}}_1' \\ \hat{\mathbf{a}}_2 \\ \vdots \\ \hat{\mathbf{a}}_n \end{pmatrix}, \quad \det \begin{pmatrix} \alpha \hat{\mathbf{a}}_1 \\ \hat{\mathbf{a}}_2 \\ \vdots \\ \hat{\mathbf{a}}_n \end{pmatrix} = \alpha \det \begin{pmatrix} \hat{\mathbf{a}}_1 \\ \hat{\mathbf{a}}_2 \\ \vdots \\ \hat{\mathbf{a}}_n \end{pmatrix}$$

が成立する．

(2) $\det \begin{pmatrix} \hat{\mathbf{a}}_1 \\ \hat{\mathbf{a}}_2 \\ \vdots \\ \hat{\mathbf{a}}_n \end{pmatrix}$ は行に関して交代的である．すなわち，二つの行 $\hat{\mathbf{a}}_i, \hat{\mathbf{a}}_j$ ($i < j$) を入れ替えれば，その符号が変わる．

証明 まず 2 次行列式の場合，直接計算により成立が確認できる．次に一般の行列式の場合，行に関する展開定理（定理 5.3）を，i を適宜選択して用い，n についての帰納法により成立が証明できる．（たとえば 1 行での線形性および 1 行と 2 行との交代性を示すには第 n 行で展開しておけばよい．） ∎

! 注意 5.3 定理 5.2, 5.7 より，行・列の初等変形のうち，ある列に他の列の定数倍を加えるもの，およびある行に他の行の定数倍を加えるものに関して，行列式は不変であることがわかる．これは，行列式を実際に計算するときに与えられた行列を計算しやすい形へ変形するために基本的に用いられる．

次に**列に関する展開定理**を取り上げよう．

定理 5.8（列に関する展開定理） $A = (a_{ij}) \in M_n(\mathbf{R})$ に対して，各 $j = 1, 2, \cdots, n$ について次が成立する．

$$|A| = \sum_{i=1}^n (-1)^{i+j} a_{ij} |A^{ij}|. \tag{5.7}$$

証明 (5.7) 式右辺を用いて，新たに行列式（行バージョン）を帰納的に定義すると，定理 5.2 の証明と同様に考えて，それは行に関する線形性および行に関する交代性を満たす．一方，定理 5.7 で確認したように，(5.7) 式左辺の行列式（通常の行列式）も同様に行に関する線形性および行に関する交代性を満足している．いずれも，単位行列 E の値は 1 であるから，一意性が従い，結論が得られる． ∎

◆ **例題 5.6** 注意 5.3 に従って，例題 5.5 の行列式を再度計算してみよう．

$$\begin{vmatrix} 1 & -1 & 1 & 2 \\ 2 & 1 & 1 & 0 \\ 2 & 0 & -1 & 1 \\ -1 & 1 & 2 & 1 \end{vmatrix}$$

$(2,1), (3,1), (4,1)$ の各成分を 0 にするために 1 行の -2 倍を 2 行および 3 行に足し 1 行を 4 行に足す

$$= \begin{vmatrix} 1 & -1 & 1 & 2 \\ 0 & 3 & -1 & -4 \\ 0 & 2 & -3 & -3 \\ 0 & 0 & 3 & 3 \end{vmatrix}$$

$(4,3), (4,4)$ の各成分を 0 にするために 3 行を 4 行に足す

$$= \begin{vmatrix} 1 & -1 & 1 & 2 \\ 0 & 3 & -1 & -4 \\ 0 & 2 & -3 & -3 \\ 0 & 2 & 0 & 0 \end{vmatrix}$$

交代性を用いて 2 行と 4 行とを入れ替える

$$= - \begin{vmatrix} 1 & -1 & 1 & 2 \\ 0 & 2 & 0 & 0 \\ 0 & 2 & -3 & -3 \\ 0 & 3 & -1 & -4 \end{vmatrix}$$

1列で展開する　$= -\begin{vmatrix} 2 & 0 & 0 \\ 2 & -3 & -3 \\ 3 & -1 & -4 \end{vmatrix}$

1行で展開する　$= -2\begin{vmatrix} -3 & -3 \\ -1 & -4 \end{vmatrix} = -18.$　□

転置行列を定義して，その行列式を計算しよう．

【定義 5.2】（転置行列） (m, n) 型行列 $A = (a_{ij})$ に対して，その**転置行列** (transposed matrix) を，第 1 列が A の第 1 行，第 2 列が A の第 2 行，$\cdots$，第 m 列が A の第 m 行である (n, m) 型行列と定義し，${}^T\!A$ と表す．

$$A = \begin{pmatrix} a_{11} & a_{12} & \cdots & a_{1n} \\ a_{21} & a_{22} & \cdots & a_{2n} \\ \vdots & \vdots & \ddots & \vdots \\ a_{m1} & a_{m2} & \cdots & a_{mn} \end{pmatrix}$$

ならば

$${}^T\!A = \begin{pmatrix} a_{11} & a_{21} & \cdots & a_{m1} \\ a_{12} & a_{22} & \cdots & a_{m2} \\ \vdots & \vdots & \ddots & \vdots \\ a_{1n} & a_{2n} & \cdots & a_{mn} \end{pmatrix}.$$

である．たとえば

$${}^T\!\begin{pmatrix} 1 & 2 & 3 \\ 4 & 5 & 6 \\ 7 & 8 & 9 \end{pmatrix} = \begin{pmatrix} 1 & 4 & 7 \\ 2 & 5 & 8 \\ 3 & 6 & 9 \end{pmatrix}.$$

定理 5.9 $A = (a_{ij}) \in M_n(\mathbf{R})$ に対して，

$$\left|{}^T\!A\right| = |A|$$

が成立する．

証明 この定理も帰納法で証明する．2次行列式の場合は直接計算によりその成立がわかる．そこで，$n \geq 3$ として，$(n-1)$ では主張が成立していると仮定する．
$B = (b_{ij}) = {}^T\!A$ とおけば $b_{ij} = a_{ji}$ となる．列の展開定理を用いて

$$|B| = \sum_{i=1}^{n}(-1)^{i+j}b_{ij}|B^{ij}| \quad (j=1,2,\cdots,n).$$

静かに考えて，仮定より

$$|B^{ij}| = \left|{}^T\!A^{ji}\right| = |A^{ji}|$$

がわかり

$$|B| = \sum_{i=1}^{n}(-1)^{i+j}a_{ji}|A^{ji}| = |A|$$

が成立する．最後の等式は $|A|$ の行の展開定理を用いた．■

定理 5.9 より，次の定理の成立が容易にわかる．

定理 5.10 $A = (\mathbf{a}_1,\cdots,\mathbf{a}_n) = \begin{pmatrix} \hat{\mathbf{a}}_1 \\ \vdots \\ \hat{\mathbf{a}}_n \end{pmatrix} \in M_n(\mathbf{R})$ とする．このとき，ベクトル $\mathbf{a}_1, \mathbf{a}_2, \cdots, \mathbf{a}_n$ が1次独立であるための必要で十分な条件は，ベクトル ${}^T\hat{\mathbf{a}}_1, {}^T\hat{\mathbf{a}}_2, \cdots, {}^T\hat{\mathbf{a}}_n$ が1次独立であることである．すなわち，列ベクトルが1次独立であることと行ベクトルが1次独立であることとは同等である．

5.7　余因子行列

本節では，行・列に関する展開定理に現れる因子に着目し，余因子と余因子行列とを定義してその性質を研究する．

$A = (a_{ij}) \in M_n(\mathbf{R})$ に対して，$(-1)^{i+j}|A^{ij}|$ を，A の (i,j) **余因子** (cofactor) または a_{ij} の余因子といい，Δ_{ij} と表す：

$$\Delta_{ij} = (-1)^{i+j}\left|A^{ij}\right|.$$

この記法によると，行・列に関する展開定理は

$$|A| = \sum_{j=1}^{n} a_{ij}\Delta_{ij} \quad (i=1,2,\cdots,n), \tag{5.8}$$

$$|A| = \sum_{i=1}^{n} a_{ij}\Delta_{ij} \quad (j=1,2,\cdots,n), \tag{5.9}$$

とそれぞれ表される．

まず行に関する展開定理 (5.8) 式に注目し考えてみよう．$k=1,2,\cdots,n$ として，右辺にある A の行ベクトルの成分 a_{ij} $(j=1,2,\cdots,n)$ を a_{kj} $(j=1,2,\cdots,n)$ に置き換えてみる．このとき，

$$\sum_{j=1}^{n} a_{kj}\Delta_{ij}$$

は，行に関する展開定理より，A の第 i 行を第 k 行で置き換えた行列の行列式であり，行に関する交代性より

$$\sum_{j=1}^{n} a_{kj}\Delta_{ij} = \begin{cases} |A|, & k=i, \\ 0, & k \neq i. \end{cases}$$

したがって，

$$\tilde{\mathbf{a}}_i = \begin{pmatrix} \Delta_{i1} \\ \Delta_{i2} \\ \vdots \\ \Delta_{in} \end{pmatrix}$$

とおけば

$$A\tilde{\mathbf{a}}_i = |A|\mathbf{e}_i \quad (i=1,2,\cdots,n).$$

ゆえに

$$\tilde{A} = (\tilde{\mathbf{a}}_1, \tilde{\mathbf{a}}_2, \cdots, \tilde{\mathbf{a}}_n) = \begin{pmatrix} \Delta_{11} & \Delta_{21} & \cdots & \Delta_{n1} \\ \Delta_{12} & \Delta_{22} & \cdots & \Delta_{n2} \\ \vdots & \vdots & \ddots & \vdots \\ \Delta_{1n} & \Delta_{2n} & \cdots & \Delta_{nn} \end{pmatrix} \tag{5.10}$$

とおけば

$$\begin{aligned} A\tilde{A} &= A\left(\tilde{\mathbf{a}}_1, \tilde{\mathbf{a}}_2, \cdots, \tilde{\mathbf{a}}_n\right) \\ &= \left(A\tilde{\mathbf{a}}_1, A\tilde{\mathbf{a}}_2, \cdots, A\tilde{\mathbf{a}}_n\right) \\ &= |A|\left(\mathbf{e}_1, \mathbf{e}_2, \cdots, \mathbf{e}_n\right) = |A|E. \end{aligned}$$

次に列に関する展開定理 (5.9) 式に注目し考えてみる．$k = 1, 2, \cdots, n$ として，右辺にある A の列ベクトルの成分 a_{ij} $(i = 1, 2, \cdots, n)$ を a_{ik} $(i = 1, 2, \cdots, n)$ に置き換えてみる．このとき，

$$\sum_{i=1}^{n} a_{ik}\Delta_{ij}$$

は，列に関する展開定理より，A の第 j 列を第 k 列で置き換えた行列の行列式であり，列に関する交代性より

$$\sum_{i=1}^{n} a_{ik}\Delta_{ij} = \begin{cases} |A|, & k = j, \\ 0, & k \neq j. \end{cases}$$

したがって，A の第 j 列ベクトルを $\mathbf{a}_j$ とおけば

$$\tilde{A}\mathbf{a}_j = |A|\,\mathbf{e}_j \quad (j = 1, 2, \cdots, n).$$

ゆえに

$$\begin{aligned} \tilde{A}A &= \tilde{A}\left(\mathbf{a}_1, \mathbf{a}_2, \cdots, \mathbf{a}_n\right) \\ &= |A|\left(\mathbf{e}_1, \mathbf{e}_2, \cdots, \mathbf{e}_n\right) = |A|E. \end{aligned}$$

以上より次の定理が従う．

定理 5.11 $\tilde{A}A = A\tilde{A} = |A|E$ が成立する．

$\tilde{A}$ を A の **余因子行列** (adjugate matrix) という．余因子行列はその (i, j) 成分を A の (j, i) 余因子とした行列である．

5.8 ケイリー–ハミルトンの定理

ν を 0 以上の整数とする.n 次行列 A の ν 乗を帰納的に $A^0 = E$,$A^1 = A$,$A^{\nu+1} = AA^\nu$ で定義する.このとき,μ, ν を共に 0 以上の整数として

$$A^\mu A^\nu = A^\nu A^\mu = A^{\mu+\nu}$$

が成立する.

命題 1.8 (p.26) で見たように,すべての 2 次行列 $A = \begin{pmatrix} a & b \\ c & d \end{pmatrix}$ に対して,

$$A^2 - (a+d)A + (ad-bc)E = O \tag{5.11}$$

が成立する.これは 2 次行列に対するケイリー–ハミルトンの定理である.本節では n 次行列についてこの定理を証明しよう.

A を n 次行列,E を n 次単位行列,t を変数として,行列式 $|tE - A|$ を考える.これは行列式の定義より t の n 次多項式となり,特に t^n の係数は 1 となる.(展開定理を用いて帰納的に証明される.)

【定義 5.3】（特性多項式） 上の多項式 $|tE - A|$ を n 次行列 A の**特性多項式** (characteristic polynomial) といい,$F_A(t)$ と表す.

変数 t の多項式

$$p(t) = a_\nu t^\nu + a_{\nu-1} t^{\nu-1} + \cdots + a_1 t + a_0$$

に対して,t に形式的に A を代入して得られる n 次行列を

$$p(A) = a_\nu A^\nu + a_{\nu-1} A^{\nu-1} + \cdots + a_1 A + a_0 E$$

と表す.

2 次行列 $A = \begin{pmatrix} a & b \\ c & d \end{pmatrix}$ の特性多項式は

$$F_A(t) = t^2 - (a+d)t + (ad-bc)$$

であるから，
$$F_A(A) = A^2 - (a+d)A + (ad-bc)E$$
となる．この 2 次行列 $F_A(A)$ は，(5.11) 式より，2 次の零行列 O に等しい．

次の定理はケイリー–ハミルトンの定理として知られている．

> **定理 5.12**（ケイリー・ハミルトン (Cayley-Hamilton) の定理） すべての $A \in M_n(\mathbf{R})$ に対して，
> $$F_A(A) = O$$
> が成立する．

証明 まず
$$F_A(t) = t^n + c_{n-1}t^{n-1} + \cdots + c_1 t + c_0, \quad (c_{n-1}, \cdots, c_0 \in \mathbf{R})$$
とおく．次に $tE - A$ の余因子行列を X とおけば (5.10) 式より
$$X = t^{n-1}B_{n-1} + \cdots + tB_1 + B_0, \quad (B_{n-1}, \cdots, B_0 \in M_n(\mathbf{R}))$$
と表せ，定理 5.11 より
$$(tE - A)X = |tE - A|E$$
が成立する．$F_A(t) = |tE - A|$ であるから上式は
$$t^n B_{n-1} + t^{n-1}(B_{n-2} - AB_{n-1}) + t^{n-2}(B_{n-3} - AB_{n-2})$$
$$+ \cdots + t(B_0 - AB_1) - AB_0$$
$$= t^n E + t^{n-1}(c_{n-1}E) + t^{n-2}(c_{n-2}E) + \cdots + t(c_1 E) + c_0 E$$
と変形できる．両辺で係数の行列を比較して
$$\begin{cases} B_{n-1} = E, \\ B_{n-2} - AB_{n-1} = c_{n-1}E, \\ B_{n-3} - AB_{n-2} = c_{n-2}E, \\ \vdots \\ B_0 - AB_1 = c_1 E, \\ -AB_0 = c_0 E. \end{cases}$$

ゆえに，

$$
\begin{aligned}
F_A(A) &= A^n + c_{n-1}A^{n-1} + c_{n-2}A^{n-2} + \cdots + c_1 A + c_0 E \\
&= A^n E + A^{n-1}(c_{n-1}E) + A^{n-2}(c_{n-2}E) + \cdots + A(c_1 E) + c_0 E \\
&= A^n B_{n-1} + A^{n-1}(B_{n-2} - AB_{n-1}) + A^{n-2}(B_{n-3} - AB_{n-2}) + \cdots \\
&\quad + A(B_0 - AB_1) - AB_0 = O
\end{aligned}
$$

が従う．■

◆ **例題 5.7** 3 次行列 $A = \begin{pmatrix} 0 & 1 & 0 \\ 0 & 0 & 1 \\ 0 & 0 & 0 \end{pmatrix}$ の特性多項式は

$$
|tE - A| = \begin{vmatrix} t & -1 & 0 \\ 0 & t & -1 \\ 0 & 0 & t \end{vmatrix} = t^3.
$$

ゆえに，$F_A(t) = t^3$ となり，$F_A(A) = A^3 = O$． □

5.9 平行体の体積

本節では，3 次行列式と座標空間上の平行 6 面体の体積との関係を考察する．本節では，3 次数ベクトルの成分と座標空間の成分とを同一視して考える．

3 次数ベクトル $\mathbf{x} = \begin{pmatrix} x_1 \\ x_2 \\ x_3 \end{pmatrix}, \mathbf{y} = \begin{pmatrix} y_1 \\ y_2 \\ y_3 \end{pmatrix}, \mathbf{z} = \begin{pmatrix} z_1 \\ z_2 \\ z_3 \end{pmatrix}$ に対して，8 点

$$\mathbf{o}, \mathbf{x}, \mathbf{x}+\mathbf{y}, \mathbf{y}, \mathbf{z}, \mathbf{z}+\mathbf{x}, \mathbf{z}+\mathbf{x}+\mathbf{y}, \mathbf{z}+\mathbf{y}$$

を頂点にもつ平行 6 面体の体積を $V(\mathbf{x}, \mathbf{y}, \mathbf{z})$ と表す．これは，$\mathbf{x}, \mathbf{y}$ により決まる平行四辺形の面積と $\mathbf{z}$ から $\mathbf{x}, \mathbf{y}$ により張られる平面へ引いた垂線の長さとの積である．明らかに $V(\mathbf{e}_1, \mathbf{e}_2, \mathbf{e}_3) = 1$ が成立する．

以下本節で平行 6 面体の体積が行列式により表されることを紹介しよう．すなわち，

$$V(\mathbf{x}, \mathbf{y}, \mathbf{z}) = |\det(\mathbf{x}, \mathbf{y}, \mathbf{z})| \tag{5.12}$$

を証明する．その証明において，5.2 節で紹介した三つの性質 (I), (II′), (III) をもつ関数が一意的に確定するという定理 5.2 の結果が本質的な役割を演じる．

$\mathbf{x}, \mathbf{y}, \mathbf{z} \in \mathbf{R}^3$ の関数 $V_0(\mathbf{x}, \mathbf{y}, \mathbf{z})$ を

$$V_0(\mathbf{x}, \mathbf{y}, \mathbf{z}) = \begin{cases} V(\mathbf{x}, \mathbf{y}, \mathbf{z}), & \det(\mathbf{x}, \mathbf{y}, \mathbf{z}) \geq 0 \text{ のとき}, \\ -V(\mathbf{x}, \mathbf{y}, \mathbf{z}), & \det(\mathbf{x}, \mathbf{y}, \mathbf{z}) < 0 \text{ のとき}, \end{cases}$$

により定義する．この関数 V_0 が三つの性質 (I), (II′), (III) をもつことが確認されれば，一意性により

$$V_0(\mathbf{x}, \mathbf{y}, \mathbf{z}) = \det(\mathbf{x}, \mathbf{y}, \mathbf{z}) \tag{5.13}$$

が従い (5.12) 式が証明できる．

先にも述べたように V_0 が (III) を満たすことは明らか．また，(II′) を満たすこともすぐにわかる．実際，$\mathbf{x}, \mathbf{y}, \mathbf{z}$ の中に等しい二つのベクトルがあれば，6 面体はつぶれてしまい $V_0(\mathbf{x}, \mathbf{y}, \mathbf{z}) = 0$ が成立する．したがって問題は各列に関する線形性を確認することになる．

以下，特に 1 列に関する線形性を確認しよう．（もちろん他の列についても同様にできる.）

まず $c \in \mathbf{R}$ に対して，

$$V_0(c\mathbf{x}, \mathbf{y}, \mathbf{z}) = cV_0(\mathbf{x}, \mathbf{y}, \mathbf{z}) \tag{5.14}$$

を証明しよう．

$\mathbf{y}, \mathbf{z}$ が 1 次従属のときおよび $\mathbf{x} = \mathbf{o}$ のときには，いずれの場合も 6 面体がつぶれてしまい，$V(c\mathbf{x}, \mathbf{y}, \mathbf{z}), V(\mathbf{x}, \mathbf{y}, \mathbf{z})$ が共に 0 に等しくなり (5.14) 式が成立する．ゆえに，$\mathbf{y}, \mathbf{z}$ は 1 次独立で $\mathbf{x} \neq \mathbf{o}$ であると仮定する．このとき，$c\mathbf{x}$ から $\mathbf{y}, \mathbf{z}$ により張られる平面に引いた垂線の長さは $\mathbf{x}$ から $\mathbf{y}, \mathbf{z}$ により張られる平面に引いた垂線の長さの $|c|$ 倍であり，

$$\det(c\mathbf{x}, \mathbf{y}, \mathbf{z}) = c \det(\mathbf{x}, \mathbf{y}, \mathbf{z})$$

であるから (5.14) 式が従う．

次に $\mathbf{x}' \in \mathbf{R}^3$ に対して，

$$V_0(\mathbf{x} + \mathbf{x}', \mathbf{y}, \mathbf{z}) = V_0(\mathbf{x}, \mathbf{y}, \mathbf{z}) + V_0(\mathbf{x}', \mathbf{y}, \mathbf{z}) \tag{5.15}$$

を証明しよう.

$\mathbf{x}, \mathbf{y}, \mathbf{z}$ および $\mathbf{x}', \mathbf{y}, \mathbf{z}$ が共に1次従属であれば $\mathbf{x} + \mathbf{x}', \mathbf{y}, \mathbf{z}$ も1次従属となり,いずれの場合も6面体がつぶれてしまい,このときには (5.15) 式が成立する.ゆえに,特にいま $\mathbf{x}, \mathbf{y}, \mathbf{z}$ が1次独立であると仮定する.このとき,$c_1, c_2, c_3 \in \mathbf{R}$ を用いて

$$\mathbf{x}' = c_1 \mathbf{x} + c_2 \mathbf{y} + c_3 \mathbf{z}$$

と書ける.$c_2 \mathbf{y} + c_3 \mathbf{z}$ は $\mathbf{y}, \mathbf{z}$ により張られる平面の点であることに注意すると,$\mathbf{x} + \mathbf{x}' = (1 + c_1)\mathbf{x} + c_2 \mathbf{y} + c_3 \mathbf{z}$ から $\mathbf{y}, \mathbf{z}$ により張られる平面に引いた垂線の長さは,$(1 + c_1)\mathbf{x}$ から $\mathbf{y}, \mathbf{z}$ により張られる平面に引いた垂線の長さに等しい.同様に,$\mathbf{x}' = c_1 \mathbf{x} + c_2 \mathbf{y} + c_3 \mathbf{z}$ から $\mathbf{y}, \mathbf{z}$ により張られる平面に引いた垂線の長さは,$c_1 \mathbf{x}$ から $\mathbf{y}, \mathbf{z}$ により張られる平面に引いた垂線の長さに等しい.ゆえに,

$$V_0(\mathbf{x} + \mathbf{x}', \mathbf{y}, \mathbf{z}) = V_0((1 + c_1)\mathbf{x} + c_2 \mathbf{y} + c_3 \mathbf{z}, \mathbf{y}, \mathbf{z})$$
$$= V_0((1 + c_1)\mathbf{x}, \mathbf{y}, \mathbf{z}) = (1 + c_1) V_0(\mathbf{x}, \mathbf{y}, \mathbf{z}) = V_0(\mathbf{x}, \mathbf{y}, \mathbf{z}) + V_0(c_1 \mathbf{x}, \mathbf{y}, \mathbf{z})$$
$$= V_0(\mathbf{x}, \mathbf{y}, \mathbf{z}) + V_0(\mathbf{x}', \mathbf{y}, \mathbf{z})$$

が成立して (5.15) 式が従う.

以上により,V_0 は三つの性質 (I), (II'), (III) をもつことが確認でき,定理 5.2 の一意性によって (5.13) 式の成立が保障され,目標の (5.12) 式が成立する.

5.10 置換による行列式の表現

置換を導入すると行列式を直接(帰納的でなく)表現することができる.それは行列式の一意性を示すために用いた手法の置換による表現である.この表現により行列式を定義することが一般的と思われたが,この本ではわかりやすさと計算の容易さから帰納的な方法による定義を採用した.

n を自然数として $J_n = \{1, 2, \cdots, n\}$ とする.J_n から J_n への全単射を **n 文字の置換** (permutation) という.$\sigma : J_n \to J_n$ を置換とするとき

$$\sigma = \begin{pmatrix} 1 & 2 & \ldots & n \\ \sigma(1) & \sigma(2) & \ldots & \sigma(n) \end{pmatrix} \tag{5.16}$$

と表す．σ は全単射であるから，上式下段の $(\sigma(1), \sigma(2), \cdots, \sigma(n))$ は上段の $(1, 2, \cdots, n)$ の並べ替えすなわち順列であり，J_n に一つの置換を定めることは $(1, 2, \cdots, n)$ に一つの順列を定めることである．置換を表す記法 (5.16) において上段は必ずしも $(1, 2, \cdots, n)$ の順に並ぶ必要はない．

◆ 例題 5.8　$J_3 = \{1, 2, 3\}$ の置換は

$$\begin{pmatrix} 1 & 2 & 3 \\ 1 & 2 & 3 \end{pmatrix}, \quad \begin{pmatrix} 1 & 2 & 3 \\ 2 & 3 & 1 \end{pmatrix}, \quad \begin{pmatrix} 1 & 2 & 3 \\ 3 & 1 & 2 \end{pmatrix},$$

$$\begin{pmatrix} 1 & 2 & 3 \\ 1 & 3 & 2 \end{pmatrix}, \quad \begin{pmatrix} 1 & 2 & 3 \\ 3 & 2 & 1 \end{pmatrix}, \quad \begin{pmatrix} 1 & 2 & 3 \\ 2 & 1 & 3 \end{pmatrix}$$

の 6 個である．たとえば $\begin{pmatrix} 1 & 2 & 3 \\ 2 & 3 & 1 \end{pmatrix}$ は $\begin{pmatrix} 2 & 3 & 1 \\ 3 & 1 & 2 \end{pmatrix}$ とも表される．　□

$J_n = \{1, 2, \cdots, n\}$ の置換は全部で

$$n! = n \times (n-1) \times (n-2) \times \cdots \times 2 \times 1$$

個存在する．

J_n の恒等変換，すなわち，

$$\begin{pmatrix} 1 & 2 & \ldots & n \\ 1 & 2 & \ldots & n \end{pmatrix}$$

を恒等置換といい，I と表す．

τ, σ が J_n の二つの置換ならば，その合成写像 $\sigma \circ \tau$ も全単射となり J_n の置換となる．これを σ, τ の合成置換または積といい，$\sigma\tau$ と表す．置換の積に関して一般に交換法則は成立しない．

σ が J_n の置換ならば，その逆写像も全単射となり J_n の置換となる．これを σ の逆置換といい，σ^{-1} と表す．定義より

$$\sigma = \begin{pmatrix} 1 & 2 & \ldots & n \\ \sigma(1) & \sigma(2) & \ldots & \sigma(n) \end{pmatrix}$$

ならば

$$\sigma^{-1} = \begin{pmatrix} \sigma(1) & \sigma(2) & \ldots & \sigma(n) \\ 1 & 2 & \ldots & n \end{pmatrix}$$

である．また
$$\sigma\sigma^{-1} = \sigma^{-1}\sigma = I$$
が成立する．

◆ **例題 5.9**
$$\sigma = \begin{pmatrix} 1 & 2 & 3 \\ 2 & 3 & 1 \end{pmatrix}, \quad \tau = \begin{pmatrix} 1 & 2 & 3 \\ 2 & 1 & 3 \end{pmatrix}$$

ならば
$$\begin{cases} (\sigma\tau)(1) = \sigma(\tau(1)) = \sigma(2) = 3, \\ (\sigma\tau)(2) = \sigma(\tau(2)) = \sigma(1) = 2, \\ (\sigma\tau)(3) = \sigma(\tau(3)) = \sigma(3) = 1. \end{cases}$$

ゆえに
$$\sigma\tau = \begin{pmatrix} 1 & 2 & 3 \\ 3 & 2 & 1 \end{pmatrix}.$$

同様にして
$$\tau\sigma = \begin{pmatrix} 1 & 2 & 3 \\ 1 & 3 & 2 \end{pmatrix}.$$

また
$$\sigma^{-1} = \begin{pmatrix} 2 & 3 & 1 \\ 1 & 2 & 3 \end{pmatrix} = \begin{pmatrix} 1 & 2 & 3 \\ 3 & 1 & 2 \end{pmatrix}. \quad \square$$

J_n の $n!$ 個の置換全体の集合を S_n と表す．

J_n の 2 元 i, j $(i \neq j)$ を交換し他の $n-2$ 個の元を固定する置換を $(i\,j)$ と表し，互換という．たとえば上の例の τ は互換であり $\tau = (1\,2)$ と表される．ρ が互換ならば $\rho^{-1} = \rho$．特に，恒等置換は $I = \rho^2$ と互換の積として表される．

命題 5.13 $n \geq 2$ ならば，任意の $\sigma \in S_n$ は互換の積として表される．

証明 非公式には，隣り合う文字を適宜入れ替え任意の並び順を実現できるから明らかである．

n について帰納法により証明しよう. $n=2$ ならば

$$S_2 = \left\{ \begin{pmatrix} 1 & 2 \\ 1 & 2 \end{pmatrix}, \begin{pmatrix} 1 & 2 \\ 2 & 1 \end{pmatrix} \right\}$$

より主張は成立. $n>2$ として S_{n-1} の任意の元は J_{n-1} の互換の積で表されると仮定する. 任意の $\sigma \in S_n$ に対して, $\tau = (\sigma(n)\, n)$ とおけば

$$(\tau\sigma)(n) = n.$$

$\tau\sigma$ を J_{n-1} の置換と見て帰納法の仮定を適用すれば, $\tau_1, \tau_2, \cdots, \tau_s$ を互換として,

$$\tau\sigma = \tau_1 \tau_2 \cdots \tau_s$$

と表される. ゆえに

$$\sigma = \tau^{-1} \tau_1 \tau_2 \cdots \tau_s = \tau \tau_1 \tau_2 \cdots \tau_s. \quad\blacksquare$$

◆ **例題 5.10** 置換

$$\sigma = \begin{pmatrix} 1 & 2 & 3 & 4 \\ 3 & 1 & 4 & 2 \end{pmatrix}$$

は互換の積として

$$\sigma = (2\,4)(2\,3)(1\,2)$$

と表される. また

$$\sigma = (1\,3)(2\,3)(3\,4), \quad \sigma = (3\,4)(1\,3)(2\,4)(1\,2)(2\,3)$$

等とも表される. □

この例題からもわかるように, 与えられた置換 σ を互換の積として表す方法は一通りではない. しかし, σ が偶数個の互換の積として表されるか奇数個の互換の積として表されるかは σ により確定する. それは行列式の交代性 (II) を用いて証明できる.

$\sigma \in S_n$ は互換の積として

$$\sigma = \tau_1 \tau_2 \cdots \tau_r, \qquad \sigma = \rho_1 \rho_2 \cdots \rho_s$$

と表されたとする．このとき，交代性および $\det E = 1$ より

$$\det(\mathbf{e}_{\sigma(1)}, \mathbf{e}_{\sigma(2)}, \cdots, \mathbf{e}_{\sigma(n)}) = (-1)^r, \quad \det(\mathbf{e}_{\sigma(1)}, \mathbf{e}_{\sigma(2)}, \cdots, \mathbf{e}_{\sigma(n)}) = (-1)^s.$$

ゆえに，r, s の偶・奇性は確定する．

置換 σ が偶数個の互換の積として表されるか，奇数個の互換の積として表されるかに応じて，σ をそれぞれ偶置換，奇置換という．恒等置換は偶置換，任意の互換は奇置換である．

命題 5.14 $n \geq 2$ ならば S_n のうちに偶置換および奇置換はそれぞれ $\dfrac{n!}{2}$ 個ずつ存在する．

証明 偶置換全体の集合を $\mathcal{A}$，奇置換全体の集合を $\mathcal{B}$ とする．一つの互換 τ を固定して，写像 $\tau: \mathcal{A} \to \mathcal{B}$ を $\tau(\sigma) = \tau\sigma$ とおけば，写像 τ は明らかに $\mathcal{A}$ から $\mathcal{B}$ への全単射となる．ゆえに $\mathcal{A}$ と $\mathcal{B}$ との個数は等しく，それぞれ $\dfrac{n!}{2}$ 個となる． ∎

置換 $\sigma \in S_n$ に対して，その符号 $\mathrm{sgn}(\sigma)$ を

$$\mathrm{sgn}(\sigma) = \begin{cases} +1, & \sigma\text{ が偶置換のとき,} \\ -1, & \sigma\text{ が奇置換のとき,} \end{cases}$$

と定義する．このとき，上で見たように，

$$\det(\mathbf{e}_{\sigma(1)}, \mathbf{e}_{\sigma(2)}, \cdots, \mathbf{e}_{\sigma(n)}) = \mathrm{sgn}(\sigma) \tag{5.17}$$

が成立する．

この式を用いて n 次行列 $A = (\mathbf{a}_1 \cdots, \mathbf{a}_n) = (a_{ij}) \in M_n(\mathbf{R})$ の行列式を直接表現することができる．それは行列式の一意性の証明を置換の言葉により表現しなおすことによる．

各 $j = 1, 2, \cdots, n$ について

$$\mathbf{a}_j = \sum_{i=1}^n a_{ij} \mathbf{e}_i$$

とおいて各列に関する線形性を用いると

$$\begin{aligned}
\det A &= \det(\mathbf{a}_1, \mathbf{a}_2, \cdots, \mathbf{a}_n) \\
&= \det\left(\sum_{i=1}^n a_{i1}\mathbf{e}_i, \sum_{i=1}^n a_{i2}\mathbf{e}_i, \cdots, \sum_{i=1}^n a_{in}\mathbf{e}_i\right) \\
&= \sum_{i_1,i_2,\cdots,i_n=1}^n a_{i_11}a_{i_22}\cdots a_{i_nn} \det(\mathbf{e}_{i_1}, \mathbf{e}_{i_2}, \cdots, \mathbf{e}_{i_n}).
\end{aligned}$$

ここで，$(i_1, i_2, \cdots, i_n)$ はそれぞれ独立に $(1, 2, \cdots, n)$ を動くものとする．

交代性および $\det E = 1$ より，$\det(\mathbf{e}_{i_1}, \mathbf{e}_{i_2}, \cdots, \mathbf{e}_{i_n})$ は，$(i_1, i_2, \cdots, i_n)$ の中に同じものが現れるときには 0 に等しく，$(i_1, i_2, \cdots, i_n)$ が $(1, 2, \cdots, n)$ を並べ替えたもの，すなわち，$(1, 2, \cdots, n)$ の順列と等しいときには 1 または -1 に等しい．このとき，$i_1 = \sigma(1), i_2 = \sigma(2), \cdots, i_n = \sigma(n)$ とおけば，σ は J_n の置換となり，

$$\det(\mathbf{e}_{i_1}, \mathbf{e}_{i_2}, \cdots, \mathbf{e}_{i_n}) = \det(\mathbf{e}_{\sigma(1)}, \mathbf{e}_{\sigma(2)}, \cdots, \mathbf{e}_{\sigma(n)}) = \operatorname{sgn}(\sigma)$$

が成立する．ゆえに次の定理が従う．これが目標の公式である．

定理 5.15

$$\det A = \sum_{\sigma \in S_n} \operatorname{sgn}(\sigma) a_{\sigma(1)\,1} a_{\sigma(2)\,2} \cdots a_{\sigma(n)\,n}$$

章末問題

5.1 カレンダーから任意に配列を換えることなく 9 個の数を抜き出して，3 次行列を作る．この行列の行列式は 0 となることを証明せよ．

5.2 A, B を n 次行列とする．A, AB が共に可逆ならば B も可逆となることを示せ．

5.3 $n \geq 2$ とする．n 人が 1 列に並んで順番待ちをしているとして，この列のある異なる二人に順番を入れ替わってもらうという手続きを C と呼ぶことにする．（もちろん各手続きで入れ替わってもらう二人の人は違ってよい．）いま，最初の列に C を N 回行って再び最初の列の並びに戻ったとする．このとき，N は偶数であることを証明せよ．（行列式の交代性を用いよ．）

5.4 次の連立 1 次方程式をクラメルの公式を用いて解け.
$$\begin{pmatrix} 1 & 1 & -1 \\ 0 & 1 & 1 \\ 1 & 0 & -1 \end{pmatrix} \begin{pmatrix} x \\ y \\ z \end{pmatrix} = \begin{pmatrix} 1 \\ 2 \\ 3 \end{pmatrix}.$$

5.5
(1) n 次行列 A が整数を成分として $|A| = \pm 1$ を満たすとき, 連立 1 次方程式 $A\mathbf{x} = \mathbf{c}$ は, $\mathbf{c}$ の成分がすべて整数ならば, 整数解をもつことを証明せよ.

(2) n 次可逆行列 A の成分は整数であるとする. A^{-1} の成分が整数であるための必要で十分な条件は $|A| = \pm 1$ であることを証明せよ.

第6章

行列と線形写像との関係・n次行列の対角化

本章では，行列と線形写像との関係を示し，次いで基底に関する行列を説明して，n次行列の対角化を取り上げる．最後に，部分空間の基底の変換と線形写像の基底に関する行列との関連を見る．

6.1 行列と線形写像との関係

本節では，行列と線形写像との関係を示し，行列の積が対応する線形写像の合成に合わせて定義されたものであることを見る[†1]．

【定義 6.1】（線形写像・線形変換） 和とスカラー倍とが定義されて，それらの演算がその中だけで可能な集合を**ベクトル空間** (vector space) という[†2]．

$\mathcal{A}, \mathcal{B}$ をベクトル空間とする．写像 $T: \mathcal{A} \to \mathcal{B}$ は

$$\begin{cases} T(\mathbf{x} + \mathbf{y}) = T(\mathbf{x}) + T(\mathbf{y}), \\ T(c\mathbf{x}) = cT(\mathbf{x}) \quad (\mathbf{x}, \mathbf{y} \in \mathcal{A}, c \in \mathbf{R}), \end{cases}$$

の性質（線形性）をもつとき**線形写像** (linear mapping) という．$\mathcal{B} = \mathcal{A}$ のときには**線形変換** (linear transform) ということがある．

(m, n)型行列 A に対して，$\mathbf{R}^n$ から $\mathbf{R}^m$ への写像 $T_A: \mathbf{R}^n \to \mathbf{R}^m$ が

$$T_A(\mathbf{x}) = A\mathbf{x} \quad (\mathbf{x} \in \mathbf{R}^n)$$

[†1] 写像に関する規約は第0章を見ていただきたい．
[†2] たとえば $\mathbf{R}^n$ またはその部分空間．

によって定義できる．容易にわかるように，T_A は $\mathbf{R}^n$ から $\mathbf{R}^m$ への線形写像である．これを行列 A の**行列によって定まる線形写像**という．

逆に，$\mathbf{R}^n$ から $\mathbf{R}^m$ への線形写像は，ある (m, n) 型行列の行列によって定まる線形写像に限ることが証明される．

> **命題 6.1** T を $\mathbf{R}^n$ から $\mathbf{R}^m$ への線形写像とする．このとき，ある (m, n) 型行列 A が一意的に存在して
>
> $$T(\mathbf{x}) = A\mathbf{x} \quad (\mathbf{x} \in \mathbf{R}^n) \iff T = T_A$$
>
> と表される．
>
> この行列 A を線形写像 T の**線形写像の行列**または**線形写像の表現行列**という．

証明 n 項単位ベクトルを $\mathbf{e}_1, \mathbf{e}_2, \cdots, \mathbf{e}_n$ とする．すべての $\mathbf{x} \in \mathbf{R}^n$ に対して，(m, n) 型行列 A, B が

$$A\mathbf{x} = B\mathbf{x}$$

を満たすならば，

$$\mathbf{x} = \mathbf{e}_1, \mathbf{e}_2, \cdots, \mathbf{e}_n$$

として両辺を比較することで $A = B$ が従い，一意性が成立する．そこで，表現行列の存在を示そう．

$T(\mathbf{e}_1), T(\mathbf{e}_2), \cdots, T(\mathbf{e}_n)$ は，それぞれ $\mathbf{R}^m$ の元，すなわち，m 項列ベクトルである．これを $\mathbf{a}_1, \mathbf{a}_2, \cdots, \mathbf{a}_n$ とおこう．

$$\mathbf{a}_1 = T(\mathbf{e}_1), \quad \mathbf{a}_2 = T(\mathbf{e}_2), \quad \cdots, \quad \mathbf{a}_n = T(\mathbf{e}_n).$$

いま，(m, n) 型行列 A を，n 個の m 項列ベクトル $\mathbf{a}_1, \mathbf{a}_2, \cdots, \mathbf{a}_n$ を並べた行列とする．

$$A = (\mathbf{a}_1, \cdots, \mathbf{a}_n).$$

任意の $\mathbf{x} = (x_i) \in \mathbf{R}^n$ は

$$\mathbf{x} = \sum_{i=1}^{n} x_i \mathbf{e}_i$$

と書ける．このように表して T の線形性を考慮すれば

$$T(\mathbf{x}) = T\left(\sum_{i=1}^{n} x_i \mathbf{e}_i\right) = \sum_{i=1}^{n} T(x_i \mathbf{e}_i)$$
$$= \sum_{i=1}^{n} x_i T(\mathbf{e}_i) = \sum_{i=1}^{n} x_i \mathbf{a}_i = A\mathbf{x}.$$

ゆえに

$$T(\mathbf{x}) = A\mathbf{x} \iff T = T_A. \quad \blacksquare$$

次に，行列の積と線形写像の合成との関係を考えよう．

主張 6.2 線形写像 $S: \mathbf{R}^n \to \mathbf{R}^m$, $T: \mathbf{R}^m \to \mathbf{R}^l$ に対して，合成写像 $U = T \circ S$ は $U: \mathbf{R}^n \to \mathbf{R}^l$ の線形写像である．

証明 $U: \mathbf{R}^n \to \mathbf{R}^l$ は明らか．そこで 線形性を確かめる．$\mathbf{x}, \mathbf{y} \in \mathbf{R}^n$, $c \in \mathbf{R}$ として

$$U(\mathbf{x}+\mathbf{y}) = T(S(\mathbf{x}+\mathbf{y})) = T(S(\mathbf{x}) + S(\mathbf{y}))$$
$$= T(S(\mathbf{x})) + T(S(\mathbf{y})) = U(\mathbf{x}) + U(\mathbf{y}),$$
$$U(c\mathbf{x}) = T(S(c\mathbf{x})) = T(cS(\mathbf{x})) = cT(S(\mathbf{x})) = cU(\mathbf{x}). \quad \blacksquare$$

上の主張の S, T には，(m, n) 型行列 A, (l, m) 型行列 B がそれぞれ対応して

$$S = T_A, \qquad T = T_B$$

と表される．一方，$U = T \circ S$ も線形写像であるから，対応する (l, n) 型行列 C が存在して

$$U = T_C$$

と表される．そこで，C および A, B の関係を調べよう．

n 項単位ベクトルを $\mathbf{e}_1, \cdots, \mathbf{e}_n$；行列 A の列ベクトルを $\mathbf{a}_1, \cdots, \mathbf{a}_n$；行列 C の列ベクトルを $\mathbf{c}_1, \cdots, \mathbf{c}_n$ とする．このとき，

$$\mathbf{c}_1 = C\mathbf{e}_1 = U(\mathbf{e}_1), \quad \mathbf{c}_2 = C\mathbf{e}_2 = U(\mathbf{e}_2), \quad \cdots, \quad \mathbf{c}_n = C\mathbf{e}_n = U(\mathbf{e}_n),$$

6.1 行列と線形写像との関係 **125**

$$\mathbf{a}_1 = A\mathbf{e}_1 = S(\mathbf{e}_1), \quad \mathbf{a}_2 = A\mathbf{e}_2 = S(\mathbf{e}_2), \quad \cdots, \quad \mathbf{a}_n = A\mathbf{e}_n = S(\mathbf{e}_n).$$

ゆえに

$$\begin{aligned}
\mathbf{c}_1 &= U(\mathbf{e}_1) = T(S(\mathbf{e}_1)) = T(\mathbf{a}_1) = B\mathbf{a}_1, \\
\mathbf{c}_2 &= U(\mathbf{e}_2) = T(S(\mathbf{e}_2)) = T(\mathbf{a}_2) = B\mathbf{a}_2, \\
&\vdots \\
\mathbf{c}_n &= U(\mathbf{e}_n) = T(S(\mathbf{e}_n)) = T(\mathbf{a}_n) = B\mathbf{a}_n.
\end{aligned}$$

したがって，

$$C = (\mathbf{c}_1, \cdots, \mathbf{c}_n) = (B\mathbf{a}_1, \cdots, B\mathbf{a}_n) = BA.$$

すなわち，

$$T_C = T_B \circ T_A = T_{BA}$$

が成立する．

行列の積は対応する線形写像の合成に合わせて定義されたものである．また，命題 0.3 (p.7) の結果を使うと，行列の積に関する結合法則を写像の合成に関する結合法則から簡単に導くことができる．

！注意 6.1 A を n 次可逆行列とすれば T_A は $\mathbf{R}^n$ 上の全単射線形変換である．

これは，全射かつ単射であることを示せば十分である．注意 4.5 (p.83) より $R(A) = \mathbf{R}^n$．T_A は全射となる．同様に $N(A) = \{\mathbf{o}\}$．これを用いて

$$\mathbf{x} \neq \mathbf{y} \iff \mathbf{x} - \mathbf{y} \neq \mathbf{o} \implies A(\mathbf{x} - \mathbf{y}) \neq \mathbf{o} \iff A\mathbf{x} \neq A\mathbf{y}.$$

すなわち，

$$\mathbf{x} \neq \mathbf{y} \implies T_A(\mathbf{x}) \neq T_A(\mathbf{y}).$$

T_A は単射となる．

！注意 6.2 T を $\mathbf{R}^n$ 上の全単射線形変換とする．このとき，T の逆写像 T^{-1} が定義されて，T^{-1} も $\mathbf{R}^n$ 上の全単射線形変換となる．逆写像の定義より

$$T^{-1} \circ T(\mathbf{x}) = T \circ T^{-1}(\mathbf{x}) = \mathbf{x} \quad (\mathbf{x} \in \mathbf{R}^n)$$

が成立する．すなわち，$\mathbf{R}^n$ の恒等変換を I として，

$$T^{-1} \circ T = T \circ T^{-1} = I.$$

I は線形変換であり,明らかに,I の線形変換の表現行列は単位行列 E である ($I = T_E$).
線形変換 T の線形変換の表現行列を A,線形変換 T^{-1} の線形変換の表現行列を B としよう ($T = T_A$, $T^{-1} = T_B$).このとき,

$$T_E = I = T^{-1} \circ T = T_B \circ T_A = T_{BA},$$
$$T_E = I = T \circ T^{-1} = T_A \circ T_B = T_{AB}$$

とできて,線形写像の表現行列の一意性より

$$BA = AB = E \iff B = A^{-1}.$$

結論として,全単射線形変換の線形変換の行列は,可逆行列であり,その逆線形変換の線形変換の行列は,その逆行列となる.

6.2 基底に関する行列

n 項単位ベクトルを $\mathbf{e}_1, \mathbf{e}_2, \cdots, \mathbf{e}_n$ として $\mathbf{R}^n$ に自然基底

$$\mathcal{B}_0 = \langle\!\langle \mathbf{e}_1, \mathbf{e}_2, \cdots, \mathbf{e}_n \rangle\!\rangle$$

および他の基底

$$\mathcal{B}_1 = \langle\!\langle \mathbf{v}_1, \mathbf{v}_2, \cdots, \mathbf{v}_n \rangle\!\rangle$$

を選ぶ.このとき,n 次行列 $P = (\mathbf{v}_1, \cdots, \mathbf{v}_n)$ は可逆行列であり

$$\mathbf{v}_j = P\mathbf{e}_j \quad (j = 1, 2, \cdots, n)$$

を満たす.この P を基底 $\mathcal{B}_0$ から基底 $\mathcal{B}_1$ への**基底の変換行列**という.

m 項単位ベクトルを $\mathbf{e}'_1, \mathbf{e}'_2, \cdots, \mathbf{e}'_m$ として $\mathbf{R}^m$ に自然基底

$$\mathcal{B}'_0 = \langle\!\langle \mathbf{e}'_1, \mathbf{e}'_2, \cdots, \mathbf{e}'_m \rangle\!\rangle$$

および他の基底

$$\mathcal{B}'_1 = \langle\!\langle \mathbf{v}'_1, \mathbf{v}'_2, \cdots, \mathbf{v}'_m \rangle\!\rangle$$

を選ぶ.このとき,m 次行列 $P' = (\mathbf{v}'_1, \cdots, \mathbf{v}'_m)$ は可逆行列であり

$$\mathbf{v}'_i = P'\mathbf{e}'_i \quad (i = 1, 2, \cdots, m)$$

を満たす.この P' は基底 $\mathcal{B}'_0$ から基底 $\mathcal{B}'_1$ への基底の変換行列である.

A を (m, n) 型行列とすれば $A\mathbf{v}_j \in \mathbf{R}^m$ であるから

$$A\mathbf{v}_j = \sum_{i=1}^{m} b_{ij} \mathbf{v}'_i \quad (j = 1, 2, \cdots, n)$$

と一意的に表される．

この表現に現れる係数 b_{ij} を成分とする (m, n) 型行列 $B = (b_{ij})$ を，基底 $\mathcal{B}_1$, $\mathcal{B}'_1$ による行列 A の**基底に関する行列**または**基底に関する表現行列**という．明らかに，基底 $\mathcal{B}_0$, $\mathcal{B}'_0$ による行列 A の基底に関する行列は A 自身である．

A, B, P, P' の関係を検証しよう．

B の列ベクトルを $\mathbf{b}_j$ とおけば

$$\mathbf{b}_j = \sum_{i=1}^{m} b_{ij} \mathbf{e}'_i \quad (j = 1, 2, \cdots, n)$$

となる．これを用いて次の計算を実行しよう．

$$\begin{aligned}
AP &= A(\mathbf{v}_1, \mathbf{v}_2, \cdots, \mathbf{v}_n) = (A\mathbf{v}_1, A\mathbf{v}_2, \cdots, A\mathbf{v}_n) \\
&= \left(\sum_{i=1}^{m} b_{i1} \mathbf{v}'_i, \sum_{i=1}^{m} b_{i2} \mathbf{v}'_i, \cdots, \sum_{i=1}^{m} b_{in} \mathbf{v}'_i \right) \\
&= \left(\sum_{i=1}^{m} b_{i1} P' \mathbf{e}'_i, \sum_{i=1}^{m} b_{i2} P' \mathbf{e}'_i, \cdots, \sum_{i=1}^{m} b_{in} P' \mathbf{e}'_i \right) \\
&= P' \left(\sum_{i=1}^{m} b_{i1} \mathbf{e}'_i, \sum_{i=1}^{m} b_{i2} \mathbf{e}'_i, \cdots, \sum_{i=1}^{m} b_{in} \mathbf{e}'_i \right) = P'(\mathbf{b}_1, \mathbf{b}_2, \cdots, \mathbf{b}_n) = P'B.
\end{aligned}$$

ゆえに $AP = P'B$ となり，P' は可逆であるから，

$$P'^{-1} AP = B$$

が成立する．以上を定理としてまとめておく．

定理 6.3 A を (m, n) 型行列とする．

$$\mathcal{B}_1 = \langle\!\langle \mathbf{v}_1, \mathbf{v}_2, \cdots, \mathbf{v}_n \rangle\!\rangle$$

を $\mathbf{R}^n$ の基底として $P = (\mathbf{v}_1, \cdots, \mathbf{v}_n)$ とおき,

$$\mathcal{B}'_1 = \langle\langle \mathbf{v}'_1, \mathbf{v}'_2, \cdots, \mathbf{v}'_m \rangle\rangle$$

を $\mathbf{R}^m$ の基底として $P' = (\mathbf{v}'_1, \cdots, \mathbf{v}'_m)$ とおく. このとき,

$$A\mathbf{v}_j = \sum_{i=1}^{m} b_{ij} \mathbf{v}'_i, \qquad B = (b_{ij})$$

とすれば
$$P'^{-1} A P = B$$

が成立する.

基底を選んで基底に関する行列を単純化する (m,n) 型行列 A が与えられたとき, $\mathbf{R}^n$, $\mathbf{R}^m$ にそれぞれ適当な基底を定めて, それらの基底によって A の基底に関する行列を単純化してみよう.

第 4 章の 4.4, 4.5 節で定義したように, 線形写像 T_A の像の全体 $T_A(\mathbf{R}^n)$ を $R(A)$ と表し, 線形写像 T_A の核を $N(A)$ と表す. 集合の記法では

$$R(A) = \{A\mathbf{x} \mid \mathbf{x} \in \mathbf{R}^n\},$$
$$N(A) = \{\mathbf{x} \in \mathbf{R}^n \mid A\mathbf{x} = \mathbf{o}\}$$

とそれぞれ表される. $R(A)$ は $\mathbf{R}^m$ の部分空間となり, $N(A)$ は $\mathbf{R}^n$ の部分空間となる.

$R(A)$ の次元を $\dim R(A) = r$ とし, まず $R(A)$ に基底 $\langle\langle \mathbf{v}'_1, \cdots, \mathbf{v}'_r \rangle\rangle$ を選び, 次いでそれを拡張して $\mathbf{R}^m$ に基底

$$\mathcal{B}' = \langle\langle \mathbf{v}'_1, \cdots, \mathbf{v}'_r, \mathbf{v}'_{r+1}, \cdots, \mathbf{v}'_m \rangle\rangle$$

を選ぶ[†3].

各 $k = 1, 2, \cdots, r$ について, $\mathbf{v}'_k \in R(A)$ より $A\mathbf{v}_k = \mathbf{v}'_k$ を満たす $\mathbf{v}_k \in \mathbf{R}^n$ が必ず存在する. その一つを選んで固定しよう.

[†3] 基底の拡張は, 注意 4.3 (p.67) の手法を用いて行う.

このとき，$\mathbf{R}^n$ のベクトル $\mathbf{v}_1, \mathbf{v}_2, \cdots, \mathbf{v}_r$ は 1 次独立である．実際，方程式

$$a_1\mathbf{v}_1 + a_2\mathbf{v}_2 + \cdots + a_r\mathbf{v}_r = \mathbf{o}$$

の両辺に A を左乗して線形性を考慮すれば

$$a_1\mathbf{v}'_1 + a_2\mathbf{v}'_2 + \cdots + a_r\mathbf{v}'_r = \mathbf{o}.$$

この式の左辺に現れるベクトルは 1 次独立であるから

$$a_1 = a_2 = \cdots = a_r = 0.$$

1 次独立性が従う．

$\mathbf{R}^n$ の部分空間 $\mathcal{W}$ を

$$\mathcal{W} = \{\mathbf{v}_1, \cdots, \mathbf{v}_r\}_{\mathbf{R}}$$

とおいて

$$\mathbf{R}^n = \mathcal{W} \oplus N(A)$$

であることを示そう[†4]．まず

$$\mathbf{R}^n = \mathcal{W} + N(A)$$

を確認する．

任意の $\mathbf{x} \in \mathbf{R}^n$ に対して，$A\mathbf{x} \in R(A)$ であるから，

$$A\mathbf{x} = b_1\mathbf{v}'_1 + b_2\mathbf{v}'_2 + \cdots + b_r\mathbf{v}'_r$$

と一意的に表される．この表現に現れる係数を用いて

$$\mathbf{x}' = b_1\mathbf{v}_1 + b_2\mathbf{v}_2 + \cdots + b_r\mathbf{v}_r \in \mathcal{W}$$

とおけば，線形性を考慮して

$$A(\mathbf{x} - \mathbf{x}') = A\mathbf{x} - (b_1\mathbf{v}'_1 + b_2\mathbf{v}'_2 + \cdots + b_r\mathbf{v}'_r) = \mathbf{o}.$$

ゆえに $\mathbf{x} - \mathbf{x}' \in N(A)$ となり

[†4] 和空間については，第 4 章の 4.5 節を見ていただきたい (p.77).

と変形して
$$\mathbf{x} = \mathbf{x}' + (\mathbf{x} - \mathbf{x}')$$
$$\mathbf{R}^n = \mathcal{W} + N(A).$$

次に $\mathcal{W} \cap N(A) = \{\mathbf{o}\}$ を確認する．

 $\mathbf{y} \in \mathcal{W} \cap N(A)$ としよう．$\mathbf{y} \in \mathcal{W}$ より
$$\mathbf{y} = c_1\mathbf{v}_1 + c_2\mathbf{v}_2 + \cdots + c_r\mathbf{v}_r.$$

A を左乗して線形性を考慮すれば
$$c_1\mathbf{v}'_1 + c_2\mathbf{v}'_2 + \cdots + c_r\mathbf{v}'_r = A\mathbf{y}.$$

$\mathbf{y} \in N(A)$ より $A\mathbf{y} = \mathbf{o}$ であるから
$$c_1\mathbf{v}'_1 + c_2\mathbf{v}'_2 + \cdots + c_r\mathbf{v}'_r = \mathbf{o}.$$

この式の左辺に現れるベクトルは 1 次独立であるから
$$c_1 = c_2 = \cdots = c_r = 0.$$

ゆえに $\mathbf{y} = \mathbf{o}$．

定理 4.10 (2) (p.79) より直和であることが従う．

$N(A)$ に一つの基底 $\langle\langle \mathbf{v}_{r+1}, \cdots, \mathbf{v}_n \rangle\rangle$ を選べば，$\mathbf{R}^n$ に基底
$$\mathcal{B} = \langle\langle \mathbf{v}_1, \cdots, \mathbf{v}_r, \mathbf{v}_{r+1}, \cdots, \mathbf{v}_n \rangle\rangle$$

が定義できて，次を満たす．
$$\begin{cases} A\mathbf{v}_j = \mathbf{v}'_j & (j = 1, 2, \cdots, r), \\ A\mathbf{v}_j = \mathbf{o} & (j = r+1, r+2, \cdots, n). \end{cases}$$

これより基底 $\mathcal{B}, \mathcal{B}'$ による A の基底に関する行列は
$$\begin{pmatrix} E_r & O \\ O & O \end{pmatrix}$$

と単純な形をもつことがわかる．

基底の変換行列を $P = (\mathbf{v}_1, \cdots, \mathbf{v}_n)$, $P' = (\mathbf{v}'_1, \cdots, \mathbf{v}'_m)$ とすれば

$$P'^{-1}AP = \begin{pmatrix} E_r & O \\ O & O \end{pmatrix}$$

を得る．これは，定理 3.3 (p.48) の別証に当たる．さらに，この表現によって線形写像 T_A の構造が明瞭になる．

A が n 次行列のときには，$m = n$ であり，$\mathcal{B}' = \mathcal{B}$ を仮定することが自然である．この新たな仮定の下に上の議論は一般には成立しない．n 次行列 A の基底に関する行列 $P^{-1}AP$ を適当な基底を選びできるだけ**単純な形**に**変換する**という問題は，線形の理論に通底する一つのテーマをなすものである．次節でその一端を研究し，さらに第 8 章で最終的な一つの結論を与える．

6.3　n 次行列の対角化

本節では，n 次行列の対角化を非常に強い条件下で考えてみる．2 次行列と同様に，それには n 次行列に対する固有値と固有ベクトルとの計算が必要となる．

n 次行列 A が与えられたとき，スカラー（数）$\alpha_1, \alpha_2, \cdots, \alpha_n$ および $\mathbf{R}^n$ の一つの基底

$$\langle\langle \mathbf{v}_1, \mathbf{v}_2, \cdots, \mathbf{v}_n \rangle\rangle$$

を選んで

$$A\mathbf{v}_1 = \alpha_1 \mathbf{v}_1, \quad A\mathbf{v}_2 = \alpha_2 \mathbf{v}_2, \quad \cdots, \quad A\mathbf{v}_n = \alpha_n \mathbf{v}_n$$

と表すことを，行列 A を**対角化する**という．（第 1 章で見たようにすべての n 次行列が対角化できるわけではない．）

この主張は，基底の変換行列を $P = (\mathbf{v}_1, \cdots, \mathbf{v}_n)$ とすれば，基底に関する行列の定義により

$$P^{-1}AP = \begin{pmatrix} \alpha_1 & 0 & 0 & \ldots & 0 \\ 0 & \alpha_2 & 0 & \ldots & 0 \\ 0 & 0 & \ddots & 0 & 0 \\ \vdots & \vdots & \vdots & \ddots & 0 \\ 0 & 0 & \ldots & 0 & \alpha_n \end{pmatrix},$$

$$A = P \begin{pmatrix} \alpha_1 & 0 & 0 & \ldots & 0 \\ 0 & \alpha_2 & 0 & \ldots & 0 \\ 0 & 0 & \ddots & 0 & 0 \\ \vdots & \vdots & \vdots & \ddots & 0 \\ 0 & 0 & \ldots & 0 & \alpha_n \end{pmatrix} P^{-1}$$

の成立に等しい.これは,基底の選択による行列 A の基底の表現行列の一つの単純化である.

第1章で2次行列の固有値・固有ベクトルの計算法を紹介した.本節では,n 次行列式を使って,n 次行列の固有値・固有ベクトルの計算法を紹介する.手法はまったく同じであるが,復習も兼ねてここに繰り返す.行列式の章で証明した定理 5.6 (p.104) がその鍵となる.

【定義 6.2】(固有値・固有ベクトル) n 次行列 A に対し,スカラー(数)α と零ベクトル $\mathbf{o}$ ではない $\mathbf{R}^n$ のベクトル $\mathbf{x}$ とが存在して $A\mathbf{x} = \alpha\mathbf{x}$ が成立するとき,α を行列 A の**固有値** (eigenvalue) といい,$\mathbf{x}$ を (α に対する) 行列 A の**固有ベクトル** (eigenvector) という.

問題 6.1 A を n 次行列,α を A の固有値とすれば

$$\mathcal{V}(A;\alpha) = \{\mathbf{x} \in \mathbf{R}^n \mid A\mathbf{x} = \alpha\mathbf{x}\}$$

は $\mathbf{R}^n$ の $\{\mathbf{o}\}$ ではない部分空間となることを示せ.

【定義 6.3】(固有空間) 問題 6.1 の $\mathcal{V}(A;\alpha)$ を,A の固有値 α に対する**固有空間** (eigenspace) という.

次の補題は n 次行列に関する**消去法の原理**である.

補題 6.4 n 次行列 B が $\det(B) = 0$ を満たすならば固有値 0 をもつ.すなわち,$\mathbf{R}^n$ のベクトル $\mathbf{x} \neq \mathbf{o}$ が存在して $B\mathbf{x} = 0\mathbf{x} = \mathbf{o}$ とできる.

証明 $B = (\mathbf{b}_1, \cdots, \mathbf{b}_n)$ とする.注意 5.2 (p.104) の対偶を考えると $\det(B) = 0$ から $\mathbf{b}_1, \mathbf{b}_2, \cdots, \mathbf{b}_n$ が1次従属となる.ゆえに,少なくとも一つは 0 ではない数 $x_1, x_2, \cdots, x_n$ が存在して

$$x_1\mathbf{b}_1 + x_2\mathbf{b}_2 + \cdots + x_n\mathbf{b}_n = \mathbf{o} \iff B\mathbf{x} = \mathbf{o}.$$

ここで，$\mathbf{x} = \begin{pmatrix} x_1 \\ x_2 \\ \vdots \\ x_n \end{pmatrix} \neq \mathbf{o}$．∎

固有値・固有ベクトルの計算　上の補題 6.4 を使うと，n 次行列 A の固有値と固有ベクトルとを実際に計算できる．

その計算は方程式

$$A\mathbf{x} = t\mathbf{x} \tag{6.1}$$

を満たすスカラー（数）t と零ベクトル $\mathbf{o}$ ではない $\mathbf{R}^n$ のベクトル $\mathbf{x}$ とを求めることである．(6.1) 式を変形して

$$A\mathbf{x} = t\mathbf{x} = tE\mathbf{x} \iff (A - tE)\mathbf{x} = \mathbf{o}.$$

$B = A - tE$ は，パラメータ t を含む n 次行列である．いま，ある適当な α を選んで $t = \alpha$ のときに $\det(B) = 0$ とできれば，上の補題より $\mathbf{x} \neq \mathbf{o}$ が存在して，

$$B\mathbf{x} = (A - \alpha E)\mathbf{x} = \mathbf{o} \iff A\mathbf{x} = \alpha E\mathbf{x} = \alpha \mathbf{x}$$

とできる．ところが，α の見つけ方は n 次行列式を定義したいまでは容易で，方程式

$$\det(B) = \det(A - tE) = 0$$

を解けばよい．

【定義 6.4】（**特性多項式・特性方程式**）　n 次行列 A に対して，n 次多項式 $|tE - A|$ をその**特性多項式** (characteristic polynomial) といい，n 次方程式 $|A - tE| = 0$ をその**特性方程式** (characteristic equation) という．

命題 6.5　α が行列 A の固有値であるための必要で十分な条件は，α が A の特性方程式の解であることである．特に A の相異なる固有値の個数は多くとも n 個に限る．（証明は命題 1.6 (p.24) と同様．）

◆**例題 6.1** $A = \begin{pmatrix} 1 & 1 & 0 \\ 3 & -1 & 0 \\ 0 & 0 & 3 \end{pmatrix}$ のすべての固有値とその固有値に対する固有ベクトルとを求めよ．

(**解**)
$$B = A - tE = \begin{pmatrix} 1-t & 1 & 0 \\ 3 & -1-t & 0 \\ 0 & 0 & 3-t \end{pmatrix}$$

として $|B| = 0$ となる t を求める．

$$|B| = \begin{vmatrix} 1-t & 1 & 0 \\ 3 & -1-t & 0 \\ 0 & 0 & 3-t \end{vmatrix} = (1-t)(-1-t)(3-t) - 3(3-t)$$
$$= (t^2 - 4)(3 - t) = 0 \iff t = \pm 2, 3.$$

ゆえに，固有値は $-2, 2, 3$ である．次に固有ベクトルをそれぞれの固有値について計算する．

$\boxed{-2\text{ の場合}}$ $t = -2$ とすると $B = \begin{pmatrix} 3 & 1 & 0 \\ 3 & 1 & 0 \\ 0 & 0 & 5 \end{pmatrix}$．連立 1 次方程式

$$\begin{cases} 3x + y = 0, \\ 3x + y = 0, \\ 5z = 0 \end{cases}$$

の解は

$$3x + y = 0, \quad z = 0$$

を満たす x, y, z であるから $x = y = z = 0$ ではない解として，たとえば

$$\begin{pmatrix} x \\ y \\ z \end{pmatrix} = \begin{pmatrix} 1 \\ -3 \\ 0 \end{pmatrix}$$

を選ぶ．すると確かに

$$\begin{pmatrix} 1 & 1 & 0 \\ 3 & -1 & 0 \\ 0 & 0 & 3 \end{pmatrix} \begin{pmatrix} 1 \\ -3 \\ 0 \end{pmatrix} = -2 \begin{pmatrix} 1 \\ -3 \\ 0 \end{pmatrix}.$$

6.3 n 次行列の対角化

2 の場合 $t=2$ とすると $B = \begin{pmatrix} -1 & 1 & 0 \\ 3 & -3 & 0 \\ 0 & 0 & 1 \end{pmatrix}$. 連立 1 次方程式

$$\begin{cases} -1x + y = 0, \\ 3x - 3y = 0, \\ z = 0 \end{cases}$$

の解は

$$x = y, \quad z = 0$$

を満たすから,たとえば

$$\begin{pmatrix} x \\ y \\ z \end{pmatrix} = \begin{pmatrix} 1 \\ 1 \\ 0 \end{pmatrix}$$

を選ぶ.すると確かに

$$\begin{pmatrix} 1 & 1 & 0 \\ 3 & -1 & 0 \\ 0 & 0 & 3 \end{pmatrix} \begin{pmatrix} 1 \\ 1 \\ 0 \end{pmatrix} = 2 \begin{pmatrix} 1 \\ 1 \\ 0 \end{pmatrix}.$$

3 の場合 $t=3$ とすると $B = \begin{pmatrix} -2 & 1 & 0 \\ 3 & -4 & 0 \\ 0 & 0 & 0 \end{pmatrix}$. 連立 1 次方程式

$$\begin{cases} -2x + y = 0, \\ 3x - 4y = 0, \\ 0z = 0 \end{cases}$$

の解は,たとえば

$$\begin{pmatrix} x \\ y \\ z \end{pmatrix} = \begin{pmatrix} 0 \\ 0 \\ 1 \end{pmatrix}.$$

すると確かに

$$\begin{pmatrix} 1 & 1 & 0 \\ 3 & -1 & 0 \\ 0 & 0 & 3 \end{pmatrix} \begin{pmatrix} 0 \\ 0 \\ 1 \end{pmatrix} = 3 \begin{pmatrix} 0 \\ 0 \\ 1 \end{pmatrix}. \quad \square$$

問題 6.2 $\begin{pmatrix} 1 & 0 & 0 \\ 0 & 2 & 0 \\ 0 & 0 & 3 \end{pmatrix}$ のすべての固有値とそれに対する固有ベクトルとを求めよ．

n 次行列の対角化　対角化のために次の命題が必要となる．

命題 6.6　$\mathbf{x}_1, \mathbf{x}_2, \cdots, \mathbf{x}_r$ をそれぞれ行列 A の固有値 $\alpha_1, \alpha_2, \cdots, \alpha_r$ に対する固有ベクトルとする．このとき，もし $\alpha_1, \alpha_2, \cdots, \alpha_r$ が相異なるならば $\mathbf{x}_1, \mathbf{x}_2, \cdots, \mathbf{x}_r$ は 1 次独立である．

証明　帰納的に証明する．いま $\mathbf{x}_1, \cdots, \mathbf{x}_k$ が 1 次独立と仮定する．$k=1$ の場合，$\mathbf{x}_1 \neq \mathbf{o}$ であるから，この仮定は正当である．方程式

$$a_1 \mathbf{x}_1 + \cdots + a_k \mathbf{x}_k + a_{k+1} \mathbf{x}_{k+1} = \mathbf{o} \tag{6.2}$$

の両辺に A を左乗する．$\mathbf{x}_1, \cdots, \mathbf{x}_k, \mathbf{x}_{k+1}$ が A に対する固有値 $\alpha_1, \cdots, \alpha_k, \alpha_{k+1}$ の固有ベクトルであることを使って

$$a_1 \alpha_1 \mathbf{x}_1 + \cdots + a_k \alpha_k \mathbf{x}_k + a_{k+1} \alpha_{k+1} \mathbf{x}_{k+1} = \mathbf{o}. \tag{6.3}$$

(6.2), (6.3) 式より $\mathbf{x}_{k+1}$ を消去して

$$a_1 (\alpha_{k+1} - \alpha_1) \mathbf{x}_1 + \cdots + a_k (\alpha_{k+1} - \alpha_k) \mathbf{x}_k = \mathbf{o}.$$

仮定より $\mathbf{x}_1, \cdots, \mathbf{x}_k$ は 1 次独立であるから

$$a_1 (\alpha_{k+1} - \alpha_1) = \cdots = a_k (\alpha_{k+1} - \alpha_k) = 0.$$

$\alpha_{k+1} - \alpha_1, \cdots, \alpha_{k+1} - \alpha_k$ はどれも 0 ではないから

$$a_1 = \cdots = a_k = 0$$

となる．ゆえに，(6.2) 式より，$a_{k+1} \mathbf{x}_{k+1} = \mathbf{o}$．$\mathbf{x}_{k+1} \neq \mathbf{o}$ であるから $a_{k+1} = 0$．ゆえに

$$a_1 = \cdots = a_k = a_{k+1} = 0$$

を得る．したがって，$\mathbf{x}_1, \cdots, \mathbf{x}_k, \mathbf{x}_{k+1}$ は 1 次独立となり k を $1, 2, \cdots, r-1$ として $\mathbf{x}_1, \cdots, \mathbf{x}_r$ の 1 次独立性が証明された．　∎

問題 6.3 $\alpha \neq \beta$ のとき
$$\mathcal{V}(A;\alpha) \cap \mathcal{V}(A;\beta) = \{\mathbf{o}\}$$
を証明せよ．

ここまでの知識でできる範囲で，n 次行列の対角化を考えよう．対角化可能となるための簡明な必要十分条件は第 8 章の命題 8.6 (p.173) で与えることとする．

n 次行列 A の特性方程式 $|A - tE| = 0$ は，行列式の定義より n 次方程式となる．ここでは，**非常に強い条件**として，この方程式が相異なる n 個の解 $\alpha_1, \alpha_2, \cdots, \alpha_n$ をもつと仮定する．

このとき，$\alpha_1, \alpha_2, \cdots, \alpha_n$ は A の固有値となる．

固有値 $\alpha_1, \alpha_2, \cdots, \alpha_n$ に対する A の固有ベクトルを $\mathbf{v}_1, \mathbf{v}_2, \cdots, \mathbf{v}_n$ とすれば，定義より
$$A\mathbf{v}_1 = \alpha_1 \mathbf{v}_1, \quad A\mathbf{v}_2 = \alpha_2 \mathbf{v}_2, \quad \cdots, \quad A\mathbf{v}_n = \alpha_n \mathbf{v}_n$$
が成立する．

命題 6.6 より $\mathbf{v}_1, \mathbf{v}_2, \cdots, \mathbf{v}_n$ は 1 次独立であるから，$\mathbf{R}^n$ の基底をなす．これは A が対角化できることを意味している．

以上のことは次の命題にまとめられる．

> **命題 6.7** $\mathbf{R}^n$ に n 次行列 A の固有ベクトルからなる基底が存在すれば A は対角化される．

6.4 部分空間の基底の変換と基底に関する行列

本節では，部分空間の基底の変換を説明して，次いで基底の変換と線形写像の行列との関連を調べる．

基底に関する座標 $\mathcal{W}$ を $\mathbf{R}^n$ の部分空間とする．$\mathcal{W}$ の一つの基底を
$$\mathcal{B}_1 = \langle\langle \mathbf{v}_1, \mathbf{v}_2, \cdots, \mathbf{v}_r \rangle\rangle$$

として，写像 $\phi_{\mathcal{B}_1} : \mathbf{R}^r \to \mathcal{W}$ を，$\mathbf{x} = (x_i) \in \mathbf{R}^r$ に対して，

$$\phi_{\mathcal{B}_1}(\mathbf{x}) = x_1 \mathbf{v}_1 + x_2 \mathbf{v}_2 + \cdots + x_r \mathbf{v}_r$$

によって定義する．明らかに，$\phi_{\mathcal{B}_1}$ は線形写像である．基底の定義より，$\mathcal{W}$ の任意の元は $\mathbf{v}_1, \mathbf{v}_2, \cdots, \mathbf{v}_r$ の 1 次結合として一意的に表されるから，$\phi_{\mathcal{B}_1}$ は全単射線形写像となる．$\phi_{\mathcal{B}_1}$ の逆写像 $\phi_{\mathcal{B}_1}^{-1}$ を考えよう．

$\mathbf{y} \in \mathcal{W}$ に対して，$\mathbf{R}^r$ の元 $\phi_{\mathcal{B}_1}^{-1}(\mathbf{y})$ は，$\mathcal{W}$ の元 $\mathbf{y}$ を，$\mathcal{W}$ の基底 $\mathbf{v}_1, \mathbf{v}_2, \cdots, \mathbf{v}_r$ の 1 次結合として表したときの係数をその成分としたベクトルとなる．このベクトル $\phi_{\mathcal{B}_1}^{-1}(\mathbf{y})$ を，基底 $\mathcal{B}_1$ に関する $\mathbf{y}$ の**基底に関する座標**といい，線形写像 $\phi_{\mathcal{B}_1}^{-1}$ を，基底 $\mathcal{B}_1$ に関する**座標を定める写像**ということとする．

基底の変換行列 $\mathcal{W}$ の他の基底を

$$\mathcal{B}_2 = \langle\langle \mathbf{u}_1, \mathbf{u}_2, \cdots, \mathbf{u}_r \rangle\rangle$$

として，基底 $\mathcal{B}_2$ に関する座標を定める写像 $\phi_{\mathcal{B}_2}^{-1}$ を上と同様にして定義する．

$\mathbf{u}_j \in \mathcal{W}$ であるから

$$\mathbf{u}_j = \sum_{i=1}^{r} p_{ij} \mathbf{v}_i \quad (j = 1, 2, \cdots, r)$$

と一意的に表される．

この表現に現れる係数 p_{ij} を成分とする r 次行列 $P = (p_{ij})$ を基底 $\mathcal{B}_1$ から基底 $\mathcal{B}_2$ への**基底の変換行列**という．

合成写像 $\phi_{\mathcal{B}_1}^{-1} \circ \phi_{\mathcal{B}_2}$ は，$\mathbf{R}^r$ から $\mathcal{W}$ への全単射線形写像と $\mathcal{W}$ から $\mathbf{R}^r$ への全単射線形写像との合成写像であるから，$\mathbf{R}^r$ から $\mathbf{R}^r$ への全単射線形写像となる．

この線形写像の行列は P に等しい．すなわち，

$$\phi_{\mathcal{B}_1}^{-1} \circ \phi_{\mathcal{B}_2} = T_P \tag{6.4}$$

が成立する．実際，r 項単位ベクトル $\mathbf{e}_j$ $(j = 1, 2, \cdots, r)$ に対して，基底に関する座標の定義より

$$\phi_{\mathcal{B}_2}(\mathbf{e}_j) = \mathbf{u}_j.$$

これを用いて
$$\phi_{\mathcal{B}_1}^{-1} \circ \phi_{\mathcal{B}_2}(\mathbf{e}_j) = \phi_{\mathcal{B}_1}^{-1}(\mathbf{u}_j).$$

この右辺のベクトルは，基底に関する座標の定義より，$\mathbf{u}_j$ を $\mathbf{v}_1, \mathbf{v}_2, \cdots, \mathbf{v}_r$ の 1 次結合として表したときの係数であるから，基底の変換行列の定義より，$P\mathbf{e}_j$ に等しい．ゆえに左辺と比較して (6.4) 式が従う．

特に，注意 6.2 より，P は可逆行列となる．

$$\phi_{\mathcal{B}_2}^{-1} \circ \phi_{\mathcal{B}_1} = T_{P^{-1}}$$

であるから，基底 $\mathcal{B}_2$ から基底 $\mathcal{B}_1$ への基底の変換行列は P^{-1} となる．以上より次の定理の前半が証明された．

> **定理 6.8** $\mathbf{R}^n$ の部分空間 $\mathcal{W}$ の基底の変換行列は可逆行列である．逆に，$P = (p_{ij})$ を r 次可逆行列として $\langle\langle \mathbf{v}_1, \mathbf{v}_2, \cdots, \mathbf{v}_r \rangle\rangle$ を $\mathcal{W}$ の一つの基底とすると，r 個のベクトル
> $$\sum_{i=1}^{r} p_{i1}\mathbf{v}_i, \quad \sum_{i=1}^{r} p_{i2}\mathbf{v}_i, \quad \cdots, \quad \sum_{i=1}^{r} p_{ir}\mathbf{v}_i$$
> は $\mathcal{W}$ の新たな基底となる．

証明 後半を示す．

$$\mathbf{u}_j = \sum_{i=1}^{r} p_{ij}\mathbf{v}_i \quad (j = 1, 2, \cdots, r)$$

とおく．$\mathbf{u}_j \in \mathcal{W}$ であるから，基底となることを示すには $\mathbf{u}_1, \mathbf{u}_2, \cdots, \mathbf{u}_r$ が 1 次独立であることを確認すれば十分である．

方程式
$$c_1\mathbf{u}_1 + c_2\mathbf{u}_2 + \cdots + c_r\mathbf{u}_r = \mathbf{o}$$

を考えよう．これを上式を用いて書き換えると

$$\begin{aligned} \mathbf{o} &= c_1\mathbf{u}_1 + c_2\mathbf{u}_2 + \cdots + c_r\mathbf{u}_r \\ &= c_1\left(\sum_{i=1}^{r} p_{i1}\mathbf{v}_i\right) + c_2\left(\sum_{i=1}^{r} p_{i2}\mathbf{v}_i\right) + \cdots + c_r\left(\sum_{i=1}^{r} p_{ir}\mathbf{v}_i\right) \end{aligned}$$

$$= \left(\sum_{j=1}^{r} p_{1j}c_j\right)\mathbf{v}_1 + \left(\sum_{j=1}^{r} p_{2j}c_j\right)\mathbf{v}_2 + \cdots + \left(\sum_{j=1}^{r} p_{rj}c_j\right)\mathbf{v}_r.$$

$\mathbf{v}_1, \mathbf{v}_2, \cdots, \mathbf{v}_r$ は1次独立であるから，この式の右辺と $\mathbf{o} = 0\mathbf{v}_1 + 0\mathbf{v}_2 + \cdots + 0\mathbf{v}_r$ との対応するベクトルの係数を比較して

$$\sum_{j=1}^{r} p_{1j}c_j = \sum_{j=1}^{r} p_{2j}c_j = \cdots = \sum_{j=1}^{r} p_{rj}c_j = 0.$$

これは，$\mathbf{c} = \begin{pmatrix} c_1 \\ c_2 \\ \vdots \\ c_r \end{pmatrix}$ とおいて，$P\mathbf{c} = \mathbf{o}$ を意味し，両辺に P^{-1} を左乗して $\mathbf{c} = \mathbf{o}$. 1次独立性が従う．■

基底の変換と線形写像の行列との関係　$\mathcal{W}'$ を $\mathbf{R}^m$ の部分空間とする．$\mathcal{W}'$ に二つの基底

$$\mathcal{B}_1' = \langle\langle \mathbf{v}_1', \mathbf{v}_2', \cdots, \mathbf{v}_s' \rangle\rangle,$$
$$\mathcal{B}_2' = \langle\langle \mathbf{u}_1', \mathbf{u}_2', \cdots, \mathbf{u}_s' \rangle\rangle$$

を選び，それぞれの基底にその座標を定める写像 $\phi_{\mathcal{B}_1'}^{-1}, \phi_{\mathcal{B}_2'}^{-1}$ を定義する．（これらは共に $\mathcal{W}' \to \mathbf{R}^s$ の全単射線形写像となる．）

線形写像 $T: \mathcal{W} \to \mathcal{W}'$ を一つ固定しよう．

$T(\mathbf{v}_j) \in \mathcal{W}'$ であるから

$$T(\mathbf{v}_j) = \sum_{i=1}^{s} a_{ij}\mathbf{v}_i' \quad (j=1,2,\cdots,r)$$

と一意的に表される．

この表現に現れる係数 a_{ij} を成分とする (s,r) 型行列 $A = (a_{ij})$ を基底 $\mathcal{B}_1, \mathcal{B}_1'$ による線形写像 T の**基底に関する行列**または**基底に関する表現行列**という．

上と同様に考えて

$$\phi_{\mathcal{B}_1'}^{-1} \circ T \circ \phi_{\mathcal{B}_1} = T_A \tag{6.5}$$

の成立が証明できる．

6.4 部分空間の基底の変換と基底に関する行列

$\mathcal{W}$ の基底を $\mathcal{B}_1$ から $\mathcal{B}_2$ へ変換し，$\mathcal{W}'$ の基底を $\mathcal{B}'_1$ から $\mathcal{B}'_2$ へ変換するとき，T に対応する行列はどう変換されるか見てみよう．

基底 $\mathcal{B}_2, \mathcal{B}'_2$ による線形写像 T の基底に関する行列を B とおけば

$$\phi_{\mathcal{B}'_2}^{-1} \circ T \circ \phi_{\mathcal{B}_2} = T_B \tag{6.6}$$

が成立する．A, B はどのような関係をもつか調べる．

$\mathcal{B}'_1$ から $\mathcal{B}'_2$ への基底の変換行列を P' とおけば，それは s 次可逆行列であり，

$$\phi_{\mathcal{B}'_1}^{-1} \circ \phi_{\mathcal{B}'_2} = T_{P'},$$
$$\phi_{\mathcal{B}'_2}^{-1} \circ \phi_{\mathcal{B}'_1} = T_{P'^{-1}} \tag{6.7}$$

を満たす．

合成写像の定義により $\phi_{\mathcal{B}_1} \circ \phi_{\mathcal{B}_1}^{-1}, \phi_{\mathcal{B}'_1} \circ \phi_{\mathcal{B}'_1}^{-1}$ は，それぞれ，$\mathcal{W}$ の恒等変換，$\mathcal{W}'$ の恒等変換となる．これと写像の合成に関する結合法則を用いて

$$\begin{aligned} T_B &= \phi_{\mathcal{B}'_2}^{-1} \circ T \circ \phi_{\mathcal{B}_2} \\ &= \phi_{\mathcal{B}'_2}^{-1} \circ (\phi_{\mathcal{B}'_1} \circ \phi_{\mathcal{B}'_1}^{-1}) \circ T \circ (\phi_{\mathcal{B}_1} \circ \phi_{\mathcal{B}_1}^{-1}) \circ \phi_{\mathcal{B}_2} \\ &= (\phi_{\mathcal{B}'_2}^{-1} \circ \phi_{\mathcal{B}'_1}) \circ (\phi_{\mathcal{B}'_1}^{-1} \circ T \circ \phi_{\mathcal{B}_1}) \circ (\phi_{\mathcal{B}_1}^{-1} \circ \phi_{\mathcal{B}_2}). \end{aligned}$$

(6.4)–(6.7) 式より

$$\phi_{\mathcal{B}'_2}^{-1} \circ \phi_{\mathcal{B}'_1} = T_{P'^{-1}}, \quad \phi_{\mathcal{B}'_1}^{-1} \circ T \circ \phi_{\mathcal{B}_1} = T_A, \quad \phi_{\mathcal{B}_1}^{-1} \circ \phi_{\mathcal{B}_2} = T_P$$

であるから，これを上式右辺に代入して

$$T_B = T_{P'^{-1}} \circ T_A \circ T_P.$$

線形写像の合成はその行列の積に対応するから

$$T_B = T_{P'^{-1}AP}.$$

線形写像の行列の一意性より

$$B = P'^{-1}AP.$$

これが目標の関係式である．以上を定理の形で採録しておく．

定理 6.9 $\mathcal{W} \subset \mathbf{R}^n, \mathcal{W}' \subset \mathbf{R}^m$ をそれぞれ部分空間として，$T: \mathcal{W} \to \mathcal{W}'$ を線形写像とする．$\mathcal{W}$ に二つの基底 $\mathcal{B}_1, \mathcal{B}_2$ を選んで $\mathcal{B}_1$ から $\mathcal{B}_2$ への基底の変換行列を P とおき，$\mathcal{W}'$ に二つの基底 $\mathcal{B}'_1, \mathcal{B}'_2$ を選んで $\mathcal{B}'_1$ から $\mathcal{B}'_2$ への基底の変換行列を P' とおく．このとき，基底 $\mathcal{B}_1, \mathcal{B}'_1$ による線形写像 T の基底に関する行列を A とし，基底 $\mathcal{B}_2, \mathcal{B}'_2$ による線形写像 T の基底に関する行列を B とすれば，
$$P'^{-1}AP = B$$
が成立する．

章末問題

6.1 T を $\mathbf{R}^n$ から $\mathbf{R}^m$ への線形写像とする．次を証明せよ．
(1) $\mathbf{a}_1, \mathbf{a}_2, \cdots, \mathbf{a}_n$ を $\mathbf{R}^n$ の基底とするとき，T の像集合 $T(\mathbf{R}^n)$ は $T(\mathbf{a}_1), T(\mathbf{a}_2), \cdots, T(\mathbf{a}_n)$ により生成されることを示せ．
(2) $\mathbf{b} (\neq \mathbf{o}) \in \mathbf{R}^m$ とするとき，$\mathbf{b}$ の逆像
$$T^{-1}(\mathbf{b}) = \{\mathbf{x} \in \mathbf{R}^n \mid T(\mathbf{x}) = \mathbf{b}\}$$
は $\mathbf{R}^n$ の部分空間をなさないことを示せ．
(3) $T(\mathbf{v}_1), T(\mathbf{v}_2), \cdots, T(\mathbf{v}_k)$ が線形独立ならば $\mathbf{v}_1, \mathbf{v}_2, \cdots, \mathbf{v}_k$ も線形独立であることを示せ．

6.2
(1) $\begin{pmatrix} 0 & 1 & 0 \\ 0 & 0 & 0 \\ 0 & 0 & 0 \end{pmatrix}^2 = O, \begin{pmatrix} 0 & 1 & 0 \\ 0 & 0 & 1 \\ 0 & 0 & 0 \end{pmatrix}^3 = O$ を確かめよ．
(2) n 次行列 A が $A^m = O$ を満たすならば，その固有値は 0 に限ることを示せ．
(3) n 次行列 A が $A \neq O, A^m = O$ を満たすならば，A は対角化できないことを示せ．

6.3 3 次行列 $\begin{pmatrix} 5 & 2 & 1 \\ 1 & 4 & -1 \\ -1 & -2 & 3 \end{pmatrix}$ の三つの固有値と，その固有値に対応する固有ベクトル（一つ）を求めよ．

6.4 $2, 4, 6$ を固有値，$\begin{pmatrix} 1 \\ 0 \\ 1 \end{pmatrix}, \begin{pmatrix} 1 \\ 1 \\ 1 \end{pmatrix}, \begin{pmatrix} 0 \\ 1 \\ 1 \end{pmatrix}$ をそれぞれその固有ベクトルとする 3 次行列を求めよ．

6.5 定理 6.8 の前半を線形写像の合成を使わずに直接証明せよ．また，その後半を線形写像の合成を使って証明せよ．

第 7 章

計量ベクトル空間

　ユークリッド空間（数ベクトル空間）のベクトルに対して，その長さや角を計ることができる．本章では，そのような**計量** (metric) を扱うために，ベクトルに内積を定義し，正規直交系，直交行列，直交補空間等について説明する．最後に，それらを使って対称行列の対角化を取り上げる．

7.1　内積とその性質

【定義 7.1】（内積）　$\mathbf{R}^n$ の二つのベクトル $\mathbf{x}=(x_i)$, $\mathbf{y}=(y_i)$ に対して，その**内積** (inner product) を $\langle \mathbf{x},\, \mathbf{y}\rangle$ と表し，

$$\langle \mathbf{x},\, \mathbf{y}\rangle = x_1 y_1 + x_2 y_2 + \cdots + x_n y_n = \sum_{i=1}^{n} x_i y_i$$

で定義する．

　定義から次の成立がすぐにわかる．

$$\begin{cases} \langle \mathbf{x},\, \mathbf{y}\rangle = \langle \mathbf{y},\, \mathbf{x}\rangle, \\ \langle \mathbf{x}+\mathbf{x}',\, \mathbf{y}\rangle = \langle \mathbf{x},\, \mathbf{y}\rangle + \langle \mathbf{x}',\, \mathbf{y}\rangle, \\ \langle c\mathbf{x},\, \mathbf{y}\rangle = c\langle \mathbf{x},\, \mathbf{y}\rangle, \\ \langle \mathbf{x},\, \mathbf{y}+\mathbf{y}'\rangle = \langle \mathbf{x},\, \mathbf{y}\rangle + \langle \mathbf{x},\, \mathbf{y}'\rangle, \\ \langle \mathbf{x},\, c\mathbf{y}\rangle = c\langle \mathbf{x},\, \mathbf{y}\rangle, \\ \qquad (\mathbf{x}, \mathbf{x}', \mathbf{y}, \mathbf{y}' \in \mathbf{R}^n,\, c \in \mathbf{R}). \end{cases}$$

7.1 内積とその性質

【定義 7.2】（ベクトルの大きさ） ベクトル $\mathbf{x} = (x_i)$ に対して，ベクトルの長さまたは**ノルム** (norm) を $\|\mathbf{x}\|$ と表し

$$\|\mathbf{x}\| = \sqrt{\langle \mathbf{x}, \mathbf{x} \rangle} = \sqrt{x_1^2 + x_2^2 + \cdots + x_n^2}$$

で定義する．

明らかに

$$\|\mathbf{x}\| = 0 \iff \mathbf{x} = \mathbf{o},$$

$$\|c\mathbf{x}\| = |c|\,\|\mathbf{x}\| \quad (c \in \mathbf{R},\ \mathbf{x} \in \mathbf{R}^n).$$

問題 7.1 上式を確かめよ．

問題 7.2 数 a, b に対して，次の不等式（コーシー (Cauchy) の不等式とされることがある）を証明せよ．

$$ab \leq \frac{a^2 + b^2}{2}. \tag{7.1}$$

次の命題は**シュワルツの不等式** (Schwarz' inequality) と呼ばれている．

命題 7.1（シュワルツの不等式） $\mathbf{R}^n$ の二つのベクトル $\mathbf{x} = (x_i), \mathbf{y} = (y_i)$ に対して，次の不等式が成立する．

$$|\langle \mathbf{x}, \mathbf{y} \rangle| \leq \|\mathbf{x}\|\,\|\mathbf{y}\|,$$

$$\left|\sum_{i=1}^n x_i y_i\right| \leq \sqrt{\sum_{i=1}^n x_i^2}\sqrt{\sum_{i=1}^n y_i^2}.$$

証明 命題を証明するには

$$\frac{1}{\|\mathbf{x}\|\,\|\mathbf{y}\|}(x_1 y_1 + x_2 y_2 + \cdots + x_n y_n) \leq 1 \tag{7.2}$$

を示せば十分である．

(7.1) 式とノルムの定義より

$$\sum_{i=1}^n \frac{x_i}{\|\mathbf{x}\|} \cdot \frac{y_i}{\|\mathbf{y}\|} \leq \frac{1}{2}\sum_{i=1}^n \left(\frac{x_i^2}{\|\mathbf{x}\|^2} + \frac{y_i^2}{\|\mathbf{y}\|^2}\right) = \frac{1}{2}\left(\sum_{i=1}^n \frac{x_i^2}{\|\mathbf{x}\|^2} + \sum_{i=1}^n \frac{y_i^2}{\|\mathbf{y}\|^2}\right)$$

$$= \frac{1}{2}\left(\frac{x_1^2 + \cdots + x_n^2}{\|\mathbf{x}\|^2} + \frac{y_1^2 + \cdots + y_n^2}{\|\mathbf{y}\|^2}\right) = 1. \quad \blacksquare$$

次の命題は **3 角不等式** (triangle inequality) と呼ばれている．

命題 7.2（3 角不等式） $\mathbf{x}, \mathbf{y} \in \mathbf{R}^n$ に対して，次の不等式が成立する．

$$|\|\mathbf{x}\| - \|\mathbf{y}\|| \leq \|\mathbf{x} + \mathbf{y}\| \leq \|\mathbf{x}\| + \|\mathbf{y}\|.$$

証明 命題 7.1 を使って

$$\|\mathbf{x} + \mathbf{y}\|^2 = \langle \mathbf{x} + \mathbf{y}, \mathbf{x} + \mathbf{y} \rangle$$
$$= \langle \mathbf{x}, \mathbf{x} \rangle + 2\langle \mathbf{x}, \mathbf{y} \rangle + \langle \mathbf{y}, \mathbf{y} \rangle \leq \|\mathbf{x}\|^2 + 2\|\mathbf{x}\|\|\mathbf{y}\| + \|\mathbf{y}\|^2 = (\|\mathbf{x}\| + \|\mathbf{y}\|)^2$$

両辺を $\frac{1}{2}$ 乗して，目標の右側の不等式を得る．

次に，この示したての不等式を使って，

$$\|\mathbf{x}\| = \|(\mathbf{x} + \mathbf{y}) + (-\mathbf{y})\| \leq \|\mathbf{x} + \mathbf{y}\| + |-1|\|\mathbf{y}\| = \|\mathbf{x} + \mathbf{y}\| + \|\mathbf{y}\|,$$

$$\|\mathbf{y}\| = \|(\mathbf{x} + \mathbf{y}) + (-\mathbf{x})\| \leq \|\mathbf{x} + \mathbf{y}\| + |-1|\|\mathbf{y}\| = \|\mathbf{x} + \mathbf{y}\| + \|\mathbf{x}\|,$$

変形して

$$\pm(\|\mathbf{x}\| - \|\mathbf{y}\|) \leq \|\mathbf{x} + \mathbf{y}\|.$$

目標の左側の不等式が得られた． $\blacksquare$

【定義 7.3】（ベクトルのなす角） $\mathbf{x}, \mathbf{y} \in \mathbf{R}^n$ ($\mathbf{x}, \mathbf{y} \neq \mathbf{o}$) に対して，命題 7.1 より，

$$-1 \leq \frac{\langle \mathbf{x}, \mathbf{y} \rangle}{\|\mathbf{x}\|\|\mathbf{y}\|} \leq 1$$

となる．ゆえに，$0 \leq \theta \leq \pi$ の θ が一意的に確定して，

$$\cos\theta = \frac{\langle \mathbf{x}, \mathbf{y} \rangle}{\|\mathbf{x}\|\|\mathbf{y}\|}$$

とできる．この θ を $\mathbf{x}, \mathbf{y}$ のなす角と定義して，特に，$\langle \mathbf{x}, \mathbf{y} \rangle = 0$ のとき，$\mathbf{x}, \mathbf{y}$ は**直交する**という．

$$\langle \mathbf{x}, \mathbf{y} \rangle = \|\mathbf{x}\| \|\mathbf{y}\| \cos \theta$$

である．

問題 7.3 $\mathbf{x} = \begin{pmatrix} \sqrt{3} \\ 1 \end{pmatrix}$, $\mathbf{y} = \begin{pmatrix} 1 \\ \sqrt{3} \end{pmatrix}$ として，$\|\mathbf{x}\|$, $\|\mathbf{y}\|$ およびそれらのなす角を求めよ．

7.2 正規直交系・直交行列・直交補空間

【定義 7.4】（正規直交系）　$\mathbf{R}^n$ のベクトル $\mathbf{e}_1, \mathbf{e}_2, \cdots, \mathbf{e}_r$ が，正規であること，すなわち

$$\|\mathbf{e}_i\| = 1 \quad (i = 1, 2, \cdots, r)$$

および互いに直交していること，すなわち，

$$\langle \mathbf{e}_i, \mathbf{e}_j \rangle = 0 \quad (i \neq j)$$

を満たすとき，**正規直交系** (orthonormal system) であるという．また正規直交系 $\mathbf{e}_1, \mathbf{e}_2, \cdots, \mathbf{e}_r$ が $\mathbf{R}^n$ の部分空間 $\mathcal{W}$ の基底をなすとき，**正規直交基底** (orthonormal basis) であるという．

／注意 7.1　n 項単位ベクトル $\mathbf{e}_1 = \begin{pmatrix} 1 \\ 0 \\ 0 \\ \vdots \\ 0 \end{pmatrix}$, $\mathbf{e}_2 = \begin{pmatrix} 0 \\ 1 \\ 0 \\ \vdots \\ 0 \end{pmatrix}$, $\cdots$, $\mathbf{e}_n = \begin{pmatrix} 0 \\ \vdots \\ 0 \\ 0 \\ 1 \end{pmatrix}$（およびその部分ベクトル列）は一つの正規直交系をなす．これからは，同じ記号を用いて，一般の正規直交系も表すこととする．

以下，$\mathbf{e}_1, \mathbf{e}_2, \cdots, \mathbf{e}_r$ を $\mathbf{R}^n$ の正規直交系として，その性質を見ていこう．

(a)　$\mathbf{x} = x_1 \mathbf{e}_1 + x_2 \mathbf{e}_2 + \cdots + x_r \mathbf{e}_r$ とすれば

$$x_i = \langle \mathbf{x}, \mathbf{e}_i \rangle \quad (i = 1, 2, \cdots, r).$$

実際，

$$\langle \mathbf{x}, \mathbf{e}_i \rangle$$
$$= x_1 \langle \mathbf{e}_1, \mathbf{e}_i \rangle + \cdots + x_{i-1} \langle \mathbf{e}_{i-1}, \mathbf{e}_i \rangle + x_i \langle \mathbf{e}_i, \mathbf{e}_i \rangle + x_{i+1} \langle \mathbf{e}_{i+1}, \mathbf{e}_i \rangle$$
$$+ \cdots + x_r \langle \mathbf{e}_r, \mathbf{e}_i \rangle$$
$$= x_i.$$

(b) $\mathbf{e}_1, \mathbf{e}_2, \cdots, \mathbf{e}_r$ は1次独立である．

問題 7.4 1次独立であることを証明せよ．

(c) $\mathbf{x} = x_1 \mathbf{e}_1 + x_2 \mathbf{e}_2 + \cdots + x_r \mathbf{e}_r, \mathbf{y} = y_1 \mathbf{e}_1 + y_2 \mathbf{e}_2 + \cdots + y_r \mathbf{e}_r$ とすれば

$$\langle \mathbf{x}, \mathbf{y} \rangle = x_1 y_1 + x_2 y_2 + \cdots + x_r y_r.$$

実際，

$$\langle \mathbf{x}, \mathbf{y} \rangle = \left\langle \sum_{i=1}^r x_i \mathbf{e}_i, \sum_{j=1}^r y_j \mathbf{e}_j \right\rangle = \sum_{i,j=1}^r x_i y_j \langle \mathbf{e}_i, \mathbf{e}_j \rangle = \sum_{i=1}^r x_i y_i.$$

次の定理の証明の中で用いられる手法をシュミット (Schmidt) の**直交化法**といい，基本的で重要である．

定理 7.3 $\mathbf{R}^n$ の任意の部分空間 $\mathcal{W}$ は正規直交基底をもつ．

証明 $\dim \mathcal{W} = r$ として $\langle\langle \mathbf{a}_1, \mathbf{a}_2, \cdots, \mathbf{a}_r \rangle\rangle$ をその任意の基底とする．すなわち，$\mathbf{a}_1, \mathbf{a}_2, \cdots, \mathbf{a}_r$ は1次独立で

$$\mathcal{W} = \{\mathbf{a}_1, \mathbf{a}_2, \cdots, \mathbf{a}_r\}_{\mathbf{R}}.$$

以下のステップにより $\mathcal{W}$ の正規直交基底 $\langle\langle \mathbf{e}_1, \mathbf{e}_2, \cdots, \mathbf{e}_r \rangle\rangle$ を構成しよう．

Step 1. $\mathbf{a}_1$ を正規化する．

$$\mathbf{e}_1 = \frac{1}{\|\mathbf{a}_1\|} \mathbf{a}_1.$$

このとき $\{e_1\}_R = \{a_1\}_R$ となる.

Step 2. ベクトル $\langle a_2, e_1 \rangle e_1$ は a_2 の $\{e_1\}_R$ への射影ベクトルとなることに注意して,

$$a_2' = a_2 - \langle a_2, e_1 \rangle e_1$$

とおく. このとき, a_2' と e_1 とは直交する[†1].

$$\langle a_2', e_1 \rangle = \langle a_2, e_1 \rangle - \langle a_2, e_1 \rangle \langle e_1, e_1 \rangle = 0.$$

Step 3. $a_2' = o$ とすれば a_1, a_2 が1次従属となり矛盾するから, $a_2' \neq o$ となることに注意して, a_2' を正規化する.

$$e_2 = \frac{1}{\|a_2'\|} a_2'.$$

このとき $\{e_1, e_2\}_R = \{a_1, a_2\}_R$ となる.

Step 4. ベクトル $\langle a_3, e_1 \rangle e_1 + \langle a_3, e_2 \rangle e_2$ は a_3 の $\{e_1, e_2\}_R$ への射影ベクトルとなることに注意して,

$$a_3' = a_3 - \langle a_3, e_1 \rangle e_1 - \langle a_3, e_2 \rangle e_2$$

とおく. このとき, a_3' と e_1, e_2 とは直交する.

$$\langle a_3', e_1 \rangle = 0, \qquad \langle a_3', e_2 \rangle = 0.$$

Step 5. a_3' を正規化する.

$$e_3 = \frac{1}{\|a_3'\|} a_3'.$$

このとき $\{e_1, e_2, e_3\}_R = \{a_1, a_2, a_3\}_R$ となる.

以下同様にして正規直交系 $e_1, e_2, \cdots, e_r$ を得て

$$\mathcal{W} = \{e_1, e_2, \cdots, e_r\}_R$$

とできる. ∎

問題 7.5 上の方法で, $\begin{pmatrix} 1 \\ 1 \end{pmatrix}, \begin{pmatrix} 1 \\ 2 \end{pmatrix}$ から正規直交系を構成せよ.

[†1] 「射影ベクトルとなる」ということは幾何学的な背景であって, 論理的には不要である.

ここで，転置行列の定義を想起しておく．

(m, n) 型行列 A に対して，その**転置行列**を，第 1 列が A の第 1 行，第 2 列が A の第 2 行，$\cdots$，第 m 列が A の第 m 行である (n, m) 型行列と定義し，${}^T\!A$ と表した．

転置行列の記法を用いると，$\mathbf{x}, \mathbf{y}$ の内積を

$$\langle \mathbf{x}, \mathbf{y} \rangle = x_1 y_1 + x_2 y_2 + \cdots + x_n y_n = \begin{pmatrix} x_1 & x_2 & \ldots & x_n \end{pmatrix} \begin{pmatrix} y_1 \\ y_2 \\ \vdots \\ y_n \end{pmatrix} = {}^T\!\mathbf{x}\,\mathbf{y} \quad (7.3)$$

と行列の積により簡明に表すことができる．

直交行列を定義しよう．

【定義 7.5】（直交行列） n 次行列 A が

$$ {}^T\!A\,A = A\,{}^T\!A = E$$

を満たすとき，**直交行列** (orthogonal matrix) であるという．

◆ **例題 7.1** $A = \dfrac{1}{\sqrt{6}} \begin{pmatrix} \sqrt{3} & -1 & \sqrt{2} \\ \sqrt{3} & 1 & -\sqrt{2} \\ 0 & 2 & \sqrt{2} \end{pmatrix}$ および $B = \begin{pmatrix} \cos\theta & -\sin\theta \\ \sin\theta & \cos\theta \end{pmatrix}$ は直交行列である．実際，

$$ {}^T\!A\,A = \frac{1}{6} \begin{pmatrix} \sqrt{3} & \sqrt{3} & 0 \\ -1 & 1 & 2 \\ \sqrt{2} & -\sqrt{2} & \sqrt{2} \end{pmatrix} \begin{pmatrix} \sqrt{3} & -1 & \sqrt{2} \\ \sqrt{3} & 1 & -\sqrt{2} \\ 0 & 2 & \sqrt{2} \end{pmatrix} = \begin{pmatrix} 1 & 0 & 0 \\ 0 & 1 & 0 \\ 0 & 0 & 1 \end{pmatrix},$$

$$\begin{aligned} {}^T\!B\,B &= \begin{pmatrix} \cos\theta & \sin\theta \\ -\sin\theta & \cos\theta \end{pmatrix} \begin{pmatrix} \cos\theta & -\sin\theta \\ \sin\theta & \cos\theta \end{pmatrix} \\ &= \begin{pmatrix} \cos^2\theta + \sin^2\theta & 0 \\ 0 & \cos^2\theta + \sin^2\theta \end{pmatrix} = \begin{pmatrix} 1 & 0 \\ 0 & 1 \end{pmatrix}. \quad \square \end{aligned}$$

定理 7.4 n 次行列 $A = (\mathbf{a}_1, \cdots, \mathbf{a}_n)$ が直交行列であるための必要で十分な条件は，A の列ベクトル $\mathbf{a}_1, \mathbf{a}_2, \cdots, \mathbf{a}_n$ が正規直交系をなすことである．

証明 n 次行列の行ベクトルによる表記を用いると，${}^T\!A = \begin{pmatrix} {}^T\mathbf{a}_1 \\ {}^T\mathbf{a}_2 \\ \vdots \\ {}^T\mathbf{a}_n \end{pmatrix}$ と表すことができて，

$$
{}^T\!AA = \begin{pmatrix} {}^T\mathbf{a}_1 \\ {}^T\mathbf{a}_2 \\ \vdots \\ {}^T\mathbf{a}_n \end{pmatrix} \begin{pmatrix} \mathbf{a}_1 & \mathbf{a}_2 & \ldots & \mathbf{a}_n \end{pmatrix} = \begin{pmatrix} {}^T\mathbf{a}_1\mathbf{a}_1 & {}^T\mathbf{a}_1\mathbf{a}_2 & \ldots & {}^T\mathbf{a}_1\mathbf{a}_n \\ {}^T\mathbf{a}_2\mathbf{a}_1 & {}^T\mathbf{a}_2\mathbf{a}_2 & \ldots & {}^T\mathbf{a}_2\mathbf{a}_n \\ \vdots & \vdots & \ddots & \vdots \\ {}^T\mathbf{a}_n\mathbf{a}_1 & {}^T\mathbf{a}_n\mathbf{a}_2 & \ldots & {}^T\mathbf{a}_n\mathbf{a}_n \end{pmatrix}
$$

と計算できる．

A を直交行列とすれば，上式左辺は単位行列 E に等しく，成分を比較して，

$$
{}^T\mathbf{a}_i\mathbf{a}_j = \begin{cases} 1, & i = j \text{ のとき}, \\ 0, & i \neq j \text{ のとき}, \end{cases}
$$

が従う．これは，(7.3) 式より，$\mathbf{a}_1, \mathbf{a}_2, \cdots, \mathbf{a}_n$ が正規直交系をなすことを意味する．

逆に，$\mathbf{a}_1, \mathbf{a}_2, \cdots, \mathbf{a}_n$ を正規直交系とすれば，上式右辺は E に等しく，A は直交行列となる．∎

この節の最後に直交補空間を定義しよう．

【定義 7.6】（直交補空間） $\mathbf{R}^n$ の部分空間 $\mathcal{W}$ に対して，$\mathcal{W}^\perp$ をすべての $\mathbf{y} \in \mathcal{W}$ と直交する $\mathbf{x} \in \mathbf{R}^n$ 全体の作る集合とする．すなわち，

$$
\mathcal{W}^\perp = \{\mathbf{x} \in \mathbf{R}^n \mid \langle \mathbf{x}, \mathbf{y} \rangle = 0, \mathbf{y} \in \mathcal{W}\}.
$$

$\mathcal{W}^\perp$ は，容易にわかるように $\mathbf{R}^n$ の部分空間となる．これを $\mathcal{W}$ の**直交補空間** (orthogonal complement) という．

直交補空間の次元に関して次の定理が成立する．

定理 7.5 $\mathbf{R}^n$ の部分空間 $\mathcal{W}$ に対して，

$$\dim \mathcal{W} + \dim \mathcal{W}^\perp = n$$

が成立する.

証明 $\dim \mathcal{W} = r$ とする. 定理 7.3 より, $\mathcal{W}$ に正規直交基底 $\langle\langle \mathbf{e}_1, \mathbf{e}_2, \cdots, \mathbf{e}_r \rangle\rangle$ が存在する. 容易にわかるように, $\mathbf{e}_1, \mathbf{e}_2, \cdots, \mathbf{e}_r$ を延長して, $\mathbf{R}^n$ の正規直交基底

$$\langle\langle \mathbf{e}_1, \cdots, \mathbf{e}_r, \mathbf{e}_{r+1}, \cdots, \mathbf{e}_n \rangle\rangle$$

が構成できる. 明らかに,

$$\{\mathbf{e}_{r+1}, \cdots, \mathbf{e}_n\}_\mathbf{R} \subset \mathcal{W}^\perp. \tag{7.4}$$

逆の包含関係

$$\mathcal{W}^\perp \subset \{\mathbf{e}_{r+1}, \cdots, \mathbf{e}_n\}_\mathbf{R}. \tag{7.5}$$

を示そう. いま, 任意に $\mathbf{x} \in \mathcal{W}^\perp$ を選ぶ. もちろん $\mathbf{x} \in \mathbf{R}^n$ であるから,

$$\mathbf{x} = x_1 \mathbf{e}_1 + x_2 \mathbf{e}_2 + \cdots + x_n \mathbf{e}_n$$

と一意的に書くことができる. $\mathbf{x} \in \mathcal{W}^\perp$ より

$$\langle \mathbf{x}, \mathbf{e}_i \rangle = 0 \quad (i = 1, 2, \cdots, r).$$

ゆえに, 前節の (a) に示したことから, $x_1 = x_2 = \cdots = x_r = 0$. したがって

$$\mathbf{x} = x_{r+1} \mathbf{e}_{r+1} + \cdots + x_n \mathbf{e}_n \in \{\mathbf{e}_{r+1}, \cdots, \mathbf{e}_n\}_\mathbf{R}.$$

(7.5) 式が成立する.

(7.4), (7.5) 式より

$$\mathcal{W}^\perp = \{\mathbf{e}_{r+1}, \cdots, \mathbf{e}_n\}_\mathbf{R}, \quad \dim \mathcal{W}^\perp = n - r \implies \dim \mathcal{W} + \dim \mathcal{W}^\perp = n. \quad \blacksquare$$

7.3 対称行列の対角化

本節では, 対称行列に対して正規直交基底を選び, その基底に関する行列を対角行列にできること, すなわち, 対称行列が与えられたときその固有ベクトルだけで正規直交基底が構成できることを紹介する.

7.3 対称行列の対角化

【定義 7.7】（対称行列） n 次行列 $A = (a_{ij})$ が $^TA = A$ を満たすとき，**対称行列** (symmetric matrix) であるという．対称行列は $a_{ij} = a_{ji}$ を満たす n 次行列である．

たとえば $\begin{pmatrix} 1 & 0 & -2 \\ 0 & 2 & -1 \\ -2 & -1 & 3 \end{pmatrix}$ は対称行列である．

まず用語を定義する．

【定義 7.8】（不変部分空間） A を n 次行列とする．$\mathbf{R}^n$ の部分空間 $\mathcal{W}$ が $A\mathcal{W} \subset \mathcal{W}$，すなわち，

$$\mathbf{x} \in \mathcal{W} \implies A\mathbf{x} \in \mathcal{W}$$

を満たすとき，**A 不変部分空間** (A-invariant subspace) であるという．

以下，補題を四つ準備しよう．

補題 7.6 A を n 次行列とする．このとき，すべての $\mathbf{x}, \mathbf{y} \in \mathbf{R}^n$ に対して，

$$\langle A\mathbf{x}, \mathbf{y} \rangle = \langle \mathbf{x}, {}^TA\mathbf{y} \rangle$$

が成立する．特に，A が n 次対称行列ならば

$$\langle A\mathbf{x}, \mathbf{y} \rangle = \langle \mathbf{x}, A\mathbf{y} \rangle. \tag{7.6}$$

証明 $A = (a_{ij}), \mathbf{x} = (x_i), \mathbf{y} = (y_i)$ とする．

$$\begin{aligned} &\langle A\mathbf{x}, \mathbf{y} \rangle \\ &= \sum_{i=1}^n \left(\sum_{j=1}^n a_{ij} x_j \right) y_i = \sum_{i=1}^n \sum_{j=1}^n a_{ij} x_j y_i \\ &= \sum_{j=1}^n \sum_{i=1}^n a_{ij} x_j y_i = \sum_{j=1}^n x_j \left(\sum_{i=1}^n a_{ij} y_i \right) \\ &= \langle \mathbf{x}, {}^TA\mathbf{y} \rangle. \quad \blacksquare \end{aligned}$$

注意 7.2 A を直交行列とするとき，上の補題より，
$$\langle A\mathbf{x}, A\mathbf{y} \rangle = \langle \mathbf{x}, {}^T\!AA\mathbf{y} \rangle = \langle \mathbf{x}, E\mathbf{y} \rangle = \langle \mathbf{x}, \mathbf{y} \rangle$$
となる．すなわち，
$$\langle A\mathbf{x}, A\mathbf{y} \rangle = \langle \mathbf{x}, \mathbf{y} \rangle, \qquad \|A\mathbf{x}\| = \|\mathbf{x}\|.$$
これは，直交行列が内積を変えないこと，特にベクトルの大きさを変えないことを意味する．

補題 7.7 A を n 次対称行列とする．このとき，$\mathcal{W} \subset \mathbf{R}^n$ が A 不変部分空間ならば，$\mathcal{W}$ の直交補空間 $\mathcal{W}^\perp$ も A 不変部分空間となる．

証明 A 不変部分空間および直交補空間の定義より，任意の $\mathbf{x} \in \mathcal{W}, \mathbf{y} \in \mathcal{W}^\perp$ に対して，$\langle \mathbf{x}, A\mathbf{y} \rangle = 0$ を示せば十分である．

$\mathcal{W}$ は A 不変であるから $A\mathbf{x} \in \mathcal{W}$．よって (7.6) 式より
$$\langle \mathbf{x}, A\mathbf{y} \rangle = \langle A\mathbf{x}, \mathbf{y} \rangle = 0. \quad \blacksquare$$

補題 7.8 A を n 次対称行列とし，$\mathbf{x}, \mathbf{y}$ をそれぞれ A の固有値 α, β に対する固有ベクトルとする．このとき，もし $\alpha \neq \beta$ ならば $\mathbf{x}, \mathbf{y}$ は直交する．

証明 固有値・固有ベクトルの定義より
$$A\mathbf{x} = \alpha\mathbf{x}, \qquad A\mathbf{y} = \beta\mathbf{y}.$$
この式と (7.6) 式とを用いて
$$\alpha \langle \mathbf{x}, \mathbf{y} \rangle = \langle A\mathbf{x}, \mathbf{y} \rangle = \langle \mathbf{x}, A\mathbf{y} \rangle = \beta \langle \mathbf{x}, \mathbf{y} \rangle.$$
ゆえに，
$$(\alpha - \beta) \langle \mathbf{x}, \mathbf{y} \rangle = 0.$$
$\alpha \neq \beta$ より
$$\langle \mathbf{x}, \mathbf{y} \rangle = 0. \quad \blacksquare$$

次の補題は次節で証明を与えることとする．

7.3 対称行列の対角化

補題 7.9 A を n 次対称行列とする.$\mathcal{W}$ を,$\mathbf{R}^n$ の A 不変部分空間で,$\mathbf{o}$ 以外に元を含むものとする.このとき,$\mathcal{W}$ の中に A の固有ベクトルが必ず存在する.すなわち,$\mathbf{x} \in \mathcal{W}$ $(\mathbf{x} \neq \mathbf{o})$,$\alpha \in \mathbf{R}$ が存在して $A\mathbf{x} = \alpha\mathbf{x}$ とできる.

次が本節の目標の定理である.

定理 7.10 A を n 次対称行列とする.このとき,$\mathbf{R}^n$ に A の固有値 $\alpha_1, \alpha_2, \cdots, \alpha_n$ に対する固有ベクトルからなる正規直交基底 $\langle\langle \mathbf{v}_1, \mathbf{v}_2, \cdots, \mathbf{v}_n \rangle\rangle$ が存在する.A の固有値 $\alpha_1, \alpha_2, \cdots, \alpha_n$ の中には同じ数が繰り返し現れることがある.

証明 ステップを設けて証明する.

Step 1. $\mathbf{R}^n$ はもちろん A 不変であるから,補題 7.9 より,固有値 α_1 と対応する固有ベクトル $\mathbf{x}_1 \in \mathbf{R}^n$ とが存在する.

$$\mathbf{v}_1 = \frac{1}{\|\mathbf{x}_1\|}\mathbf{x}_1, \qquad \mathcal{W}_1 = \{\mathbf{v}_1\}_\mathbf{R}$$

とする.

Step 2. $\mathcal{W}_1$ は A 不変部分空間であるから,補題 7.7 より,$\mathcal{W}_1^\perp$ も A 不変部分空間である.定理 7.5 より $\dim \mathcal{W}_1^\perp = n - 1$ である.

$\dim \mathcal{W}_1^\perp \neq 0$ ならば $\mathcal{W}_1^\perp \neq \{\mathbf{o}\}$ であるから,補題 7.9 より,固有値 α_2 と対応する固有ベクトル $\mathbf{x}_2 \in \mathcal{W}_1^\perp$ とが存在する.

$$\mathbf{v}_2 = \frac{1}{\|\mathbf{x}_2\|}\mathbf{x}_2, \qquad \mathcal{W}_2 = \{\mathbf{v}_1, \mathbf{v}_2\}_\mathbf{R}$$

とする.$\mathbf{v}_1, \mathbf{v}_2$ は正規直交系である.

Step 3. $\mathcal{W}_2$ は A 不変部分空間であるから,補題 7.7 より,$\mathcal{W}_2^\perp$ も A 不変部分空間である.

$\dim \mathcal{W}_2^\perp = n - 2 \neq 0$ ならば $\mathcal{W}_2^\perp \neq \{\mathbf{o}\}$ であるから,補題 7.9 より,固有値 α_3 と対応する固有ベクトル $\mathbf{x}_3 \in \mathcal{W}_2^\perp$ とが存在する.

$$\mathbf{v}_3 = \frac{1}{\|\mathbf{x}_3\|}\mathbf{x}_3, \qquad \mathcal{W}_3 = \{\mathbf{v}_1, \mathbf{v}_2, \mathbf{v}_3\}_\mathbf{R}$$

とする．$\mathbf{v}_1, \mathbf{v}_2, \mathbf{v}_3$ は正規直交系である．

このステップを n 回踏んで，A の固有値 $\alpha_1, \alpha_2, \cdots, \alpha_n$ に対応する固有ベクトルからなる正規直交基底 $\langle\langle \mathbf{v}_1, \mathbf{v}_2, \cdots, \mathbf{v}_n \rangle\rangle$ を得る． ■

$\langle\langle \mathbf{v}_1, \mathbf{v}_2, \cdots, \mathbf{v}_n \rangle\rangle$ は正規直交基底であるから，定理 7.4 より，基底の変換行列 $P = (\mathbf{v}_1, \cdots, \mathbf{v}_n)$ は直交行列となる．このことと命題 6.7 (p.137) から，次の定理が成立する．

定理 7.11 対称行列は直交行列によって対角化される．

◆ **例題 7.2** 対称行列 $\begin{pmatrix} 1 & 0 & 2 \\ 0 & 1 & 2 \\ 2 & 2 & -1 \end{pmatrix}$ を正規直交基底により対角化しよう．

（解） 特性方程式は

$$\begin{vmatrix} 1-t & 0 & 2 \\ 0 & 1-t & 2 \\ 2 & 2 & -1-t \end{vmatrix} = (1-t)(t^2-5) - 4(1-t) = (1-t)(t^2-9) = 0.$$

ゆえに固有値は $1, \pm 3$．

固有値 1 に対する固有ベクトルで長さ 1 のものを選び $\begin{pmatrix} \frac{1}{\sqrt{2}} \\ -\frac{1}{\sqrt{2}} \\ 0 \end{pmatrix}$．

固有値 3 に対する固有ベクトルで長さ 1 のものを選び $\begin{pmatrix} \frac{1}{\sqrt{3}} \\ \frac{1}{\sqrt{3}} \\ \frac{1}{\sqrt{3}} \end{pmatrix}$．

固有値 -3 に対する固有ベクトルで長さ 1 のものを選び $\begin{pmatrix} \frac{1}{\sqrt{5}} \\ \frac{1}{\sqrt{5}} \\ -\frac{2}{\sqrt{5}} \end{pmatrix}$．

これらのベクトルは，補題 7.3 より，正規直交基底をなし

$$\begin{pmatrix} 1 & 0 & 2 \\ 0 & 1 & 2 \\ 2 & 2 & -1 \end{pmatrix} = \begin{pmatrix} \frac{1}{\sqrt{2}} & \frac{1}{\sqrt{3}} & \frac{1}{\sqrt{5}} \\ -\frac{1}{\sqrt{2}} & \frac{1}{\sqrt{3}} & \frac{1}{\sqrt{5}} \\ 0 & \frac{1}{\sqrt{3}} & -\frac{2}{\sqrt{5}} \end{pmatrix} \begin{pmatrix} 1 & 0 & 0 \\ 0 & 3 & 0 \\ 0 & 0 & -3 \end{pmatrix} \begin{pmatrix} \frac{1}{\sqrt{2}} & -\frac{1}{\sqrt{2}} & 0 \\ \frac{1}{\sqrt{3}} & \frac{1}{\sqrt{3}} & \frac{1}{\sqrt{3}} \\ \frac{1}{\sqrt{5}} & \frac{1}{\sqrt{5}} & -\frac{2}{\sqrt{5}} \end{pmatrix}$$

と対角化できる． □

7.4　補題 7.9 の証明

この本では，現れる数をすべて実数としてきた．実は，本章の内容を除いて，実数を複素数に変えることは容易である．（本章の内容に対応する部分については，他の本を参考にしていただきたい．）実数の範囲で話が完結すれば大団円になったのであるが，最後に複素数を少しだけ登場させる．

$i = \sqrt{-1}$ として，複素数の集合は

$$\mathbf{C} = \{a + bi \,|\, a, b \in \mathbf{R}\}$$

と表される．また，$z = a + bi \in \mathbf{C}$ に対して，その共役複素数は $\bar{z} = a - bi$ で定義される．以下は容易にわかる．

$$z\bar{z} = (a+bi)(a-bi) = a^2 - b^2 i^2 = a^2 - b^2(-1) = a^2 + b^2 \geq 0,$$

$$z = \bar{z} \iff z \in \mathbf{R}, \tag{7.7}$$

$$\overline{zz'} = \bar{z}\,\bar{z'} \quad (z, z' \in \mathbf{C}). \tag{7.8}$$

次は「代数学の基本定理」と呼ばれる重要な定理である（一般には係数を複素数として成立する）．証明は割愛して認めて用いることにしたい．

定理 7.12　n 次方程式

$$t^n + a_{n-1}t^{n-1} + \cdots + a_1 t + a_0 = 0 \quad (a_{n-1}, \cdots, a_0 \in \mathbf{R})$$

は，t を複素数にまで広げて考えると必ず解をもつ．

命題 7.13　A を n 次対称行列とする．このとき，A の特性方程式 $|A - tE| = 0$ は実数の解のみをもつ．

証明 $|A - tE| = 0$ の解を α とする．（上の定理より複素数まで考慮すれば必ず解がある．）行列 $A - \alpha E$ の行列式は 0 に等しいから，零ベクトル $\mathbf{o}$ ではないベクトル $\mathbf{x} = (x_i)$ を選んで

$$(A - \alpha E)\mathbf{x} = \mathbf{o}, \quad A\mathbf{x} = \alpha \mathbf{x} \tag{7.9}$$

とできる．ここで，α が複素数の場合，$\mathbf{x}$ の成分 x_i $(i = 1, 2, \cdots, n)$ は複素数となることに注意しておく．

A の成分は実数であることに注意して，(7.7), (7.8) 式を使うと (7.9) の右側の式より

$$A\overline{\mathbf{x}} = \overline{\alpha}\overline{\mathbf{x}}, \quad \overline{\mathbf{x}} = \begin{pmatrix} \overline{x_1} \\ \vdots \\ \overline{x_n} \end{pmatrix}$$

を得る．ゆえに，(7.6) 式より

$$\alpha\langle\mathbf{x}, \overline{\mathbf{x}}\rangle = \langle\alpha\mathbf{x}, \overline{\mathbf{x}}\rangle = \langle A\mathbf{x}, \overline{\mathbf{x}}\rangle = \langle\mathbf{x}, A\overline{\mathbf{x}}\rangle = \langle\mathbf{x}, \overline{\alpha}\overline{\mathbf{x}}\rangle = \overline{\alpha}\langle\mathbf{x}, \overline{\mathbf{x}}\rangle.$$

$\langle\mathbf{x}, \overline{\mathbf{x}}\rangle > 0$ より $\alpha = \overline{\alpha}$．ゆえに，$\alpha$ は実数． ∎

補題 7.9 の証明 $\mathcal{B} = \langle\langle \mathbf{a}_1, \mathbf{a}_2, \cdots, \mathbf{a}_r \rangle\rangle$ を $\mathcal{W}$ の一つの基底として，この基底 $\mathcal{B}$ に関する座標を定める写像を $\phi_{\mathcal{B}}^{-1}$ とする[†2]．$\phi_{\mathcal{B}}^{-1}$ は $\mathcal{W}$ から $\mathbf{R}^r$ への全単射線形写像となる．

$\mathcal{W}$ から $\mathcal{W}$ への線形写像 $T: \mathcal{W} \to \mathcal{W}$ を

$$T(\mathbf{x}) = A\mathbf{x} \quad (\mathbf{x} \in \mathcal{W})$$

によって定義して，$\mathbf{R}^r$ から $\mathbf{R}^r$ への線形写像

$$S = \phi_{\mathcal{B}}^{-1} \circ T \circ \phi_{\mathcal{B}}$$

を定義する．命題 6.1 (p.123) より，このとき，ある r 次行列 B が一意的に存在して

$$S(\mathbf{x}) = B\mathbf{x} \quad (\mathbf{x} \in \mathbf{R}^r)$$

[†2] 座標を定める写像については，第 6 章 6.4 節 (p.137) を見ていただきたい．

とできる．この r 次行列 B については，その固有値と対応する固有ベクトルとを計算できる．（それらは複素数になることもありうる．）すなわち，
$$B\mathbf{x} = \alpha\mathbf{x}.$$
これを写像の言葉に置き換えて
$$S(\mathbf{x}) = B\mathbf{x} = \alpha\mathbf{x} \implies \phi_{\mathcal{B}}^{-1} \circ T \circ \phi_{\mathcal{B}}(\mathbf{x}) = \alpha\mathbf{x}.$$
右辺の式の両辺に $\phi_{\mathcal{B}}$ を施し，その線形性を使うと
$$T \circ \phi_{\mathcal{B}}(\mathbf{x}) = \alpha\,\phi_{\mathcal{B}}(\mathbf{x}) \implies T(\phi_{\mathcal{B}}(\mathbf{x})) = \alpha\,(\phi_{\mathcal{B}}(\mathbf{x})) \implies A(\phi_{\mathcal{B}}(\mathbf{x})) = \alpha\,(\phi_{\mathcal{B}}(\mathbf{x})).$$
すなわち，$\phi_{\mathcal{B}}(\mathbf{x}) \in \mathcal{W}$ は，A の固有値 α に対応する固有ベクトルとなる．

命題 7.13 より α は実数．ゆえに，$\mathbf{x}$ の成分は実数にとれて，$\phi_{\mathcal{B}}(\mathbf{x})$ の成分も実数にとれる．これで補題が証明できた．∎

補題 7.9 の別証 ここでは，行列式を用いない解析的な方法による補題の別証を紹介する．

$\mathbf{R}^n$ の単位球面を
$$S^{n-1} = \{\mathbf{x} \in \mathbf{R}^n \,|\, \|\mathbf{x}\| = 1\}$$
により定義する．この定義から $\mathbf{x} = (x_i) \in S^{n-1}$ ならば $x_1^2 + x_2^2 + \cdots + x_n^2 = 1$ となる．

$\mathbf{x} = (x_i) \in S^{n-1}$ に対して，数
$$\langle A\mathbf{x}, \mathbf{x} \rangle$$
を考察しよう．まず最初に，$\mathbf{x}$ が単位球面上を動くとき，この数は限りなく大きくはならないことを見る．

$A = (a_{ij})$ とおいて，ベクトル $\mathbf{y} = A\mathbf{x}$ の第 i 成分を y_i とすれば
$$y_i = \sum_{j=1}^{n} a_{ij} x_j$$
である．この式の右辺にシュワルツの不等式（命題 7.1）を適用して
$$|y_i| = \left| \sum_{j=1}^{n} a_{ij} x_j \right| \leq \sqrt{\sum_{j=1}^{n} a_{ij}^2} \sqrt{\sum_{j=1}^{n} x_j^2} = \sqrt{\sum_{j=1}^{n} a_{ij}^2}.$$

したがって，
$$\|A\mathbf{x}\|^2 = \|\mathbf{y}\|^2 = \sum_{i=1}^n y_i^2 \leq \sum_{i,j=1}^n {a_{ij}}^2.$$

すなわち，
$$\|A\mathbf{x}\| \leq \sqrt{\sum_{i,j=1}^n {a_{ij}}^2}.$$

再びシュワルツの不等式を用いて
$$\langle A\mathbf{x}, \mathbf{x}\rangle \leq \|A\mathbf{x}\|\,\|\mathbf{x}\| \leq \sqrt{\sum_{i,j=1}^n {a_{ij}}^2}.$$

この右辺は A により確定するから，この左辺は $\mathbf{x}$ が単位球面上にあるときには限りなく大きくはならない．

$\mathbf{R}^n$ の部分集合 $S^{n-1} \cap \mathcal{W}$ を考えよう．これは集合の記法で
$$\{\mathbf{x} \in \mathcal{W} \,|\, \|\mathbf{x}\| = 1\}$$
と表される．$\mathbf{x}$ が $\mathbf{x} \in S^{n-1} \cap \mathcal{W}$ を満たして動くとき，数 $\langle A\mathbf{x}, \mathbf{x}\rangle$ の最大値に注目する．上限が存在することは，上の議論より明らかであろう．問題はその上限を与えるベクトルが $S^{n-1} \cap \mathcal{W}$ の中に実際に存在するかである．これを保障するためには，「連続性」および「コンパクト性」という解析学で基本的な概念が必要となる．ここでは，それらに立ち入らず，概略として議論を進めることにしたい．次の主張を認めて用いることとしよう．

主張 7.14 $\mathbf{x}$ が $\mathbf{x} \in S^{n-1} \cap \mathcal{W}$ を満たして動くとき，数 $\langle A\mathbf{x}, \mathbf{x}\rangle$ に最大値 α が存在して，あるベクトル $\mathbf{x}_0 \in S^{n-1} \cap \mathcal{W}$ によって
$$\langle A\mathbf{x}_0, \mathbf{x}_0\rangle = \alpha$$
とできる．

この α が対称行列 A の固有値となり，$\mathcal{W}$ の元 $\mathbf{x}_0$ が α に対する A の一つの固有ベクトルとなることを次に証明しよう．

7.4 補題 7.9 の証明

$\mathbf{u} \in \mathcal{W}$ ($\mathbf{u} \neq \mathbf{o}$) を任意に一つ固定する．$t$ を実数としてベクトル

$$\mathbf{v}(t) = \frac{\mathbf{x}_0 + t\mathbf{u}}{\|\mathbf{x}_0 + t\mathbf{u}\|}$$

を考えよう．$\mathbf{v}(t)$ は，$\mathcal{W}$ の元であり，$\|\mathbf{v}(t)\| = 1$ を満たして単位球面上のベクトルとなる．したがって，

$$f(t) = \langle A\mathbf{v}(t), \mathbf{v}(t) \rangle$$

とおけば，$\mathbf{v}(0) = \mathbf{x}_0$ に注意して，$f(t)$ は $t = 0$ のとき最大値 α をとることが要請される．

$f(t)$ を解析しよう．まず

$$f(t) = \langle A\mathbf{v}(t), \mathbf{v}(t) \rangle = \frac{\langle A(\mathbf{x}_0 + t\mathbf{u}), (\mathbf{x}_0 + t\mathbf{u}) \rangle}{\|\mathbf{x}_0 + t\mathbf{u}\|^2}$$

と変形する．内積の定義および A が対称行列であることを用いて，次の計算を実行する．

$$\begin{aligned}
&\langle A(\mathbf{x}_0 + t\mathbf{u}), (\mathbf{x}_0 + t\mathbf{u}) \rangle \\
&= \langle A\mathbf{x}_0, \mathbf{x}_0 \rangle + t\langle A\mathbf{x}_0, \mathbf{u} \rangle + t\langle A\mathbf{u}, \mathbf{x}_0 \rangle + t^2 \langle A\mathbf{u}, \mathbf{u} \rangle \\
&= \langle A\mathbf{x}_0, \mathbf{x}_0 \rangle + 2t\langle A\mathbf{x}_0, \mathbf{u} \rangle + t^2 \langle A\mathbf{u}, \mathbf{u} \rangle = \alpha + 2t\langle A\mathbf{x}_0, \mathbf{u} \rangle + t^2 \langle A\mathbf{u}, \mathbf{u} \rangle.
\end{aligned}$$

$$\begin{aligned}
\|\mathbf{x}_0 + t\mathbf{u}\|^2 &= \langle \mathbf{x}_0 + t\mathbf{u}, \mathbf{x}_0 + t\mathbf{u} \rangle \\
&= \langle \mathbf{x}_0, \mathbf{x}_0 \rangle + t\langle \mathbf{x}_0, \mathbf{u} \rangle + t\langle \mathbf{u}, \mathbf{x}_0 \rangle + t^2 \langle \mathbf{u}, \mathbf{u} \rangle \\
&= \langle \mathbf{x}_0, \mathbf{x}_0 \rangle + 2t\langle \mathbf{x}_0, \mathbf{u} \rangle + t^2 \langle \mathbf{u}, \mathbf{u} \rangle = 1 + 2t\langle \mathbf{x}_0, \mathbf{u} \rangle + t^2 \langle \mathbf{u}, \mathbf{u} \rangle.
\end{aligned}$$

ゆえに

$$\begin{aligned}
f(t) &= \frac{\alpha + 2t\langle A\mathbf{x}_0, \mathbf{u} \rangle + t^2 \langle A\mathbf{u}, \mathbf{u} \rangle}{1 + 2t\langle \mathbf{x}_0, \mathbf{u} \rangle + t^2 \langle \mathbf{u}, \mathbf{u} \rangle} \\
&= \alpha + \frac{2t\left(\langle A\mathbf{x}_0, \mathbf{u} \rangle - \alpha\langle \mathbf{x}_0, \mathbf{u} \rangle\right) + t^2 \left(\langle A\mathbf{u}, \mathbf{u} \rangle - \alpha\langle \mathbf{u}, \mathbf{u} \rangle\right)}{1 + 2t\langle \mathbf{x}_0, \mathbf{u} \rangle + t^2 \langle \mathbf{u}, \mathbf{u} \rangle}.
\end{aligned}$$

いま

$$p = \langle A\mathbf{x}_0, \mathbf{u} \rangle - \alpha\langle \mathbf{x}_0, \mathbf{u} \rangle, \qquad q = \langle A\mathbf{u}, \mathbf{u} \rangle - \alpha\langle \mathbf{u}, \mathbf{u} \rangle$$

とおけば
$$f(t) = \alpha + \frac{t(2p+qt)}{\|\mathbf{x}_0 + t\mathbf{u}\|^2}.$$

この式右辺の分数で，分子の2次関数は原点 $(0,0)$ を通り，分母は $|t|$ が小さいときにはいつでも0より真に大きい．もし，$p=0, q \leq 0$ でなければ，必ず分子の2次関数で $(2p+qt)t > 0$ を満たす t が存在して，α が $f(t)$ の最大値であることに矛盾する．ゆえに $p=0, q \leq 0$ となる．すなわち，任意の $\mathbf{u} \in \mathcal{W}$ に対して，

$$\langle A\mathbf{x}_0, \mathbf{u} \rangle = \alpha \langle \mathbf{x}_0, \mathbf{u} \rangle$$

が成立する ($\mathbf{u} = \mathbf{o}$ の場合は直接計算による)．これを

$$\langle (A\mathbf{x}_0 - \alpha\mathbf{x}_0), \mathbf{u} \rangle = 0$$

と書き換え，$A\mathbf{x}_0 - \alpha\mathbf{x}_0 \in \mathcal{W}$ に注意して，$\mathbf{u} = A\mathbf{x}_0 - \alpha\mathbf{x}_0$ とおけば

$$\|A\mathbf{x}_0 - \alpha\mathbf{x}_0\|^2 = \langle A\mathbf{x}_0 - \alpha\mathbf{x}_0, A\mathbf{x}_0 - \alpha\mathbf{x}_0 \rangle = 0 \iff A\mathbf{x}_0 = \alpha\mathbf{x}_0.$$

かくして，$\mathbf{x}_0 \in \mathcal{W}$ は，実数の固有値 α に対する対称行列 A の固有ベクトルとなり，補題が証明された．∎

章末問題

7.1
(1)
$$A = (a_{ij}) \quad (i=1,2,\cdots,l; j=1,2,\cdots,m)$$
を (l, m) 型行列とし，
$$B = (b_{jk}) \quad (j=1,2,\cdots,m; k=1,2,\cdots,n)$$
を (m, n) 型行列とするとき，
$${}^T\!B\,{}^T\!A = {}^T\!(AB)$$
となることを証明せよ．

(2) (1) を用いて補題 7.6 に別証を与えよ．

7.2 n 次行列 A が可逆ならば ${}^T\!A$ も可逆であり，$({}^T\!A)^{-1} = {}^T\!(A^{-1})$ であることを示せ．

7.3 可逆な対称行列の逆行列は対称行列となることを証明せよ．

7.4 $\mathbf{b}_1, \mathbf{b}_2, \cdots, \mathbf{b}_{n-1} \in \mathbf{R}^n$ に対して, $(n, n-1)$ 型行列を $B = (\mathbf{b}_1, \mathbf{b}_2, \cdots, \mathbf{b}_{n-1})$ とし, B の第 i 行を取り去ってできる $(n-1)$ 次行列を B^i と表すことにする.

$$\mathbf{b} = \begin{pmatrix} (-1)^{1+1}|B^1| \\ (-1)^{1+2}|B^2| \\ (-1)^{1+3}|B^3| \\ \vdots \\ (-1)^{1+n}|B^n| \end{pmatrix}$$ として 次を示せ.

$$\langle \mathbf{b}_i, \mathbf{b} \rangle = 0 \quad (i = 1, 2, \cdots, n-1).$$

(行列式の列に関する展開定理を用いよ.)

第8章

ジョルダンの標準形

　第 1 章で，2 次行列に関するケイリー–ハミルトンの定理を用いて，対角化できない 2 次行列 A を

$$P^{-1}AP = \begin{pmatrix} \alpha & 1 \\ 0 & \alpha \end{pmatrix}$$

の形に変形できることを紹介した．本章では，その拡張として，n 次行列に関するケイリー–ハミルトンの定理（定理 5.12 (p.112)）を用い，特性多項式が 1 次式の積の形に因数分解される n 次行列をジョルダン (Jordan) の標準形に変形できることを紹介する．これは基底の選択による**対角化**への議論に最終的な一つの結論を与えるものである．複素数の場合には代数学の基本定理（定理 7.12 (p.157)）によりすべての n 次行列の特性多項式は 1 次式の積の形に因数分解される．ここでは実数の場合で考えることとして，特性多項式が 1 次式の積の形に因数分解されることを仮定とする．

　本章では，まず多項式に関する一つの定理を確認し，次いで最小多項式を定義して「分解定理」と呼ばれる美しい定理を示し，最後にそれを用いてジョルダンの標準形への変換を紹介する．

8.1　多項式に関する一つの注意

　実数（または複素数）を係数とする変数 t の多項式全体の集合を $\mathcal{P}[t]$ と表す．0 ではない多項式の 0 ではない係数をもつ t の最高次の次数を**多項式の次数**という．$\mathcal{P}[t]$ には 0 次の多項式すなわち実数（または複素数）も含めるものと約束す

る．$\mathcal{P}[t]$ の元で，その最高次の係数が 1 であるものを**モニック多項式**という．たとえば
$$t^n + a_{n-1}t^{n-1} + \cdots + a_1 t + a_0$$
は次数 n のモニック多項式である．

$p(t), q(t)$ を二つの多項式とする．もし $p(t) = r(t)\,q(t)$ を満たす多項式 $r(t)$ が存在するならば，$p(t)$ は $q(t)$ で**割り切れる**または $q(t)$ は $p(t)$ を**割り切る**という．

$p_1(t), p_2(t), \cdots, p_n(t)$ を与えられた n 個の多項式とする．これらをすべて割り切る多項式を，$p_1(t), p_2(t), \cdots, p_n(t)$ の**公約多項式**であるという．$p_1(t), p_2(t), \cdots, p_n(t)$ の公約多項式のうちで，最大次数のモニック多項式を**最大公約多項式**であるという．

定理 8.1 $p_1(t), p_2(t), \cdots, p_n(t)$ をすべては 0 でない与えられた n 個の多項式とする．$x_1(t), x_2(t), \cdots, x_n(t)$ を任意の多項式として
$$x_1(t)p_1(t) + x_2(t)p_2(t) + \cdots + x_n(t)p_n(t)$$
の形に表される多項式全体の集合を $\mathcal{J}$ とし，$\mathcal{J}$ に含まれる次数最小のモニック多項式を $d(t)$ とする．このとき，$d(t)$ は一意的に確定して，$p_1(t), p_2(t), \cdots, p_n(t)$ の最大公約多項式となる．

証明 まず一意性を確認しよう．$d(t), d'(t)$ をそれぞれ $\mathcal{J}$ に含まれる次数最小のモニック多項式とする．$d(t), d'(t)$ は $\mathcal{J}$ の元であるから，$u_1(t), u_2(t), \cdots, u_n(t)$ および $u'_1(t), u'_2(t), \cdots, u'_n(t)$ を多項式として，
$$d(t) = u_1(t)p_1(t) + u_2(t)p_2(t) + \cdots + u_n(t)p_n(t) \tag{8.1}$$
および
$$d'(t) = u'_1(t)p_1(t) + u'_2(t)p_2(t) + \cdots + u'_n(t)p_n(t)$$
と表される．ここで，$d(t), d'(t)$ の次数は最小であるから等しくその最高次の係数は共に 1 であることに注意する．

$$d(t) - d'(t) = (u_1(t) - u'_1(t))p_1(t) + (u_2(t) - u'_2(t))p_2(t) + \cdots + (u_n(t) - u'_n(t))p_n(t)$$

と表して，$d(t) - d'(t)$ が 0 と等しくないと仮定すれば，上式の両辺をその最高次の係数 c で割って
$$\frac{1}{c}(d(t) - d'(t)) \in \mathcal{J}.$$
これは $d(t), d'(t)$ の次数が最小であることに反する．ゆえに $d(t) = d'(t)$．一意性が証明された．

次に $d(t)$ は任意の $\mathcal{J}$ の元を割り切ることを示そう．
$$z(t) = x_1(t)p_1(t) + x_2(t)p_2(t) + \cdots + x_n(t)p_n(t) \in \mathcal{J}$$
とする．$z(t)$ を $d(t)$ で割ると「剰余の定理」より多項式 $q(t), r(t)$ が存在して
$$z(t) = q(t)\,d(t) + r(t)$$
とできる．ここで，剰余項 $r(t)$ の次数は $d(t)$ の次数よりも真に小さいことに注意する．(8.1) 式を用い
$$\begin{aligned}r(t) =\ & (x_1(t) - q(t)u_1(t))p_1(t) + (x_2(t) - q(t)u_2(t))p_2(t) + \cdots \\ & + (x_n(t) - q(t)u_n(t))p_n(t)\end{aligned}$$
と書き換えて，$r(t)$ が 0 と等しくないと仮定すれば，上式の両辺をその最高次の係数 c で割って
$$\frac{1}{c}r(t) \in \mathcal{J}.$$
これは $d(t)$ の次数が最小であることに反する．ゆえに $r(t) = 0$．すなわち，$d(t)$ は任意の $z(t) \in \mathcal{J}$ を割り切る．明らかに $p_1(t), p_2(t), \cdots, p_n(t) \in \mathcal{J}$ であるから，$d(t)$ は $p_1(t), p_2(t), \cdots, p_n(t)$ をすべて割り切る．一方，$e(t)$ を $p_1(t), p_2(t), \cdots, p_n(t)$ の任意の公約多項式とすれば，(8.1) 式より $e(t)$ は $d(t)$ を割り切り，$e(t)$ の次数は $d(t)$ の次数より大きくない．したがって，$d(t)$ は最大公約多項式となる．∎

8.2 最小多項式と分解定理

次は第 5 章 5.8 節で述べたことであるが，読者の便のためにここに同じことを繰り返す．

8.2 最小多項式と分解定理

ν を 0 以上の整数とする．n 次行列 A の ν 乗を帰納的に $A^0 = E$, $A^1 = A$, $A^{\nu+1} = AA^\nu$ で定義する．このとき，μ, ν を共に 0 以上の整数として

$$A^\mu A^\nu = A^\nu A^\mu = A^{\mu+\nu} \tag{8.2}$$

が成立する．

A を n 次行列，E を n 次単位行列，t を変数として，行列式 $|tE - A|$ を考えよう．これは，行列式の定義より t の n 次多項式となり，特に t^n の係数は 1 である．ゆえに $|tE - A|$ は n 次のモニック多項式となる．モニック多項式 $|tE - A|$ を n 次行列 A の**特性多項式** (characteristic polynomial) といい，$F_A(t)$ と表す．

変数 t の多項式

$$p(t) = a_\nu t^\nu + a_{\nu-1} t^{\nu-1} + \cdots + a_1 t + a_0$$

に対して，t に形式的に n 次行列 A を代入して得られる n 次行列を

$$p(A) = a_\nu A^\nu + a_{\nu-1} A^{\nu-1} + \cdots + a_1 A + a_0 E$$

と表す．

ケイリー–ハミルトンの定理（定理 5.12 (p.112)）は，すべての n 次行列 A の特性多項式 $F_A(t)$ が $F_A(A) = O$ を満たすというものである．定理の形で再記しておく．

定理 8.2（ケイリー–ハミルトンの定理） すべての n 次行列 A に対して，

$$F_A(A) = O$$

が成立する．

最小多項式 A を n 次行列とする．上の定理は，A に対してその変数に A を形式的に代入して計算すると零行列となる不思議な n 次モニック多項式の存在を保証するものである．

t を変数とする多項式全体の集合 $\mathcal{P}[t]$ の部分集合 $\mathcal{J}(A)$ を

$$\mathcal{J}(A) = \{p(t) \in \mathcal{P}[t] \mid p(A) = O\}$$

で定義する．$F_A(t) \in \mathcal{J}(A)$ であるから，$\mathcal{J}(A)$ は空集合ではない．また，それは次の性質をもつことが容易にわかる．

(1) $\quad p(t), q(t) \in \mathcal{J}(A)$ ならば $p(t) + q(t) \in \mathcal{J}(A)$,
(2) $\quad p(t) \in \mathcal{J}(A), q(t) \in \mathcal{P}[t]$ ならば $p(t)\,q(t) = q(t)\,p(t) \in \mathcal{J}(A)$. [†1]

> **命題 8.3** $\mathcal{J}(A)$ の中で次数最小のモニック多項式の一つを $p_0(t)$ とする．このとき，$p_0(t)$ は一意的に確定して，$\mathcal{J}(A)$ の任意の元は $p_0(t)$ で割り切れる．

証明 この命題は定理 8.1 と同様にして証明される．

まず一意性を確認しよう．$p_0(t), p_1(t)$ をそれぞれ $\mathcal{J}(A)$ に含まれる次数最小のモニック多項式とする．$p_0(t), p_1(t)$ の次数は最小であるから等しくその最高次の係数は共に 1 である．もし $p_0(t) - p_1(t)$ が 0 と等しくないと仮定すれば，

$$p_0(A) - p_1(A) = O - O = O$$

であるから最高次の係数 c で割って

$$\frac{1}{c}\left(p_0(t) - p_1(t)\right) \in \mathcal{J}(A).$$

これは次数が最小であることに反する．ゆえに $p_0(t) = p_1(t)$．一意性が証明された．

$p(t)$ を任意の $\mathcal{J}(A)$ の元としよう．$p(t)$ を $p_0(t)$ で割ると「剰余の定理」より多項式 $q(t), r(t)$ が存在して

$$p(t) = q(t)\,p_0(t) + r(t)$$

とできる．ここで，剰余項 $r(t)$ の次数は $p_0(t)$ の次数よりも真に小さいことに注意する．

$$r(t) = p(t) - q(t)\,p_0(t)$$

[†1] (8.2) 式に注意すると任意の $x(t), y(t) \in \mathcal{P}[t]$ に対して，
$$x(A)\,y(A) = y(A)\,x(A)$$
が成立する．

と書き換えて，$r(t)$ が 0 と等しくないと仮定すれば

$$r(A) = p(A) - q(A)\,p_0(A) = O - O = O$$

であるから最高次の係数 c で割って

$$\frac{1}{c}r(t) \in \mathcal{J}(A).$$

これは $p_0(t)$ の次数が最小であることに反する．ゆえに $r(t) = 0$. すなわち，任意の $p(t) \in \mathcal{J}(A)$ は $p_0(t)$ で割り切れる．■

【定義 8.1】（最小多項式） 上の $p_0(t)$ を n 次行列 A の**最小多項式** (minimal polynomial) といい，$\Phi_A(t)$ と表す．

特性多項式 $F_A(t)$ と最小多項式 $\Phi_A(t)$ との関係は，次の命題で与えられる．

命題 8.4 $\Phi_A(t)$ は $F_A(t)$ を割り切り，特性方程式 $F_A(t) = 0$ の解は方程式 $\Phi_A(t) = 0$ の解である．

証明 $F_A(t) \in \mathcal{J}(A)$ より前半は明らか．後半を示そう．

特性方程式 $F_A(t) = 0$ の一つの解を α とすれば，命題 6.5 (p.133) より α は A の固有値となる．ゆえに，零ベクトル $\mathbf{o}$ ではない $\mathbf{x} \in \mathbf{R}^n$ が存在して，

$$A\mathbf{x} = \alpha\mathbf{x}$$

とできる．これを用い線形性を考慮して $\Phi_A(A)\mathbf{x}$ を計算すれば

$$\Phi_A(A)\mathbf{x} = \Phi_A(\alpha)\mathbf{x}.$$

$\Phi_A(A) = O$ であるから

$$\Phi_A(\alpha)\mathbf{x} = \mathbf{o}.$$

$\mathbf{x} \neq \mathbf{o}$ より $\Phi_A(\alpha) = 0$. α は方程式 $\Phi_A(t) = 0$ の解となる．■

◆**例題 8.1** 3 次行列 $A = \begin{pmatrix} 0 & 1 & 0 \\ 0 & 0 & 0 \\ 0 & 0 & 0 \end{pmatrix}$ の特性多項式と最小多項式とを求めよう．

例題 5.7 (p.113) と同様に計算して $F_A(t) = t^3$. したがって，最小多項式は t, t^2, t^3 のいずれかとなる．$A^2 = O$ と計算できて $\Phi_A(t) = t^2$． □

分解定理　A を n 次行列とする．以後，この章を通じて，A の特性多項式 $F_A(t)$ は，$\nu_1, \nu_2, \cdots, \nu_k$ を自然数，$\alpha_1, \alpha_2, \cdots, \alpha_k$ を相異なる実数として

$$F_A(t) = (t-\alpha_1)^{\nu_1}(t-\alpha_2)^{\nu_2}\cdots(t-\alpha_k)^{\nu_k}, \quad \nu_1 + \nu_2 + \cdots + \nu_k = n \quad (8.3)$$

と 1 次式の積の形に因数分解できると仮定する．このとき A の最小多項式 $\Phi_A(t)$ は，$\mu_1 \leq \nu_1, \mu_2 \leq \nu_2, \cdots, \mu_k \leq \nu_k$ を自然数として

$$\Phi_A(t) = (t-\alpha_1)^{\mu_1}(t-\alpha_2)^{\mu_2}\cdots(t-\alpha_k)^{\mu_k} \quad (8.4)$$

の形をもつ．このとき，

$$\Phi_A(A) = (A-\alpha_1 E)^{\mu_1}(A-\alpha_2 E)^{\mu_2}\cdots(A-\alpha_k E)^{\mu_k} = O \quad (8.5)$$

が成立する．この式を用いて分解定理を示そう．

第 4 章の 4.5 節で見たように，一般に n 次行列 A の核を $N(A)$ と表す．集合の記法では

$$N(A) = \{\mathbf{x} \in \mathbf{R}^n \,|\, A\mathbf{x} = \mathbf{o}\}$$

と表される．明らかに $\Phi_A(A) = O$ の核

$$N(\Phi_A(A)) = \{\mathbf{x} \in \mathbf{R}^n \,|\, \Phi_A(A)\mathbf{x} = \mathbf{o}\}$$

は $\mathbf{R}^n$ に等しい．

定理 8.5（分解定理）　$\mathbf{R}^n$ は部分空間 $N((A-\alpha_1 E)^{\mu_1}), N((A-\alpha_2 E)^{\mu_2}),$ $\cdots, N((A-\alpha_k E)^{\mu_k})$ の直和である．すなわち，任意の $\mathbf{x} \in \mathbf{R}^n$ は，$\mathbf{x}_1 \in N((A-\alpha_1 E)^{\mu_1}), \mathbf{x}_2 \in N((A-\alpha_2 E)^{\mu_2}), \cdots, \mathbf{x}_k \in N((A-\alpha_k E)^{\mu_k})$ として，

$$\mathbf{x} = \mathbf{x}_1 + \mathbf{x}_2 + \cdots + \mathbf{x}_k$$

の形に一意的に表される．

証明 $\mathcal{W}_i = N\left((A - \alpha_i E)^{\mu_i}\right) \quad (i = 1, 2, \cdots, k)$

とおく．定理 4.13 (p.86) より，直和であることを示すには

(i) $\mathbf{R}^n = \mathcal{W}_1 + \mathcal{W}_2 + \cdots + \mathcal{W}_k$,

(ii) $\mathcal{W}_i \cap (\mathcal{W}_1 + \cdots + \mathcal{W}_{i-1} + \mathcal{W}_{i+1} + \cdots + \mathcal{W}_k) = \{\mathbf{o}\} \quad (i = 1, 2, \cdots, k)$

の二つを示せば十分である．

(i) の証明

$$\phi_i(t) = \frac{\Phi_A(t)}{(t - \alpha_i)^{\mu_i}} \quad (i = 1, 2, \cdots, k)$$

とおく．すなわち，

$$\phi_i(t) = (t - \alpha_1)^{\mu_1} \cdots (t - \alpha_{i-1})^{\mu_{i-1}} (t - \alpha_{i+1})^{\mu_{i+1}} \cdots (t - \alpha_k)^{\mu_k}.$$

仮定より $\alpha_1, \alpha_2, \cdots, \alpha_k$ は相異なるから，明らかに $\phi_1(t), \phi_2(t), \cdots, \phi_k(t)$ の最大公約多項式は 1 である．ゆえに，定理 8.1 より，$\psi_1(t), \psi_2(t), \cdots, \psi_k(t)$ を多項式として

$$\psi_1(t)\phi_1(t) + \psi_2(t)\phi_2(t) + \cdots + \psi_k(t)\phi_k(t) = 1$$

とできる．これは

$$\psi_1(A)\phi_1(A) + \psi_2(A)\phi_2(A) + \cdots + \psi_k(A)\phi_k(A) = E$$

を意味する．これを用い，任意の $\mathbf{x} \in \mathbf{R}^n$ に対して，

$$\begin{aligned}\mathbf{x} &= E\mathbf{x} = (\psi_1(A)\phi_1(A) + \psi_2(A)\phi_2(A) + \cdots + \psi_k(A)\phi_k(A))\,\mathbf{x} \\ &= \psi_1(A)\phi_1(A)\mathbf{x} + \psi_2(A)\phi_2(A)\mathbf{x} + \cdots + \psi_k(A)\phi_k(A)\mathbf{x} \\ &= \mathbf{x}_1 + \mathbf{x}_2 + \cdots + \mathbf{x}_k.\end{aligned}$$

ここで

$$\mathbf{x}_i = \psi_i(A)\phi_i(A)\mathbf{x}$$

とした．$\mathbf{x}_i \in \mathcal{W}_i$ を確認しよう．

任意の $x(t), y(t) \in \mathcal{P}[t]$ に対して $x(A)\,y(A) = y(A)\,x(A)$ が成立することを想起すれば

$$(A - \alpha_i E)^{\mu_i} \mathbf{x}_i = (A - \alpha_i E)^{\mu_i} \psi_i(A)\phi_i(A)\mathbf{x} = \psi_i(A)\Phi_A(A)\mathbf{x} = O\mathbf{x} = \mathbf{o}.$$

(i) が示された.

(ii) の証明 明らかに $\phi_i(t)$, $(t-\alpha_i)^{\mu_i}$ の最大公約多項式は 1 である.ゆえに,再び定理 8.1 より,$p(t), q(t)$ を多項式として

$$p(t)\phi_i(t) + q(t)(t-\alpha_i)^{\mu_i} = 1$$

とできる.これは

$$p(A)\phi_i(A) + q(A)(A-\alpha_i E)^{\mu_i} = E$$

を意味する.これを用いて $\mathbf{x} \in \mathcal{W}_i \cap (\mathcal{W}_1 + \cdots + \mathcal{W}_{i-1} + \mathcal{W}_{i+1} + \cdots + \mathcal{W}_k)$ ならば $\mathbf{x} = \mathbf{o}$ となることを示そう.

上と同様にして

$$\mathbf{x} = p(A)\phi_i(A)\mathbf{x} + q(A)(A-\alpha_i E)^{\mu_i}\mathbf{x}$$

とできる.

$\mathbf{x} \in (\mathcal{W}_1 + \cdots + \mathcal{W}_{i-1} + \mathcal{W}_{i+1} + \cdots + \mathcal{W}_k)$ と見れば上式右辺の第 1 項は $\mathbf{o}$ に等しい.

$\mathbf{x} \in \mathcal{W}_i$ と見れば上式右辺の第 2 項は $\mathbf{o}$ に等しい.

ゆえに $\mathbf{x} = \mathbf{o}$. (ii) が示された. ∎

定理 8.5 と定理 4.13 より $N((A-\alpha_1 E)^{\mu_1}), N((A-\alpha_2 E)^{\mu_2}), \cdots, N((A-\alpha_k E)^{\mu_k})$ の基底を合わせたものは $\mathbf{R}^n$ の一つの基底となる.行列 A のこの基底に関する表現行列が A のジョルダン標準形である.

ひとまず方程式 $\Phi_A(t) = 0$ は重解をもたないと仮定しよう.すなわち,

$$\Phi_A(t) = (t-\alpha_1)(t-\alpha_2)\cdots(t-\alpha_k).$$

このとき,$N(A-\alpha_1 E), N(A-\alpha_2 E), \cdots, N(A-\alpha_k E)$ の基底はすべて A の固有ベクトルとなり,その基底を合わせたものは $\mathbf{R}^n$ の A の固有ベクトルからなる基底である.したがって,命題 6.7 (p.137) より,A をこの基底により対角化できる.

逆に,A を対角化できれば,$\mathbf{R}^n$ に A の固有値 $\alpha_1, \alpha_2, \cdots, \alpha_n$ に対する固有ベクトル $\mathbf{v}_1, \mathbf{v}_2, \cdots, \mathbf{v}_n$ からなる基底が存在する.

$\alpha_1, \alpha_2, \cdots, \alpha_n$ に重複があればそれを一つとし,改めて $\alpha_1, \alpha_2, \cdots, \alpha_k$ とおいて,それは相異なるものとする.このとき,任意の $\mathbf{x} \in \mathbf{R}^n$ を

$$\mathbf{x} = a_1 \mathbf{v}_1 + a_2 \mathbf{v}_2 + \cdots + a_n \mathbf{v}_n$$

と表せば

$$(A - \alpha_1 E)(A - \alpha_2 E) \cdots (A - \alpha_k E) \mathbf{x} = \mathbf{o}$$

であることがわかる.$\mathbf{x}$ は任意であるから

$$(A - \alpha_1 E)(A - \alpha_2 E) \cdots (A - \alpha_k E) = O.$$

すなわち,

$$(t - \alpha_1)(t - \alpha_2) \cdots (t - \alpha_k)$$

は A の最小多項式となる.

以上より次の簡明な命題が証明された.

命題 8.6 n 次行列 A を対角化できるための必要で十分な条件は,$\Phi_A(t)$ を A の最小多項式として,方程式 $\Phi_A(t) = 0$ が重解をもたないことである.

8.3 ジョルダンの標準形

n 次行列 A は (8.3) 式を満たすものと仮定して (8.4) 式が成立しているものとする.

本節では,分解定理を踏まえ,$N((A - \alpha_1 E)^{\mu_1})$, $N((A - \alpha_2 E)^{\mu_2})$, $\cdots$, $N((A - \alpha_k E)^{\mu_k})$ にそれぞれ一つの基底を選び,それを合わせて $\mathbf{R}^n$ に基底を構成する.A のこの基底に関する表現行列は,単純な形をもち,A のジョルダン標準形と呼ばれる.

まず最初に

$$\mathcal{W}_i = N((A - \alpha_i E)^{\mu_i}), \quad \dim \mathcal{W}_i = \sigma_i \quad (i = 1, 2, \cdots, k)$$

とおく．直和であることより

$$\sigma_1 + \sigma_2 + \cdots + \sigma_k = n \tag{8.6}$$

が従う．本節の最後に

$$\sigma_i = \nu_i \quad (i = 1, 2, \cdots, k) \tag{8.7}$$

であることが判明する．

$\mathcal{W}_i$ に一つの基底を構成しよう．

8.3.1 基底の構成

見やすさを考慮して

$$\alpha = \alpha_i, \quad \mu = \mu_i, \quad \sigma = \sigma_i, \quad B = A - \alpha E, \quad \mathcal{W} = \mathcal{W}_i$$

として考えよう．目標は部分空間 $\mathcal{W} = N(B^\mu) \subset \mathbf{R}^n$ に適当な基底を定義することである．

準備 まず包含関係

$$\{\mathbf{o}\} = N(B^0) \subset N(B) \subset N(B^2) \subset \cdots \subset N(B^\mu) = \mathcal{W} \tag{8.8}$$

を示そう．$B^0 = E$ であり $E\mathbf{x} = \mathbf{o}$ ならば $\mathbf{x} = \mathbf{o}$ であるから

$$\{\mathbf{o}\} = N(B^0).$$

$\mathbf{x} = \mathbf{o}$ ならば $B\mathbf{x} = \mathbf{o}$ であるから

$$\{\mathbf{o}\} = N(B^0) \subset N(B).$$

$B\mathbf{x} = \mathbf{o}$ ならば $B^2\mathbf{x} = B(B\mathbf{x}) = \mathbf{o}$ であるから

$$\{\mathbf{o}\} = N(B^0) \subset N(B) \subset N(B^2).$$

同様に続けて (8.8) 式を得る．

次に包含関係

$$R(B^{\mu-1}) \subset R(B^{\mu-2}) \subset \cdots \subset R(B) \subset R(B^0) = \mathbf{R}^n \tag{8.9}$$

を示そう[†2]. $\mathbf{x} \in R(B^{\mu-1})$ とすれば $\mathbf{y} \in \mathbf{R}^n$ が存在して

$$B^{\mu-1}\mathbf{y} = \mathbf{x}$$

とできる.これを

$$B^{\mu-2}(B\mathbf{y}) = \mathbf{x}$$

として

$$R(B^{\mu-1}) \subset R(B^{\mu-2}).$$

$\mathbf{x} \in R(B^{\mu-2})$ とすれば $\mathbf{y} \in \mathbf{R}^n$ が存在して

$$B^{\mu-2}\mathbf{y} = \mathbf{x}$$

とできる.これを

$$B^{\mu-3}(B\mathbf{y}) = \mathbf{x}$$

として

$$R(B^{\mu-1}) \subset R(B^{\mu-2}) \subset R(B^{\mu-3}).$$

同様に続けて (8.9) 式を得る.

特に (8.9) 式で $N(B)$ との共通部分に注目すれば

$$R(B^{\mu-1}) \cap N(B) \subset R(B^{\mu-2}) \cap N(B) \subset \cdots$$
$$\subset R(B) \cap N(B) \subset R(B^0) \cap N(B) = N(B) \quad (8.10)$$

となる.さらに次の補題が成立する.

補題 8.7

$$R(B^{\mu-1}) \cap N(B) \neq \{\mathbf{o}\}.$$

[†2]第 4 章の 4.5 節で見たように,一般に n 次行列 A の像を $R(A)$ と表す.集合の記法では
$$R(A) = \{A\mathbf{x} | \mathbf{x} \in \mathbf{R}^n\}$$
と表される.

証明 $R(B^{\mu-1}) \cap N(B) = \{\mathbf{o}\}$ を仮定して矛盾を導く．

$\mathbf{x} \in N(B^\mu)$ とすれば

$$B^\mu \mathbf{x} = \mathbf{o} \implies B(B^{\mu-1}\mathbf{x}) = \mathbf{o} \implies B^{\mu-1}\mathbf{x} \in N(B).$$

$B^{\mu-1}\mathbf{x} \in R(B^{\mu-1})$ でもあるから

$$B^{\mu-1}\mathbf{x} \in R(B^{\mu-1}) \cap N(B).$$

ゆえに仮定より

$$B^{\mu-1}\mathbf{x} = \mathbf{o}.$$

これは $N(B^\mu) \subset N(B^{\mu-1})$ を意味し，(8.8) 式より $N(B^\mu) \supset N(B^{\mu-1})$ であるから，

$$N(B^\mu) = N(B^{\mu-1}).$$

分解定理を考慮すれば A の最小多項式の次数が真に小さくなり矛盾に至る． ∎

基底の構成　基底の構成に入ろう．$\mathcal{W} = N(B^\mu)$ に対しその部分空間 $\mathcal{V}^{(1)}, \mathcal{V}^{(2)}, \ldots, \mathcal{V}^{(\mu)}$ を次を満たすものとしてその基底を定義することにより構成する．

$$\begin{cases} N(B^\mu) = \mathcal{V}^{(1)} \oplus N(B^{\mu-1}), \\ N(B^{\mu-1}) = \mathcal{V}^{(2)} \oplus N(B^{\mu-2}), \\ \vdots \\ N(B^2) = \mathcal{V}^{(\mu-1)} \oplus N(B), \\ N(B) = \mathcal{V}^{(\mu)}. \end{cases}$$

すなわち，

$$\mathcal{W} = \mathcal{V}^{(1)} \oplus \mathcal{V}^{(2)} \oplus \cdots \oplus \mathcal{V}^{(\mu)}. \tag{8.11}$$

この $\mathcal{V}^{(1)}, \mathcal{V}^{(2)}, \ldots, \mathcal{V}^{(\mu)}$ の基底を合わせて $\mathcal{W}$ の基底とし，その順番を変えたものが目標の基底となる．以下ステップを設けて議論したい．

Step 1.　第 1 に補題 8.7 すなわち

$$\{0\} \neq R(B^{\mu-1}) \cap N(B)$$

であることに注意する．

部分空間 $R(B^{\mu-1}) \cap N(B)$ の次元を s_1 とし，基底を

$$\left\langle\left\langle \mathbf{u}^{(1)}{}_1, \cdots, \mathbf{u}^{(1)}{}_{s_1} \right\rangle\right\rangle$$

と選ぶ．各 $s = 1, 2, \cdots, s_1$ について，$\mathbf{u}^{(1)}{}_s \in R(B^{\mu-1}) \cap N(B)$ であるから，$\mathbf{v}^{(1)}{}_s \in N(B^{\mu})$ を選んで

$$B^{\mu-1}\mathbf{v}^{(1)}{}_s = \mathbf{u}^{(1)}{}_s$$

とできる．

$\mathbf{v}^{(1)}{}_1, \cdots, \mathbf{v}^{(1)}{}_{s_1}$ は1次独立である．実際，方程式

$$\sum_{s=1}^{s_1} a^{(1)}{}_s \mathbf{v}^{(1)}{}_s = \mathbf{o}$$

の両辺に $B^{\mu-1}$ を左乗して線形性を考慮すれば

$$\sum_{s=1}^{s_1} a^{(1)}{}_s \mathbf{u}^{(1)}{}_s = \mathbf{o}.$$

この式の左辺に現れるベクトルは1次独立であるから

$$a^{(1)}{}_s = 0 \quad (s = 1, 2, \cdots, s_1).$$

1次独立性が従う．

いま

$$\mathcal{V}^{(1)} = \left\{ \mathbf{v}^{(1)}{}_1, \cdots, \mathbf{v}^{(1)}{}_{s_1} \right\}_{\mathbf{R}}$$

として

$$N(B^{\mu}) = \mathcal{V}^{(1)} \oplus N(B^{\mu-1}) \tag{8.12}$$

を示そう．まず

$$N(B^{\mu}) = \mathcal{V}^{(1)} + N(B^{\mu-1})$$

を確認する．任意の $\mathbf{x} \in N(B^{\mu})$ に対して，$B(B^{\mu-1}\mathbf{x}) = B^{\mu}\mathbf{x} = \mathbf{o}$ より $B^{\mu-1}\mathbf{x} \in R(B^{\mu-1}) \cap N(B)$ であるから，

$$B^{\mu-1}\mathbf{x} = \sum_{s=1}^{s_1} b^{(1)}{}_s \mathbf{u}^{(1)}{}_s$$

と一意的に表される.
$$\mathbf{x}' = \sum_{s=1}^{s_1} b^{(1)}{}_s \mathbf{v}^{(1)}{}_s \in \mathcal{V}^{(1)}$$

とおけば線形性を考慮して
$$B^{\mu-1}(\mathbf{x}-\mathbf{x}') = B^{\mu-1}\mathbf{x} - \left(\sum_{s=1}^{s_1} b^{(1)}{}_s \mathbf{u}^{(1)}{}_s\right) = \mathbf{o}.$$

ゆえに $\mathbf{x}-\mathbf{x}' \in N(B^{\mu-1})$ となり
$$\mathbf{x} = \mathbf{x}' + (\mathbf{x}-\mathbf{x}')$$

と変形して
$$N(B^\mu) = \mathcal{V}^{(1)} + N(B^{\mu-1}).$$

次に $\mathcal{V}^{(1)} \cap N(B^{\mu-1}) = \{\mathbf{o}\}$ を確認する.

$\mathbf{y} \in \mathcal{V}^{(1)} \cap N(B^{\mu-1})$ としよう. $\mathbf{y} \in \mathcal{V}^{(1)}$ より
$$\mathbf{y} = \sum_{s=1}^{s_1} c^{(1)}{}_s \mathbf{v}^{(1)}{}_s.$$

$B^{\mu-1}$ を左乗し線形性を考慮すれば
$$\sum_{s=1}^{s_1} c^{(1)}{}_s \mathbf{u}^{(1)}{}_s = B^{\mu-1}\mathbf{y}.$$

$\mathbf{y} \in N(B^{\mu-1})$ より $B^{\mu-1}\mathbf{y} = \mathbf{o}$ であるから
$$\sum_{s=1}^{s_1} c^{(1)}{}_s \mathbf{u}^{(1)}{}_s = \mathbf{o}.$$

この式の左辺に現れるベクトルは 1 次独立であるから
$$c^{(1)}{}_s = 0 \quad (s = 1, 2, \cdots, s_1).$$

ゆえに $\mathbf{y} = \mathbf{o}$.

定理 4.10 (2) (p.79) より (8.12) 式が従う.

Step 2. 第 2 に (8.10) 式すなわち
$$R(B^{\mu-1}) \cap N(B) \subset R(B^{\mu-2}) \cap N(B)$$

であることに注意する．

部分空間 $R(B^{\mu-2}) \cap N(B)$ の次元を $s_1 + s_2$ とし基底を

$$\left\langle\left\langle \mathbf{u}^{(1)}{}_1, \cdots, \mathbf{u}^{(1)}{}_{s_1}, \mathbf{u}^{(2)}{}_1, \cdots, \mathbf{u}^{(2)}{}_{s_2} \right\rangle\right\rangle$$

と選ぶ（$s_2 = 0$ となることもある）．各 $s = 1, 2, \cdots, s_2$ について，$\mathbf{u}^{(2)}{}_s \in R(B^{\mu-2}) \cap N(B)$ であるから，$\mathbf{v}^{(2)}{}_s \in N(B^{\mu-1})$ を選んで

$$B^{\mu-2} \mathbf{v}^{(2)}{}_s = \mathbf{u}^{(2)}{}_s$$

とできる．

$B\mathbf{v}^{(1)}{}_1, \cdots, B\mathbf{v}^{(1)}{}_{s_1}, \mathbf{v}^{(2)}{}_1, \cdots, \mathbf{v}^{(2)}{}_{s_2}$ は 1 次独立である．実際，方程式

$$\sum_{s=1}^{s_1} a^{(1)}{}_s B \mathbf{v}^{(1)}{}_s + \sum_{s=1}^{s_2} a^{(2)}{}_s \mathbf{v}^{(2)}{}_s = \mathbf{o}$$

の両辺に $B^{\mu-2}$ を左乗して線形性を考慮すれば

$$\sum_{s=1}^{s_1} a^{(1)}{}_s \mathbf{u}^{(1)}{}_s + \sum_{s=1}^{s_2} a^{(2)}{}_s \mathbf{u}^{(2)}{}_s = \mathbf{o}.$$

この式の左辺に現れるベクトルは 1 次独立であるから

$$a^{(1)}{}_s = 0 \quad (s = 1, 2, \cdots, s_1), \qquad a^{(2)}{}_s = 0 \quad (s = 1, 2, \cdots, s_2).$$

1 次独立性が従う．

いま，

$$\mathcal{V}^{(2)} = \left\{ B\mathbf{v}^{(1)}{}_1, \cdots, B\mathbf{v}^{(1)}{}_{s_1}, \mathbf{v}^{(2)}{}_1, \cdots, \mathbf{v}^{(2)}{}_{s_2} \right\}_{\mathbf{R}}$$

として

$$N(B^{\mu-1}) = \mathcal{V}^{(2)} \oplus N(B^{\mu-2}) \tag{8.13}$$

を示そう．まず

$$N(B^{\mu-1}) = \mathcal{V}^{(2)} + N(B^{\mu-2})$$

を確認する．任意の $\mathbf{x} \in N(B^{\mu-1})$ に対して，$B(B^{\mu-2}\mathbf{x}) = B^{\mu-1}\mathbf{x} = \mathbf{o}$ より $B^{\mu-2}\mathbf{x} \in R(B^{\mu-2}) \cap N(B)$ であるから，

$$B^{\mu-2}\mathbf{x} = \sum_{s=1}^{s_1} b^{(1)}{}_s \mathbf{u}^{(1)}{}_s + \sum_{s=1}^{s_2} b^{(2)}{}_s \mathbf{u}^{(2)}{}_s$$

と一意的に表される．

$$\mathbf{x}' = \sum_{s=1}^{s_1} b^{(1)}{}_s B\mathbf{v}^{(1)}{}_s + \sum_{s=1}^{s_2} b^{(2)}{}_s \mathbf{v}^{(2)}{}_s \in \mathcal{V}^{(2)}$$

とおけば線形性を考慮して

$$B^{\mu-2}(\mathbf{x} - \mathbf{x}') = B^{\mu-2}\mathbf{x} - \left(\sum_{s=1}^{s_1} b^{(1)}{}_s \mathbf{u}^{(1)}{}_s + \sum_{s=1}^{s_2} b^{(2)}{}_s \mathbf{u}^{(2)}{}_s \right) = \mathbf{o}.$$

ゆえに $\mathbf{x} - \mathbf{x}' \in N(B^{\mu-2})$ となり

$$\mathbf{x} = \mathbf{x}' + (\mathbf{x} - \mathbf{x}')$$

と変形して目標の式を得る．次に $\mathcal{V}^{(2)} \cap N(B^{\mu-2}) = \{\mathbf{o}\}$ を確認する．
$\mathbf{y} \in \mathcal{V}^{(2)} \cap N(B^{\mu-2})$ としよう．$\mathbf{y} \in \mathcal{V}^{(2)}$ より

$$\mathbf{y} = \sum_{s=1}^{s_1} c^{(1)}{}_s B\mathbf{v}^{(1)}{}_s + \sum_{s=1}^{s_2} c^{(2)}{}_s \mathbf{v}^{(2)}{}_s.$$

$B^{\mu-2}$ を左乗し線形性を考慮すれば

$$\sum_{s=1}^{s_1} c^{(1)}{}_s \mathbf{u}^{(1)}{}_s + \sum_{s=1}^{s_2} c^{(2)}{}_s \mathbf{u}^{(2)}{}_s = B^{\mu-2}\mathbf{y}.$$

$\mathbf{y} \in N(B^{\mu-2})$ より $B^{\mu-2}\mathbf{y} = \mathbf{o}$ であるから

$$\sum_{s=1}^{s_1} c^{(1)}{}_s \mathbf{u}^{(1)}{}_s + \sum_{s=1}^{s_2} c^{(2)}{}_s \mathbf{u}^{(2)}{}_s = \mathbf{o}.$$

この式の左辺に現れるベクトルは 1 次独立であるから

$$c^{(1)}{}_s = 0 \quad (s = 1, 2, \cdots, s_1), \qquad c^{(2)}{}_s = 0 \quad (s = 1, 2, \cdots, s_2).$$

ゆえに $\mathbf{y} = \mathbf{o}$．(8.13) 式が従う．

Step 3. さらに

$$R(B^{\mu-2}) \cap N(B) \subset R(B^{\mu-3}) \cap N(B)$$

であることに注意する.

部分空間 $R(B^{\mu-3}) \cap N(B)$ の次元を $s_1 + s_2 + s_3$ とし基底を

$$\left\langle\left\langle \mathbf{u}^{(1)}{}_1, \cdots, \mathbf{u}^{(1)}{}_{s_1}, \mathbf{u}^{(2)}{}_1, \cdots, \mathbf{u}^{(2)}{}_{s_2}, \mathbf{u}^{(3)}{}_1, \cdots, \mathbf{u}^{(3)}{}_{s_3} \right\rangle\right\rangle$$

と選ぶ. 各 $s = 1, 2, \cdots, s_3$ について, 上と同様に, $\mathbf{v}^{(3)}{}_s \in N(B^{\mu-2})$ を選んで

$$B^{\mu-3}\mathbf{v}^{(3)}{}_s = \mathbf{u}^{(3)}{}_s$$

とおけば, $B^2\mathbf{v}^{(1)}{}_1, \cdots, B^2\mathbf{v}^{(1)}{}_{s_1}, B\mathbf{v}^{(2)}{}_1, \cdots, B\mathbf{v}^{(2)}{}_{s_2}, \mathbf{v}^{(3)}{}_1, \cdots, \mathbf{v}^{(3)}{}_{s_3}$ は1次独立であることがわかる.

今度は

$$\mathcal{V}^{(3)} = \left\{ B^2\mathbf{v}^{(1)}{}_1, \cdots, B^2\mathbf{v}^{(1)}{}_{s_1}, B\mathbf{v}^{(2)}{}_1, \cdots, B\mathbf{v}^{(2)}{}_{s_2}, \mathbf{v}^{(3)}{}_1, \cdots, \mathbf{v}^{(3)}{}_{s_3} \right\}_{\mathbf{R}}$$

とし, 任意の $\mathbf{x} \in N(B^{\mu-2})$ に対して $B(B^{\mu-3}\mathbf{x}) = B^{\mu-2}\mathbf{x} = \mathbf{o}$ より $B^{\mu-3}\mathbf{x} \in R(B^{\mu-3}) \cap N(B)$ であることを用いて,

$$N(B^{\mu-2}) = \mathcal{V}^{(3)} \oplus N(B^{\mu-3}) \tag{8.14}$$

の成立がわかる.

Step 4. 帰納的に続けて次が従う.

部分空間 $R(B^{\mu-m}) \cap N(B)$ の次元を $s_1 + s_2 + \cdots + s_m$ とし基底を

$$\left\langle\left\langle \mathbf{u}^{(1)}{}_1, \cdots, \mathbf{u}^{(1)}{}_{s_1}, \mathbf{u}^{(2)}{}_1, \cdots, \mathbf{u}^{(2)}{}_{s_2}, \cdots\cdots, \mathbf{u}^{(m)}{}_1, \cdots, \mathbf{u}^{(m)}{}_{s_m} \right\rangle\right\rangle$$

とおく. $\mathbf{v}^{(m)}{}_s \in N(B^{\mu-m+1})$ を

$$B^{\mu-m}\mathbf{v}^{(m)}{}_s = \mathbf{u}^{(m)}{}_s$$

を満たすように選べば,

$$\begin{cases} B^{m-1}\mathbf{v}^{(1)}{}_1, \cdots, B^{m-1}\mathbf{v}^{(1)}{}_{s_1}, \\ B^{m-2}\mathbf{v}^{(2)}{}_1, \cdots, B^{m-2}\mathbf{v}^{(2)}{}_{s_2}, \\ \vdots \\ B\mathbf{v}^{(m-1)}{}_1, \cdots, B\mathbf{v}^{(m-1)}{}_{s_{m-1}}, \\ \mathbf{v}^{(m)}{}_1, \cdots, \mathbf{v}^{(m)}{}_{s_m} \end{cases}$$

は1次独立であり，

$$\mathcal{V}^{(m)} = \begin{Bmatrix} B^{m-1}\mathbf{v}^{(1)}{}_1, \cdots, B^{m-1}\mathbf{v}^{(1)}{}_{s_1}, \\ B^{m-2}\mathbf{v}^{(2)}{}_1, \cdots, B^{m-2}\mathbf{v}^{(2)}{}_{s_2}, \\ \vdots \\ B\mathbf{v}^{(m-1)}{}_1, \cdots, B\mathbf{v}^{(m-1)}{}_{s_{m-1}}, \\ \mathbf{v}^{(m)}{}_1, \cdots, \mathbf{v}^{(m)}{}_{s_m} \end{Bmatrix}_{\mathbf{R}}$$

として

$$N(B^{\mu-m+1}) = \mathcal{V}^{(m)} \oplus N(B^{\mu-m}) \tag{8.15}$$

となる．特に $m = \mu$ のとき

$$\mathcal{V}^{(\mu)} = N(B). \tag{8.16}$$

Step 5. (8.12)–(8.16) 式より (8.11) 式が成立する．直和であることより各部分空間の基底を合わせたベクトルは1次独立となり $\mathcal{W}$ の一つの基底をなす．順番を入れ替えて，次を $\mathcal{W}$ の基底であるようにできる．

$$\begin{cases} B^{\mu-1}\mathbf{v}^{(1)}{}_s, B^{\mu-2}\mathbf{v}^{(1)}{}_s, \cdots, B\mathbf{v}^{(1)}{}_s, \mathbf{v}^{(1)}{}_s & (s=1,2,\cdots,s_1), \\ B^{\mu-2}\mathbf{v}^{(2)}{}_s, B^{\mu-3}\mathbf{v}^{(2)}{}_s, \cdots, B\mathbf{v}^{(2)}{}_s, \mathbf{v}^{(2)}{}_s & (s=1,2,\cdots,s_2), \\ \vdots \\ B\mathbf{v}^{(\mu-1)}{}_s, \mathbf{v}^{(\mu-1)}{}_s & (s=1,2,\cdots,s_{\mu-1}), \\ \mathbf{v}^{(\mu)}{}_s & (s=1,2,\cdots,s_\mu). \end{cases} \tag{8.17}$$

この基底は，$B^{\mu-1}\mathbf{x}, B^{\mu-2}\mathbf{x}, \cdots, \mathbf{x}$ の形に表される μ 個のベクトルを一つのブロックと見てそのブロックが s_1 個，$B^{\mu-2}\mathbf{x}, B^{\mu-3}\mathbf{x}, \cdots, \mathbf{x}$ の形に表される $\mu-1$ 個のベクトルを一つのブロックと見てそのブロックが s_2 個，$\cdots$，という構造をもっている．

構成の方法から次の二つの関係がわかる．

$$s_1 + s_2 + \cdots + s_\mu = \dim N(B). \tag{8.18}$$

$$\mu s_1 + (\mu-1)s_2 + \cdots + 2s_{\mu-1} + s_\mu = \sigma. \tag{8.19}$$

8.3.2 基底に関する表現行列

(8.17) 式の基底を順に読み変えて

$$\langle\langle \mathbf{v}_1, \mathbf{v}_2, \cdots, \mathbf{v}_\sigma \rangle\rangle$$

を $\mathcal{W} = N(B^\mu)$ の基底とする.

ここでは，この基底による行列 B の基底に関する表現行列および行列 A の基底に関する表現行列を調べよう.
$r_0 = 0, r_1 = \mu s_1, r_2 = \mu s_1 + (\mu-1)s_2, \cdots, r_{\mu-1} = \mu s_1 + (\mu-1)s_2 + \cdots + 2s_{\mu-1}$
とおこう.

まず $\mathbf{v}_1 = B^{\mu-1}\mathbf{v}^{(1)}{}_1$ であり $\mathbf{v}^{(1)}{}_1 \in N(B^\mu)$ であるから

$$B\mathbf{v}_1 = \mathbf{o}.$$

$\mathbf{v}_2 = B^{\mu-2}\mathbf{v}^{(1)}{}_1$ であり $\mathbf{v}_1 = B^{\mu-1}\mathbf{v}^{(1)}{}_1$ であるから

$$B\mathbf{v}_2 = \mathbf{v}_1.$$

$\mathbf{v}_3 = B^{\mu-3}\mathbf{v}^{(1)}{}_1$ であり $\mathbf{v}_2 = B^{\mu-2}\mathbf{v}^{(1)}{}_1$ であるから

$$B\mathbf{v}_3 = \mathbf{v}_2.$$

同様に続けて次を得る.

$$B\mathbf{v}_s = \mathbf{o} \quad (s=1), \qquad B\mathbf{v}_s = \mathbf{v}_{s-1} \quad (s=2,3,\cdots,\mu).$$

次に $\mathbf{v}_{\mu+1} = B^{\mu-1}\mathbf{v}^{(1)}{}_2$ であり $\mathbf{v}^{(1)}{}_2 \in N(B^\mu)$ であるから

$$B\mathbf{v}_{\mu+1} = \mathbf{o}.$$

$\mathbf{v}_{\mu+2} = B^{\mu-2}\mathbf{v}^{(1)}{}_2$ であり $\mathbf{v}_{\mu+1} = B^{\mu-1}\mathbf{v}^{(1)}{}_2$ であるから

$$B\mathbf{v}_{\mu+2} = \mathbf{v}_{\mu+1}.$$

$\mathbf{v}_{\mu+3} = B^{\mu-3}\mathbf{v}^{(1)}{}_2$ であり $\mathbf{v}_{\mu+2} = B^{\mu-2}\mathbf{v}^{(1)}{}_2$ であるから

$$B\mathbf{v}_{\mu+3} = \mathbf{v}_{\mu+2}.$$

同様に続けて次を得る．

$$Bv_s = o \quad (s-\mu = 1), \qquad Bv_s = v_{s-1} \quad (s-\mu = 2, 3, \cdots, \mu).$$

さらにこれを続けて次の関係がわかる．

$$\begin{cases} Bv_s = o & (s-\mu s' = 1), \\ Bv_s = v_{s-1} & (s-\mu s' = 2, 3, \cdots, \mu), \end{cases} \quad (s' = 0, 1, \cdots, s_1 - 1).$$

今度は $v_{r_1+1} = B^{\mu-2} v^{(2)}{}_1$ であり $v^{(2)}{}_1 \in N(B^{\mu-1})$ であるから

$$Bv_{r_1+1} = o.$$

$v_{r_1+2} = B^{\mu-3} v^{(2)}{}_1$ であり $v_{r_1+1} = B^{\mu-2} v^{(2)}{}_1$ であるから

$$Bv_{r_1+2} = v_{r_1+1}.$$

$v_{r_1+3} = B^{\mu-4} v^{(2)}{}_1$ であり $v_{r_1+2} = B^{\mu-3} v^{(2)}{}_1$ であるから

$$Bv_{r_1+3} = v_{r_1+2}.$$

同様に続けて次を得る．

$$Bv_s = o \quad (s-r_1 = 1), \qquad Bv_s = v_{s-1} \quad (s-r_1 = 2, 3, \cdots, \mu-1).$$

さらにこれを続けて次の関係がわかる．

$$\begin{cases} Bv_s = o & (s-r_1-(\mu-1)s' = 1), \\ Bv_s = v_{s-1} & (s-r_1-(\mu-1)s' = 2, 3, \cdots, \mu-1), \end{cases} \quad (s' = 0, 1, \cdots, s_2-1).$$

以上により次の関係がわかる．

$$\begin{cases} Bv_s = o & (s-r_k-(\mu-k)s' = 1), \\ Bv_s = v_{s-1} & (s-r_k-(\mu-k)s' = 2, 3, \cdots, \mu-k), \\ \quad \begin{cases} k = 0, 1, \cdots, \mu-1, \\ s' = 0, 1, \cdots, s_{k+1}-1. \end{cases} \end{cases} \tag{8.20}$$

これを $B = A - \alpha E$ を想起して書き換えれば，次が成立する．

$$\begin{cases} A\mathbf{v}_s = \alpha\mathbf{v}_s & (s - r_k - (\mu - k)s' = 1), \\ A\mathbf{v}_s = \mathbf{v}_{s-1} + \alpha\mathbf{v}_s & (s - r_k - (\mu - k)s' = 2, 3, \cdots, \mu - k), \\ & \begin{cases} k = 0, 1, \cdots, \mu - 1, \\ s' = 0, 1, \cdots, s_{k+1} - 1. \end{cases} \end{cases} \quad (8.21)$$

この二つの式によって基底

$$\langle\langle \mathbf{v}_1, \mathbf{v}_2, \cdots, \mathbf{v}_\sigma \rangle\rangle$$

による行列 B の基底に関する表現行列および行列 A の基底に関する表現行列を表すことができる．そのために「ジョルダン細胞」を定義しよう．

【定義 8.2】（ジョルダン細胞）

$$\begin{pmatrix} \lambda & 1 & 0 & 0 & \cdots & 0 \\ 0 & \lambda & 1 & 0 & \cdots & 0 \\ 0 & 0 & \ddots & \ddots & 0 & 0 \\ 0 & 0 & 0 & \ddots & \ddots & 0 \\ \vdots & \vdots & \vdots & \vdots & \ddots & 1 \\ 0 & 0 & 0 & \cdots & 0 & \lambda \end{pmatrix} \quad (\lambda \in \mathbf{R})$$

の形をもつ r 次行列を $J(\lambda; r)$ と表し，固有値 λ の r 次ジョルダン細胞 (Jordan block) という．

$$J(\lambda; 1) = \lambda, \quad J(\lambda; 2) = \begin{pmatrix} \lambda & 1 \\ 0 & \lambda \end{pmatrix}, \quad J(\lambda; 3) = \begin{pmatrix} \lambda & 1 & 0 \\ 0 & \lambda & 1 \\ 0 & 0 & \lambda \end{pmatrix}$$

である．

(8.20) 式より基底

$$\langle\langle \mathbf{v}_1, \mathbf{v}_2, \cdots, \mathbf{v}_\sigma \rangle\rangle$$

による行列 B の基底に関する表現行列は，σ 次行列であって，その対角線に上から順にジョルダン細胞 $J(0; \mu)$ を s_1 個，$J(0; \mu-1)$ を s_2 個，$\cdots$，$J(0; 1)$ を s_μ 個それぞれ並べて配置し他の成分をすべて 0 とした行列であることがわかる．

同様に (8.21) 式より基底

$$\langle\langle \mathbf{v}_1, \mathbf{v}_2, \cdots, \mathbf{v}_\sigma \rangle\rangle$$

による行列 A の基底に関する表現行列は，σ 次行列であって，その対角線に上から順にジョルダン細胞 $J(\alpha; \mu)$ を s_1 個，$J(\alpha; \mu-1)$ を s_2 個，$\cdots$，$J(\alpha; 1)$ を s_μ 個それぞれ並べて配置し他の成分をすべて 0 とした行列であることがわかる．

8.3.3 ジョルダンの標準形

$\mathcal{W}_1, \mathcal{W}_2, \cdots, \mathcal{W}_k$ に上のように基底を選び，それを合わせて

$$\langle\langle \mathbf{v}_1, \mathbf{v}_2, \cdots, \mathbf{v}_n \rangle\rangle$$

を $\mathbf{R}^n$ の基底とする．

【定義 8.3】（ジョルダン行列）　対角線上にジョルダン細胞（その固有値は異なっていてもよい）が並び，他の成分はすべて 0 に等しい形の n 次行列をジョルダン行列 (Jordan matrix) という．

前節の結果より次の定理が成立する．

> **定理 8.8**　n 次行列 A は (8.3) 式を満たすものと仮定し (8.4) 式が成立しているとする．このとき，A の基底に関する表現行列がジョルダン行列となるような $\mathbf{R}^n$ の基底が存在する．

【定義 8.4】（ジョルダン標準形）　上の定理のジョルダン行列を行列 A のジョルダン標準形 (Jordan canonical form) という．

例を見てみよう．

◆ **例題 8.2**　$A = \begin{pmatrix} -1 & 2 & -1 \\ -2 & 3 & -1 \\ 0 & 0 & 1 \end{pmatrix}$ のジョルダン標準形と基底の変換行列とを求める．

(**解**) 特性多項式 $F_A(t)$ は

$$F_A(t) = |tE - A| = \begin{vmatrix} t+1 & -2 & 1 \\ 2 & t-3 & 1 \\ 0 & 0 & t-1 \end{vmatrix} = (t-1)^3.$$

最小多項式 $\Phi_A(t)$ は $t-1, (t-1)^2, (t-1)^3$ のいずれかであるが

$$A - E = \begin{pmatrix} -2 & 2 & -1 \\ -2 & 2 & -1 \\ 0 & 0 & 0 \end{pmatrix} \neq O,$$

$$(A - E)^2 = \begin{pmatrix} -2 & 2 & -1 \\ -2 & 2 & -1 \\ 0 & 0 & 0 \end{pmatrix} \begin{pmatrix} -2 & 2 & -1 \\ -2 & 2 & -1 \\ 0 & 0 & 0 \end{pmatrix} = O$$

より $\Phi_A(t) = (t-1)^2$.

$B = A - E = \begin{pmatrix} -2 & 2 & -1 \\ -2 & 2 & -1 \\ 0 & 0 & 0 \end{pmatrix}$ とすれば rank $B = 1$ であるから次元定理より $\dim N(B) = 2$. (8.18), (8.19) 式および $\mu = 2, n = 3$ であることを考慮すれば, $s_1 = 1, s_2 = 1$ となり, $J(1;2), J(1;1)$ がそれぞれ一つずつ現れることになる.

$R(B)$ は三つのベクトル $\begin{pmatrix} -2 \\ -2 \\ 0 \end{pmatrix}, \begin{pmatrix} 2 \\ 2 \\ 0 \end{pmatrix}, \begin{pmatrix} -1 \\ -1 \\ 0 \end{pmatrix}$ によって生成される部分空間である. すなわち,

$$R(B) = \left\{ x \begin{pmatrix} 1 \\ 1 \\ 0 \end{pmatrix} \,\middle|\, x \in \mathbf{R} \right\}.$$

$N(B)$ は方程式

$$\begin{pmatrix} -2 & 2 & -1 \\ -2 & 2 & -1 \\ 0 & 0 & 0 \end{pmatrix} \begin{pmatrix} x \\ y \\ z \end{pmatrix} = \begin{pmatrix} -2x + 2y - z \\ -2x + 2y - z \\ 0 \end{pmatrix} = \begin{pmatrix} 0 \\ 0 \\ 0 \end{pmatrix}$$

の解全体の集合である．すなわち，

$$N(B) = \left\{ x \begin{pmatrix} 1 \\ 1 \\ 0 \end{pmatrix} + y \begin{pmatrix} 1 \\ 0 \\ -2 \end{pmatrix} \middle| x, y \in \mathbf{R} \right\}.$$

ゆえに

$$R(B) \cap N(B) = \left\{ x \begin{pmatrix} 1 \\ 1 \\ 0 \end{pmatrix} \middle| x \in \mathbf{R} \right\}.$$

$R(B) \cap N(B)$ の基底を $\mathbf{v}_1 = \begin{pmatrix} 1 \\ 1 \\ 0 \end{pmatrix}$ とする．

次に方程式

$$\begin{pmatrix} -2 & 2 & -1 \\ -2 & 2 & -1 \\ 0 & 0 & 0 \end{pmatrix} \begin{pmatrix} x \\ y \\ z \end{pmatrix} = \begin{pmatrix} 1 \\ 1 \\ 0 \end{pmatrix}$$

を満たすベクトルを一つ求めて $\mathbf{v}_2 = \begin{pmatrix} 0 \\ 1 \\ 1 \end{pmatrix}$ とする．最後に $N(B)$ の元で $\mathbf{v}_1$ と 1 次独立なベクトルを求めて $\mathbf{v}_3 = \begin{pmatrix} 1 \\ 0 \\ -2 \end{pmatrix}$ とする．このとき，$\mathbf{v}_1, \mathbf{v}_2, \mathbf{v}_3$ は 1 次独立であり，

$$B\mathbf{v}_1 = \mathbf{o}, \quad B\mathbf{v}_2 = \mathbf{v}_1, \quad B\mathbf{v}_3 = \mathbf{o}$$

を満たす．これを $B = A - E$ を用いて書き換えれば

$$A\mathbf{v}_1 = \mathbf{v}_1, \quad A\mathbf{v}_2 = \mathbf{v}_1 + \mathbf{v}_2, \quad A\mathbf{v}_3 = \mathbf{v}_3$$

が成立する．基底の変換行列を $P = (\mathbf{v}_1, \mathbf{v}_2, \mathbf{v}_3)$ とすれば，

$$\begin{aligned} AP &= A(\mathbf{v}_1, \mathbf{v}_2, \mathbf{v}_3) = (A\mathbf{v}_1, A\mathbf{v}_2, A\mathbf{v}_3) \\ &= (\mathbf{v}_1, \mathbf{v}_1 + \mathbf{v}_2, \mathbf{v}_3) = (P\mathbf{e}_1, P(\mathbf{e}_1 + \mathbf{e}_2), P\mathbf{e}_3) = P(\mathbf{e}_1, \mathbf{e}_1 + \mathbf{e}_2, \mathbf{e}_3). \end{aligned}$$

ゆえに
$$P^{-1}AP = \begin{pmatrix} 1 & 1 & 0 \\ 0 & 1 & 0 \\ 0 & 0 & 1 \end{pmatrix}. \quad \square$$

◆**例題 8.3** $A = \begin{pmatrix} 1 & -1 & 1 & -1 \\ 2 & -2 & 2 & -2 \\ 2 & -3 & 4 & -4 \\ 1 & -2 & 3 & -3 \end{pmatrix}$ のジョルダン標準形と基底の変換行列とを求める.

(**解**) 特性多項式 $F_A(t)$ は
$$F_A(t) = \begin{vmatrix} t-1 & 1 & -1 & 1 \\ -2 & t+2 & -2 & 2 \\ -2 & 3 & t-4 & 4 \\ -1 & 2 & -3 & t+3 \end{vmatrix}.$$

3列を2列および4列に加え, この変形で行列式は不変であるから,
$$F_A(t) = \begin{vmatrix} t-1 & 0 & -1 & 0 \\ -2 & t & -2 & 0 \\ -2 & t-1 & t-4 & t \\ -1 & -1 & -3 & t \end{vmatrix} = (t-1)(t^3+t^2)+t^2 = t^4.$$

ゆえに固有値は 0 のみ. $A^2 = O$ と計算できて最小多項式は $\Phi_A(t) = t^2$.

$\text{rank}\, A = 2$ と計算できて, 次元定理より $\dim N(A) = 2$. (8.18), (8.19) 式および $\mu = 2, n = 4$ であることを考慮すれば, $s_1 = 2$ となり, $J(0;2)$ が二つ現れることになる.

$$R(A) = \left\{ x\begin{pmatrix} 0 \\ 0 \\ 1 \\ 1 \end{pmatrix} + y\begin{pmatrix} 1 \\ 2 \\ 1 \\ 0 \end{pmatrix} \middle| x, y \in \mathbf{R} \right\} \text{ となり,}$$

$$\begin{pmatrix} 1 & -1 & 1 & -1 \\ 2 & -2 & 2 & -2 \\ 2 & -3 & 4 & -4 \\ 1 & -2 & 3 & -3 \end{pmatrix} \begin{pmatrix} 0 \\ 0 \\ 1 \\ 1 \end{pmatrix} = \begin{pmatrix} 0 \\ 0 \\ 0 \\ 0 \end{pmatrix}, \quad \begin{pmatrix} 1 & -1 & 1 & -1 \\ 2 & -2 & 2 & -2 \\ 2 & -3 & 4 & -4 \\ 1 & -2 & 3 & -3 \end{pmatrix} \begin{pmatrix} 1 \\ 2 \\ 1 \\ 0 \end{pmatrix} = \begin{pmatrix} 0 \\ 0 \\ 0 \\ 0 \end{pmatrix}$$

と計算して，$\dim(R(A) \cap N(A)) = 2$.

$\mathbf{v}_1 = \begin{pmatrix} 0 \\ 0 \\ 1 \\ 1 \end{pmatrix}$ とし，方程式 $\begin{pmatrix} 1 & -1 & 1 & -1 \\ 2 & -2 & 2 & -2 \\ 2 & -3 & 4 & -4 \\ 1 & -2 & 3 & -3 \end{pmatrix} \begin{pmatrix} x \\ y \\ z \\ w \end{pmatrix} = \begin{pmatrix} 0 \\ 0 \\ 1 \\ 1 \end{pmatrix}$ の解の一つを

$\mathbf{v}_2 = \begin{pmatrix} 0 \\ 1 \\ 1 \\ 0 \end{pmatrix}$ とする．

$\mathbf{v}_3 = \begin{pmatrix} 1 \\ 2 \\ 1 \\ 0 \end{pmatrix}$ とし，方程式 $\begin{pmatrix} 1 & -1 & 1 & -1 \\ 2 & -2 & 2 & -2 \\ 2 & -3 & 4 & -4 \\ 1 & -2 & 3 & -3 \end{pmatrix} \begin{pmatrix} x \\ y \\ z \\ w \end{pmatrix} = \begin{pmatrix} 1 \\ 2 \\ 1 \\ 0 \end{pmatrix}$ の解の一つを

$\mathbf{v}_4 = \begin{pmatrix} 1 \\ -1 \\ -1 \\ 0 \end{pmatrix}$ とする．

このとき，$\mathbf{v}_1, \mathbf{v}_2, \mathbf{v}_3, \mathbf{v}_4$ は 1 次独立であり，

$$A\mathbf{v}_1 = \mathbf{o}, \quad A\mathbf{v}_2 = \mathbf{v}_1, \quad A\mathbf{v}_3 = \mathbf{o}, \quad A\mathbf{v}_4 = \mathbf{v}_3$$

を満たす．

基底の変換行列を $P = (\mathbf{v}_1, \cdots, \mathbf{v}_4)$ とすれば

$$\begin{aligned} AP &= A(\mathbf{v}_1, \mathbf{v}_2, \mathbf{v}_3, \mathbf{v}_4) = (A\mathbf{v}_1, A\mathbf{v}_2, A\mathbf{v}_3, A\mathbf{v}_4) \\ &= (\mathbf{o}, \mathbf{v}_1, \mathbf{o}, \mathbf{v}_3) = (P\mathbf{o}, P\mathbf{e}_1, P\mathbf{o}, P\mathbf{e}_3) = P(\mathbf{o}, \mathbf{e}_1, \mathbf{o}, \mathbf{e}_3). \end{aligned}$$

ゆえに

$$P^{-1}AP = \begin{pmatrix} 0 & 1 & 0 & 0 \\ 0 & 0 & 0 & 0 \\ 0 & 0 & 0 & 1 \\ 0 & 0 & 0 & 0 \end{pmatrix}. \quad \square$$

(8.7) 式の証明 (8.7) 式を示してこの節を終える．

一般に，A を n 次行列，P を n 次可逆行列とすれば，

$$|tE - P^{-1}AP| = |tP^{-1}EP - P^{-1}AP| = |P^{-1}(tE-A)P|$$

と計算できて，積の行列式は行列式の積になることを注意して，

$$|tE - P^{-1}AP| = |tE - A|$$

が成立する．ゆえに

$$F_A(t) = F_{P^{-1}AP}(t).$$

n 次行列 A は (8.3) 式を満たすものと仮定し (8.4) 式が成立しているとして，そのジョルダン標準形を J としよう．このとき，基底の変換行列を P として，$P^{-1}AP = J$.

J の特性多項式は，その形から，対角線上の各成分の積であるから

$$F_J(t) = (t-\alpha_1)^{\sigma_1}(t-\alpha_2)^{\sigma_2}\cdots(t-\alpha_k)^{\sigma_k}$$

である．一方，

$$F_J(t) = F_{P^{-1}AP}(t) = F_A(t)$$

であるから，(8.3) 式と比較して

$$\sigma_i = \nu_i \quad (i = 1, 2, \cdots, k).$$

(8.7) 式が示された． ■

問題 8.1 α を実数，P を可逆な 3 次行列として，

$$A = P \begin{pmatrix} \alpha & 1 & 0 \\ 0 & \alpha & 1 \\ 0 & 0 & \alpha \end{pmatrix} P^{-1}$$

とおく．

(1) $A = P \begin{pmatrix} \alpha & 0 & 0 \\ 0 & \alpha & 0 \\ 0 & 0 & \alpha \end{pmatrix} P^{-1} + P \begin{pmatrix} 0 & 1 & 0 \\ 0 & 0 & 1 \\ 0 & 0 & 0 \end{pmatrix} P^{-1}$ を確かめよ．

(2) $\left(P \begin{pmatrix} 0 & 1 & 0 \\ 0 & 0 & 1 \\ 0 & 0 & 0 \end{pmatrix} P^{-1} \right)^3 = O$ を確かめよ．

(3) A^n を計算せよ．

第9章

付録：ペロン–フロベニウスの定理

成分がすべて正の実数であるような行列（ベクトル）を正行列（ベクトル）といい，成分がすべて0または正の実数であるような行列（ベクトル）を非負行列（ベクトル）という．

本章では，n 次正行列について，その正の固有値と正の固有ベクトルとの存在を保証するペロン–フロベニウス (Peron-Frobenius) の定理を紹介する．この定理は，その主張のみならず，その証明法が興味深い．

問題 9.1 2次行列 $A = \begin{pmatrix} a & b \\ c & d \end{pmatrix}$ $(a,b,c,d > 0)$ は，正の固有値と正の固有ベクトルとを必ずもつことを直接計算により確かめよ．

定理の証明のために約束をいくつか設けておく．
$\mathbf{x} = (x_i) \in \mathbf{R}^n$ とする．$[\mathbf{x}]_i$ と書いて，$\mathbf{x}$ の第 i 成分を表すことにする．

$$[\mathbf{x}]_i = x_i \quad (i = 1, 2, \cdots, n)$$

$\mathbf{x}$ の大きさの一つの指標として

$$\|\mathbf{x}\| = \max_i |[\mathbf{x}]_i| = \max_i |x_i|$$

を採用する．このとき，
1. $\|\mathbf{x}\| = 0 \iff \mathbf{x} = \mathbf{o}$,
2. $\|c\mathbf{x}\| = |c|\,\|\mathbf{x}\|$ $(c \in \mathbf{R}, \mathbf{x} \in \mathbf{R}^n)$,
3. $\|\mathbf{x} + \mathbf{y}\| \leq \|\mathbf{x}\| + \|\mathbf{y}\|$ $(\mathbf{x}, \mathbf{y} \in \mathbf{R}^n)$,

のそれぞれの成立が容易にわかる．

$\mathbf{R}^n$ のベクトル列

$$\{\mathbf{x}_p\} \quad (p = 1, 2, \cdots)$$

に対して，ある $\mathbf{x} \in \mathbf{R}^n$ が存在して，$\|\mathbf{x}_p - \mathbf{x}\|$ が p を大きくするにつれていくらでも小さくできるとき

$$\|\mathbf{x}_p - \mathbf{x}\| \to 0 \quad (p \to \infty)$$

と書いて，ベクトル列 $\{\mathbf{x}_p\}_{p=1,2,\cdots}$ は $\mathbf{x}$ に**収束する**といい，

$$\mathbf{x}_p \to \mathbf{x} \quad (p \to \infty), \qquad \lim_{p \to \infty} \mathbf{x}_p = \mathbf{x}$$

と表す．

$\mathbf{x}, \mathbf{y} \in \mathbf{R}^n$ に対して，$\mathbf{y} - \mathbf{x}$ が非負ベクトルであるとき

$$\mathbf{x} \boxed{\le} \mathbf{y}, \qquad \mathbf{y} \boxed{\ge} \mathbf{x}$$

と表す．

問題 9.2 $\mathbf{x}, \mathbf{y} \in \mathbf{R}^n$ として A を n 次正行列とする．このとき，$\mathbf{x} \boxed{\le} \mathbf{y}$ ならば $A\mathbf{x} \boxed{\le} A\mathbf{y}$ であることを証明せよ．

次の定理が本章の目標である．

定理 9.1（ペロン–フロベニウス (Peron-Frobenius) の定理）n 次正行列 $A = (a_{ij})$ について次が成立する．

(a) A は正の固有値をもつ．そのうちの最大のものを α とすれば，α に対する正の固有ベクトル $\mathbf{x}$ が存在する．

(b) A の正の固有ベクトルはすべて $\mathbf{x}$ の定数倍である．

この定理の証明に次の基本的な補題が必要となる．証明はさほど難しくはないが実数の公理を必要とするので，ここでは認めて用いることにする．

補題 9.2 $Q \subset \mathbf{R}^n$ を原点を中心とした単位閉立方体すなわち

$$Q = \{\mathbf{x} \in \mathbf{R}^n \mid \|\mathbf{x}\| \leq 1\}$$

とする．このとき，Q 上の任意の無限ベクトル列 $\{\mathbf{x}_p\}_{p=1,2,\cdots} \subset Q$ は必ず Q の中に収束する無限部分ベクトル列（とびとびの無限ベクトル列）$\{\mathbf{x}_{p_q}\}_{q=1,2,\cdots}$ をもつ．

定理 9.1 の証明　ステップを設けて証明しよう．

Step 1.　正のベクトル $\mathbf{x}_0 \in \mathbf{R}^n$ を勝手に用意して

$$\begin{cases} \mathbf{x}_1 = \frac{1}{\|\mathbf{x}_0\|} \mathbf{x}_0, \\ \mathbf{x}_2 = \frac{1}{\|A\mathbf{x}_1\|} A\mathbf{x}_1, \\ \mathbf{x}_3 = \frac{1}{\|A\mathbf{x}_2\|} A\mathbf{x}_2, \\ \vdots \\ \mathbf{x}_{p+1} = \frac{1}{\|A\mathbf{x}_p\|} A\mathbf{x}_p, \\ \vdots \end{cases}$$

と帰納的に定義する．$\{\mathbf{x}_p\} \subset Q$ であることに注意しておく．（後でこのベクトル列は $\mathbf{x}$ に収束することが確認できる．）

次に α_p および β_p を

$$a\mathbf{x}_p \leq A\mathbf{x}_p \leq b\mathbf{x}_p$$

を満たす最大の a および最小の b によりそれぞれ定義する．すなわち，

$$\alpha_p = \min_i \frac{[A\mathbf{x}_p]_i}{[\mathbf{x}_p]_i}, \qquad \beta_p = \max_i \frac{[A\mathbf{x}_p]_i}{[\mathbf{x}_p]_i}.$$

（後で α_p, β_p は共に α に収束することが確認できる．）

Step 2.　ここでは

$$0 < \alpha_1 \leq \alpha_2 \leq \cdots \leq \alpha_p \leq \alpha_{p+1} \leq \beta_{p+1} \leq \beta_p \leq \cdots \leq \beta_2 \leq \beta_1 \tag{9.1}$$

を証明する．

定義より

$$\alpha_p \mathbf{x}_p \leq A\mathbf{x}_p \leq \beta_p \mathbf{x}_p$$

が成立する．いま
$$C = \frac{1}{\|A\mathbf{x}_p\|} A$$
とおけば定義から
$$C\mathbf{x}_p = \mathbf{x}_{p+1}.$$
C は正行列であるから問題 9.2 を適用して
$$\alpha_p\, C\mathbf{x}_p \leq A\, C\mathbf{x}_p \leq \beta_p\, C\mathbf{x}_p.$$
すなわち，
$$\alpha_p \mathbf{x}_{p+1} \leq A\mathbf{x}_{p+1} \leq \beta_p \mathbf{x}_{p+1}.$$
これを用いて $\alpha_{p+1}, \beta_{p+1}$ の定義を考慮すれば
$$\alpha_p \leq \alpha_{p+1} \leq \beta_{p+1} \leq \beta_p.$$
(9.1) 式が証明できた．この式より
$$\lim_{p \to \infty} \alpha_p = \alpha, \qquad \lim_{p \to \infty} \beta_p = \beta \tag{9.2}$$
がわかる．

Step 3. $\epsilon = \min_{i,j} a_{ij},\ M = \max_i \left(\sum_{j=1}^n a_{ij} \right)$ とそれぞれ定義する．ここでは
$$\frac{\epsilon}{M}\|A\mathbf{x}_p - \alpha_p \mathbf{x}_p\| \leq \alpha_{p+1} - \alpha_p \tag{9.3}$$
を証明する．

上と同様に $C = \dfrac{1}{\|A\mathbf{x}_p\|} A$ とすれば
$$C\,(A\mathbf{x}_p - \alpha_p \mathbf{x}_p) = AC\mathbf{x}_p - \alpha_p C\mathbf{x}_p = A\mathbf{x}_{p+1} - \alpha_p \mathbf{x}_{p+1} \tag{9.4}$$
を得る．α_{p+1} の定義により
$$[A\mathbf{x}_{p+1}]_i = \alpha_{p+1}[\mathbf{x}_{p+1}]_i$$
を満たす i が存在する．この i に注目して，(9.4) 式において両辺の第 i 成分を評価しよう．

まず右辺を上から見積もる．

$$[A\mathbf{x}_{p+1} - \alpha_p\mathbf{x}_{p+1}]_i = [A\mathbf{x}_{p+1}]_i - \alpha_p[\mathbf{x}_{p+1}]_i = (\alpha_{p+1} - \alpha_p)[\mathbf{x}_{p+1}]_i$$

と計算して $[\mathbf{x}_{p+1}]_i \leq 1$ に注意すれば

$$[A\mathbf{x}_{p+1} - \alpha_p\mathbf{x}_{p+1}]_i \leq \alpha_{p+1} - \alpha_p.$$

次に左辺を下から見積もる．まず $\|\mathbf{x}_p\| = 1$ より，各 $j = 1, 2, \cdots, n$ について $[\mathbf{x}_p]_j \leq 1$ であることを用い

$$\|A\mathbf{x}_p\| = \max_i \left(\sum_{j=1}^n a_{ij}[\mathbf{x}_p]_j\right) \leq \max_i \left(\sum_{j=1}^n a_{ij}\right) = M.$$

次に

$$[A(A\mathbf{x}_p - \alpha_p\mathbf{x}_p)]_i = \sum_{j=1}^n a_{ij}[A\mathbf{x}_p - \alpha_p\mathbf{x}_p]_j \geq \epsilon\|A\mathbf{x}_p - \alpha_p\mathbf{x}_p\|.$$

二つの評価を用いて

$$[C(A\mathbf{x}_p - \alpha_p\mathbf{x}_p)]_i = \frac{1}{\|A\mathbf{x}_p\|}[A(A\mathbf{x}_p - \alpha_p\mathbf{x}_p)]_i \geq \frac{\epsilon}{M}\|A\mathbf{x}_p - \alpha_p\mathbf{x}_p\|.$$

上下からの見積りを合わせて (9.3) 式を得る．

Step 4. $\lim_{n\to\infty}\alpha_p = \alpha$ であるから特に $\lim_{n\to\infty}(\alpha_{p+1} - \alpha_p) = 0$ となる．これより

$$\|A\mathbf{x}_p - \alpha_p\mathbf{x}_p\| \leq \frac{M}{\epsilon}(\alpha_{p+1} - \alpha_p) \to 0 \quad (p \to \infty).$$

$\{\mathbf{x}_p\} \subset Q$ を思い出して補題 9.2 をこのベクトル列に適用すれば，$\{\mathbf{x}_p\}$ の部分列 $\{\mathbf{x}_{p_q}\}_{q=1,2,\cdots}$ を選んで，

$$\mathbf{x}_{p_q} \to \mathbf{x} \in Q \quad (q \to \infty)$$

とできる．これらを用いて

$$0 = \lim_{q\to\infty}\|A\mathbf{x}_{p_q} - \alpha_{p_q}\mathbf{x}_{p_q}\| = \|A\mathbf{x} - \alpha\mathbf{x}\|.$$

すなわち，
$$A\mathbf{x} = \alpha\mathbf{x}.$$
ゆえに，$\mathbf{x}$ は A の固有値 α に対する固有ベクトルとなる．

$\alpha > 0$ および $\mathbf{x}$ が非負ベクトルであることは明らか．もし $\mathbf{x}$ の i 成分を 0 とすれば
$$0 = [\alpha\mathbf{x}]_i = [A\mathbf{x}]_i.$$
しかし，A は正行列であり $\mathbf{x}$ は非負ベクトルであるから上式右辺は 0 にはなれない．ゆえに，$\mathbf{x}$ は正ベクトルである．

Step 5. 定理の (a) を示すために α は A の正の固有値の中で最大であることを証明しよう．

γ を A の正の固有値，$\mathbf{u}$ をその一つの固有ベクトルとする．$\mathbf{u}$ の成分は実数であり，少なくともその一つの成分は正であると仮定できる．そこで $a > 0$ を
$$a\mathbf{u} \leq \mathbf{x}$$
を満たす最大の数として，$\mathbf{u}_1 = a\mathbf{u}$ とおく．このとき，$\mathbf{u}_1$ と $\mathbf{x}$ との成分のどれか一つは等しいはずである．

$\mathbf{u}_1 \leq \mathbf{x}$ に正行列 A を左乗して $A\mathbf{u}_1 \leq A\mathbf{x}$. $\mathbf{u}_1, \mathbf{x}$ はそれぞれ A の固有値 γ，α に対する固有ベクトルであるから $\gamma\mathbf{u}_1 \leq \alpha\mathbf{x}$. 等しい成分を比較して $\gamma \leq \alpha$. α は A の正の固有値の中で最大となる．

定理の (b) を示そう．$\mathbf{v}$ を A の正の固有ベクトルとして，その固有値を γ' とする．$\mathbf{v}$ が正ベクトルであることに注意し $b > 0$ を
$$\mathbf{x} \leq b\mathbf{v}$$
を満たす最小の数として，$\mathbf{v}_1 = b\mathbf{v}$ とおく．このとき，上と同様に，$\mathbf{v}_1$ と $\mathbf{x}$ との成分のどれか一つは等しいはずである．

$\mathbf{x} \leq \mathbf{v}_1$ の両辺に A を左乗して $A\mathbf{x} \leq A\mathbf{v}_1$. $\mathbf{x}, \mathbf{v}_1$ はそれぞれ A の固有値 α，γ' に対する固有ベクトルであるから $\alpha\mathbf{x} \leq \gamma'\mathbf{v}_1$. 等しい成分を比較して $\alpha \leq \gamma'$. γ' は A の正の固有値となり先に示したことから $\gamma' \leq \alpha$. したがって $\alpha = \gamma'$.

$\mathbf{v}_1 - \mathbf{x} \geq \mathbf{o}$ である．もし $\mathbf{v}_1 - \mathbf{x} \neq \mathbf{o}$ であると仮定すれば
$$\alpha(\mathbf{v}_1 - \mathbf{x}) = A(\mathbf{v}_1 - \mathbf{x})$$

の右辺の各成分が 0 に等しくはなく,左辺には 0 の成分があることに反する.ゆえに,$\mathbf{v}_1 = \mathbf{x}$. すなわち,$\mathbf{v} = \dfrac{1}{b}\mathbf{x}$. 定理の (b) が示された.

以上で定理の証明がすべて完了した. ∎

問題 9.3 n 次行列 A に対する次の 2 条件は同値であることを示せ.
  (a) A は可逆で A^{-1} は非負行列である.
  (b) $A\mathbf{x}$ が非負ベクトルならば $\mathbf{x}$ 自身も非負ベクトルである.

問題および章末問題のヒントと略解

第 1 章

問題

1.1 書き下せば次のようになる.

$$(AA')A'' = \left(\begin{pmatrix} a & b \\ c & d \end{pmatrix}\begin{pmatrix} a' & b' \\ c' & d' \end{pmatrix}\right)\begin{pmatrix} a'' & b'' \\ c'' & d'' \end{pmatrix}$$

$$= \begin{pmatrix} aa'+bc' & ab'+bd' \\ ca'+dc' & cb'+dd' \end{pmatrix}\begin{pmatrix} a'' & b'' \\ c'' & d'' \end{pmatrix}$$

$$= \begin{pmatrix} (aa'+bc')a''+(ab'+bd')c'' & (aa'+bc')b''+(ab'+bd')d'' \\ (ca'+dc')a''+(cb'+dd')c'' & (ca'+dc')b''+(cb'+dd')d'' \end{pmatrix},$$

$$A(A'A'') = \begin{pmatrix} a & b \\ c & d \end{pmatrix}\left(\begin{pmatrix} a' & b' \\ c' & d' \end{pmatrix}\begin{pmatrix} a'' & b'' \\ c'' & d'' \end{pmatrix}\right)$$

$$= \begin{pmatrix} a & b \\ c & d \end{pmatrix}\begin{pmatrix} a'a''+b'c'' & a'b''+b'd'' \\ c'a''+d'c'' & c'b''+d'd'' \end{pmatrix}$$

$$= \begin{pmatrix} a(a'a''+b'c'')+b(c'a''+d'c'') & a(a'b''+b'd'')+b(c'b''+d'd'') \\ c(a'a''+b'c'')+d(c'a''+d'c'') & c(a'b''+b'd'')+d(c'b''+d'd'') \end{pmatrix}.$$

両式の右辺で成分を比較せよ.

1.2 いずれも定義から容易.

1.3 (1) $\begin{pmatrix} 1 & 0 \\ 0 & 0 \end{pmatrix}$, (2) $\begin{pmatrix} 0 & 0 \\ 0 & 0 \end{pmatrix}$, (3) $\begin{pmatrix} 5 & 2 \\ 2 & 1 \end{pmatrix}$, (4) $\begin{pmatrix} 1 & 2 \\ 2 & 5 \end{pmatrix}$,

(5), (6) $\begin{pmatrix} \alpha a & \alpha b \\ \alpha c & \alpha d \end{pmatrix}$.

1.4 (1) $\begin{pmatrix} 4 & 4 \\ -2 & -1 \end{pmatrix}$, (2) $\begin{pmatrix} -17 & 16 \\ 18 & -13 \end{pmatrix}$, (3) $\begin{pmatrix} -9 & 4 \\ -13 & 12 \end{pmatrix}$, (4) $\begin{pmatrix} 9 & -3 \\ -25 & 5 \end{pmatrix}$

1.5 (1) $X = A$ とすれば $XA^{-1} = AA^{-1} = E$, $A^{-1}X = A^{-1}A = E$. すなわち $XA^{-1} = A^{-1}X = E$. これは A^{-1} が可逆であることを意味してさらに $(A^{-1})^{-1} = X = A$.

(2) $X = B^{-1}A^{-1}$ とすれば結合法則を用いて $X(AB) = B^{-1}A^{-1}AB = E$, $(AB)X = ABB^{-1}A^{-1} = E$.

1.6 (1) $\dfrac{1}{5}\begin{pmatrix} 4 & -1 \\ -3 & 2 \end{pmatrix}$, (2) 可逆ではない, (3) $\dfrac{1}{2}\begin{pmatrix} 1 & 1 \\ -1 & 1 \end{pmatrix}$.

1.7 定義より容易.

1.8 (1) $\begin{vmatrix} 1 & 0 \\ 0 & 1 \end{vmatrix} = 1$ より 1 次独立である. $x\begin{pmatrix} 1 \\ 0 \end{pmatrix} + y\begin{pmatrix} 0 \\ 1 \end{pmatrix} = \begin{pmatrix} x \\ y \end{pmatrix} = \begin{pmatrix} 0 \\ 0 \end{pmatrix}$ より $x = y = 0$.

(2) $\begin{vmatrix} 1 & 1 \\ 1 & 2 \end{vmatrix} = 1$ より 1 次独立である. $x\begin{pmatrix} 1 \\ 1 \end{pmatrix} + y\begin{pmatrix} 1 \\ 2 \end{pmatrix} = \begin{pmatrix} 0 \\ 0 \end{pmatrix}$ とすれば $x + y = 0$, $x + 2y = 0$ であるから $x = y = 0$.

(3) $\begin{vmatrix} 1 & 2 \\ 2 & 4 \end{vmatrix} = 0$ より 1 次従属である. $x\begin{pmatrix} 1 \\ 2 \end{pmatrix} + y\begin{pmatrix} 2 \\ 4 \end{pmatrix} = \begin{pmatrix} 0 \\ 0 \end{pmatrix}$ とすれば $x + 2y = 0$ であるからこれを満たす x, y は無数にある.

1.9 (1) $a \neq 0$ であるから $a\mathbf{x} \neq \mathbf{o}$. 線形性を用いて $A(a\mathbf{x}) = aA\mathbf{x} = a\alpha\mathbf{x} = \alpha(a\mathbf{x})$.

(2) 線形性に注意すれば明らか.

1.10 次の計算から容易.
$$\begin{pmatrix} \alpha & 1 \\ 0 & \alpha \end{pmatrix} \begin{pmatrix} \alpha^{n-1} & (n-1)\alpha^{n-2} \\ 0 & \alpha^{n-1} \end{pmatrix} = \begin{pmatrix} \alpha^n & n\alpha^{n-1} \\ 0 & \alpha^n \end{pmatrix}.$$

章末問題

1.1 (1) $\begin{pmatrix} 16 & 2 \\ 4 & 2 \end{pmatrix}$, (2) $\begin{pmatrix} -5 & 39 \\ 10 & -1 \end{pmatrix}$

1.2 特に $A = E$ とおいて積に関して単位行列は相手を変えないことを用いれば $E = E'E = E'$.

1.3 数と異なり $AB = O$ より $A = O$ または $B = O$ は結論されない. 最後の変形が誤り.
$$\begin{pmatrix} 0 & 1 \\ 0 & 0 \end{pmatrix} \begin{pmatrix} 0 & 1 \\ 0 & 0 \end{pmatrix} = \begin{pmatrix} 0 & 0 \\ 0 & 0 \end{pmatrix}.$$

1.4 (1) $\begin{pmatrix} 2 & -3 \\ -1 & 2 \end{pmatrix}$, (2) $\dfrac{1}{3}\begin{pmatrix} 5 & 4 \\ 2 & 1 \end{pmatrix}$.

1.5 (1) $2, \begin{pmatrix} 1 \\ -1 \end{pmatrix}; 4, \begin{pmatrix} 1 \\ 1 \end{pmatrix}$, (2) $2, \begin{pmatrix} 1 \\ -1 \end{pmatrix}$.

1.6 (1) $\begin{pmatrix} 2 & 3 \\ 3 & 2 \end{pmatrix}^n = \begin{pmatrix} 1 & 1 \\ -1 & 1 \end{pmatrix} \begin{pmatrix} (-1)^n & 0 \\ 0 & 5^n \end{pmatrix} \begin{pmatrix} 1 & 1 \\ -1 & 1 \end{pmatrix}^{-1}$,

(2) $\begin{pmatrix} -2 & 1 \\ 4 & 1 \end{pmatrix}^n = \begin{pmatrix} 1 & 1 \\ -1 & 4 \end{pmatrix} \begin{pmatrix} (-3)^n & 0 \\ 0 & 2^n \end{pmatrix} \begin{pmatrix} 1 & 1 \\ -1 & 4 \end{pmatrix}^{-1}$.

1.7 次の式で両辺のベクトルを比較せよ．
$$(A\mathbf{u}, A\mathbf{v}) = AP = P(\alpha \mathbf{e}_1, \beta \mathbf{e}_2) = (\alpha P \mathbf{e}_1, \beta P \mathbf{e}_2) = (\alpha \mathbf{u}, \beta \mathbf{v}).$$

1.8 (1) $2, \begin{pmatrix} 1 \\ -1 \end{pmatrix}; 4, \begin{pmatrix} 1 \\ 1 \end{pmatrix}$,

(2) $\begin{pmatrix} 3 & 1 \\ 1 & 3 \end{pmatrix}^n = \begin{pmatrix} 1 & 1 \\ -1 & 1 \end{pmatrix} \begin{pmatrix} 2^n & 0 \\ 0 & 4^n \end{pmatrix} \begin{pmatrix} 1 & 1 \\ -1 & 1 \end{pmatrix}^{-1}$,

(3) $\begin{pmatrix} 1 & 1 \\ -1 & 1 \end{pmatrix} \begin{pmatrix} \sqrt[3]{2} & 0 \\ 0 & \sqrt[3]{4} \end{pmatrix} \begin{pmatrix} 1 & 1 \\ -1 & 1 \end{pmatrix}^{-1}$.

第 2 章

問題

2.1 (1) $\begin{pmatrix} 13 & 7 & 4 \\ -10 & -2 & 2 \\ 2 & -2 & -4 \end{pmatrix}$, (2) $\begin{pmatrix} 0 & -11 \end{pmatrix}$.

2.2 $\begin{pmatrix} 1 & 0 & 0 \\ 0 & 2^{-1} & 0 \\ 0 & 0 & 3^{-1} \end{pmatrix}$

章末問題

2.1 (1) $\begin{pmatrix} 2 & 0 & 1 \\ 4 & 0 & 2 \\ 2 & 0 & 1 \end{pmatrix}$, (2) 3, (3) $\begin{pmatrix} 0 & 10 \\ 5 & 2 \end{pmatrix}$,

(4) $\begin{pmatrix} 1 & 4 & 9 \\ 12 & -1 & 10 \\ -21 & 7 & -7 \end{pmatrix} + \begin{pmatrix} -7 & 0 & -7 \\ -10 & 2 & -6 \\ 10 & -2 & 6 \end{pmatrix} = \begin{pmatrix} -6 & 4 & 2 \\ 2 & 1 & 4 \\ -11 & 5 & -1 \end{pmatrix}$.

2.2 A を可逆とすれば $AB = O$ の両辺に A^{-1} を左乗して $B = O$ となり仮定に矛盾する．B を可逆とすれば $AB = O$ の両辺に B^{-1} を右乗して $A = O$ となり仮定に矛盾する．ゆえに A, B は共に可逆行列ではない．

2.3 (1) $X = A^{k-1}$ とおけば $XA = AX = A^k = E$.
(2) 可逆とすれば $A = E$ となり矛盾．
(3) 可逆とすれば $E = O$ となり矛盾．
(4) $(E - A)(E + A + A^2 + \cdots + A^{k-1}) = E - A^k = E$, $(E + A + A^2 + \cdots + A^{k-1})(E - A) = E - A^k = E$.

2.4 $A = \begin{pmatrix} a & b \\ c & d \end{pmatrix}$ としよう．まず $X = \begin{pmatrix} 1 & 0 \\ 0 & 0 \end{pmatrix}$ とおいて可換であることを用いれば，$\begin{pmatrix} a & b \\ 0 & 0 \end{pmatrix} = \begin{pmatrix} a & 0 \\ c & 0 \end{pmatrix}$. 両辺で成分を比較して $b = c = 0$. 次に $X = \begin{pmatrix} 0 & 1 \\ 0 & 0 \end{pmatrix}$ と

おいて可換であることを用いれば，$\begin{pmatrix} 0 & d \\ 0 & 0 \end{pmatrix} = \begin{pmatrix} 0 & a \\ 0 & 0 \end{pmatrix}$. ゆえに $a = d$. これは A がスカラー行列であることを意味する．3次行列の場合も同様にしてスカラー行列となることがわかる．

2.5 $A+B = AB$ より $(E-A)(E-B) = E-A-B+AB = E$. $(E-A)(E-B) = E$ であれば $(E-B)(E-A) = E$ となるから（定理 2.3 (p.40) 参照）これを展開して $BA = A+B = AB$.

2.6 $b_{ik}a_{kj}$ は $k = i+1, j = i$ のときにだけ 1 であり他のときには 0 であるから

$$\sum_{k=1}^{\infty} b_{ik}a_{kj} = \begin{cases} 1, & (i = j), \\ 0, & (i \neq j). \end{cases}$$

すなわち $BA = E$ である．他方 $a_{ik}b_{kj}$ は $k+1 = i, j = i$ のときにだけ 1 であり他のときには 0 であるから

$$\sum_{k=1}^{\infty} a_{ik}b_{kj} = \begin{cases} 1, & (i = j, i \geq 2), \\ 0, & (i = j = 1, i \neq j). \end{cases}$$

すなわち $AB \neq E$.

第 3 章

問題

3.3 $\begin{pmatrix} 1 & 0 & 0 \\ 0 & 1 & 0 \\ 0 & 0 & 1 \end{pmatrix}$

3.4 $r < n$ ならば，$\begin{pmatrix} E_r & O \\ O & O \end{pmatrix} \begin{pmatrix} \mathbf{o} \\ 1 \end{pmatrix} = \begin{pmatrix} \mathbf{o} \\ 0 \end{pmatrix}$ となる．$\begin{pmatrix} E_r & O \\ O & O \end{pmatrix}$ を可逆とすれば $\begin{pmatrix} E_r & O \\ O & O \end{pmatrix}^{-1}$ を上式の両辺に左乗して $\begin{pmatrix} \mathbf{o} \\ 1 \end{pmatrix} = \begin{pmatrix} \mathbf{o} \\ 0 \end{pmatrix}$. これは矛盾．

3.5 $\begin{pmatrix} x_1 \\ x_2 \\ x_3 \\ x_4 \end{pmatrix} = \begin{pmatrix} 1 \\ 2 \\ 3 \\ 4 \end{pmatrix}$

3.6 $\dfrac{1}{2} \begin{pmatrix} -1 & 1 & 1 \\ 1 & -1 & 1 \\ 1 & 1 & -1 \end{pmatrix}$

章末問題

3.1 $x_1 = x_2 = x_3 = x_4 = 1$.

3.2 (1) $\dfrac{1}{4}\begin{pmatrix} -1 & 1 & 1 \\ 1 & -1 & 1 \\ 1 & 1 & -1 \end{pmatrix}$, (2) $\begin{pmatrix} 4 & 18 & -16 & 9 \\ 0 & -1 & 1 & 0 \\ 1 & 3 & -3 & 2 \\ 1 & 6 & -5 & 3 \end{pmatrix}$.

3.3 (1) $P^{-1} = \begin{pmatrix} -2 & -1 & 1 \\ 1 & -1 & -1 \\ 0 & 2 & 1 \end{pmatrix}$, (2) $P^{-1}AP = \begin{pmatrix} 2 & 0 & 0 \\ 0 & 1 & 0 \\ 0 & 0 & 0 \end{pmatrix}$,

(3) $A^n = P \begin{pmatrix} 2^n & 0 & 0 \\ 0 & 1 & 0 \\ 0 & 0 & 0 \end{pmatrix} P^{-1}$.

3.5 帰納的に証明しよう．まず 2 次行列 $\begin{pmatrix} 1 & b \\ c & 1 \end{pmatrix}$ は，$|b|, |c| < 1$ であれば

$$\begin{vmatrix} 1 & b \\ c & 1 \end{vmatrix} = 1 - bc \neq 0$$

であるから可逆となる．特に $\mathrm{rank}\begin{pmatrix} 1 & b \\ c & 1 \end{pmatrix} = 2$. 問題の条件を満たす n 次行列 $A = (a_{ij})$ は可逆であると仮定する．このとき特に $\mathrm{rank}\, A = n$. $n+1$ 次行列 $B = (B_{ij})$ は

$$b_{ii} = 1, \qquad |b_{ij}| < \dfrac{1}{n} \quad (i \neq j)$$

を満たせば $\mathrm{rank}\, B = n+1$ となることを証明して B が可逆行列であることを示そう．B についてその $(1,1)$ 成分を要にして 1 行と 1 列とを掃き出せば

$$\begin{pmatrix} 1 & O_{1,n} \\ O_{n,1} & C \end{pmatrix}$$

の形に変形できる．ここで $C = (c_{ij})$ は n 次行列であり

$$c_{ii} = 1 - b_{i1}b_{1i}, \qquad c_{ij} = b_{ij} - b_{i1}b_{1j} \quad (i \neq j)$$

の形をもつ．さらに i 行を c_{ii} で割って $C' = (c'_{ij})$

$$c'_{ii} = 1, \qquad c'_{ij} = \dfrac{b_{ij} - b_{i1}b_{1j}}{1 - b_{i1}b_{1i}} \quad (i \neq j)$$

へ変形できる．$|c'_{ij}| < \dfrac{1}{n-1}$ であることがわかれば C' に帰納法の仮定が適用されて $\mathrm{rank}\, C' = n$ となり $\mathrm{rank}\, B = n+1$ が従う．

$$|b_{ij} - b_{i1}b_{1j}| \leq |b_{ij}| + |b_{i1}||b_{1j}| < \dfrac{1}{n} + \dfrac{1}{n^2},$$

$$|1 - b_{i1}b_{1i}| \geq 1 - |b_{i1}||b_{1i}| > 1 - \dfrac{1}{n^2}.$$

これより

$$|c'_{ij}| < \dfrac{n+1}{n^2-1} = \dfrac{1}{n-1}.$$

3.6 (1) $a-1=0$, $ab+b-2=0$ のとき階数 1. $a-1=0$, $ab+b-2\neq 0$ または $a-1\neq 0$, $ab+b-2=0$ のとき階数 2. $a-1\neq 0$, $ab+b-2\neq 0$ のとき階数 3.

(2) $\dfrac{1}{(a-1)(ab+b-2)}\begin{pmatrix} ab-1 & 1-b & 1-a \\ 1-b & ab-1 & 1-a \\ 1-a & 1-a & a^2-1 \end{pmatrix}$.

3.7 A, B の階数をそれぞれ r, s とすれば, A' を (r, m) 型行列, B' を (m, s) 型行列として, A は行に関する初等変形だけで $\begin{pmatrix} A' \\ O \end{pmatrix}$ の形に変形でき, B は列に関する初等変形だけで $(B'\ O)$ の形に変形できる. これは l 次行列 P および n 次行列 P' が存在して

$$PA = \begin{pmatrix} A' \\ O \end{pmatrix}, \qquad BP' = (B'\ O)$$

とできることを意味する. 積に関する結合法則を考慮すれば

$$P(AB)P' = (PA)(BP') = \begin{pmatrix} C & O \\ O & O \end{pmatrix}.$$

ここで C は (r, s) 型行列となる. さらに右辺に行・列の初等変形を加えて $\operatorname{rank} AB \leq \min(r, s)$ が成立する.

第 4 章

問題

4.1 (1) 方程式
$$x\begin{pmatrix} 0 \\ 1 \\ 2 \end{pmatrix} + y\begin{pmatrix} 1 \\ 0 \\ 3 \end{pmatrix} + z\begin{pmatrix} 2 \\ 3 \\ 0 \end{pmatrix} = \begin{pmatrix} 0 \\ 0 \\ 0 \end{pmatrix}$$

すなわち,
$$y + 2z = 0, \quad x + 3z = 0, \quad 2x + 3y = 0$$

を解けば, $x = y = 0$. 1 次独立である.

(2) 方程式
$$x\begin{pmatrix} 0 \\ -1 \\ -2 \end{pmatrix} + y\begin{pmatrix} 1 \\ 0 \\ -3 \end{pmatrix} + z\begin{pmatrix} 2 \\ 3 \\ 0 \end{pmatrix} = \begin{pmatrix} 0 \\ 0 \\ 0 \end{pmatrix}$$

すなわち,
$$y + 2z = 0, \quad -x + 3z = 0, \quad -2x - 3y = 0$$

は自明な解の他に解をもつ. 1 次従属である.

4.2 たとえば $1\mathbf{o} = \mathbf{o}$ であるから 1 次従属となる.

4.4 $\mathcal{W}$ は部分空間であるから特に空ではない. ゆえに, あるベクトル $\mathbf{a} \in \mathcal{W}$ が存在する. $\mathbf{a}$ のスカラー倍は $\mathcal{W}$ の元であるから $\mathbf{o} = 0\mathbf{a} \in \mathcal{W}$. $\mathbf{x} \in \mathcal{W}$ とすれば $\mathbf{x}$ のスカラー倍は $\mathcal{W}$ の元であるから $-\mathbf{x} = (-1)\mathbf{x} \in \mathcal{W}$.

4.5 $\begin{pmatrix} 1 \\ 0 \\ -1 \end{pmatrix}, \begin{pmatrix} 0 \\ 1 \\ -1 \end{pmatrix} \in \mathcal{W}_1, \begin{pmatrix} 1 \\ 1 \\ 1 \end{pmatrix} \in \mathcal{W}_2, \begin{pmatrix} 1 \\ 1 \\ 1 \end{pmatrix} \in \mathcal{W}_3$ である. ベクトル $\begin{pmatrix} 1 \\ 0 \\ -1 \end{pmatrix}$, $\begin{pmatrix} 0 \\ 1 \\ -1 \end{pmatrix}, \begin{pmatrix} 1 \\ 1 \\ 1 \end{pmatrix}$ は1次独立であるから, $\mathcal{W}_1 + \mathcal{W}_2 = \mathbf{R}^3, \mathcal{W}_1 + \mathcal{W}_3 = \mathbf{R}^3$.

章末問題

4.1 方程式 $x\mathbf{a}_1 + y\mathbf{a}_2 = z\mathbf{a}_3 + w\mathbf{a}_4$, すなわち

$$x - y = -w, \quad 2x + y = z - 9w, \quad 3y = -5z - w, \quad 4x - 3y = -2z - 4w$$

を解けば, $x = -3z, y = -2z, w = z$. したがって

$$\mathcal{W}_1 \cap \mathcal{W}_2 = z\mathbf{a}_3 + z\mathbf{a}_4 = z\begin{pmatrix} -1 \\ -8 \\ -6 \\ -6 \end{pmatrix}.$$

次元は1, 基底は $\begin{pmatrix} 1 \\ 8 \\ 6 \\ 6 \end{pmatrix}$.

4.2 $\mathbf{R}^4$ において並行ではない二つの平面の共通部分は直線ではないことがある.

4.3 $\mathbf{x}_1, \cdots, \mathbf{x}_r \in \mathcal{W}_1$ を1次独立なベクトルとし, $\mathbf{y}_1, \cdots, \mathbf{y}_s \in \mathcal{W}_2$ を1次独立なベクトルとする. $a_1\mathbf{x}_1 + \cdots + a_r\mathbf{x}_r + b_1\mathbf{y}_1 + \cdots + b_s\mathbf{y}_s = \mathbf{o}$ とすれば, $a_1\mathbf{x}_1 + \cdots + a_r\mathbf{x}_r = -b_1\mathbf{y}_1 - \cdots - b_s\mathbf{y}_s$. 左辺は $\mathcal{W}_1$ の元, 右辺は $\mathcal{W}_2$ の元であるから両辺は共に $\mathcal{W}_1 \cap \mathcal{W}_2$ の元である. $\mathcal{W}_1 \cap \mathcal{W}_2 = \{\mathbf{o}\}$ であるから, $a_1\mathbf{x}_1 + \cdots + a_r\mathbf{x}_r = \mathbf{o}, b_1\mathbf{y}_1 + \cdots + b_s\mathbf{y}_s = \mathbf{o}$. 二つの式の左辺のベクトルはそれぞれ1次独立であることより, $a_1 = \cdots = a_r = 0, b_1 = \cdots = b_s = 0$. これはベクトル $\mathbf{x}_1, \cdots, \mathbf{x}_r, \mathbf{y}_1, \cdots, \mathbf{y}_s$ が1次独立を意味する.

4.4 $\mathbf{a}_1, \mathbf{a}_2, \mathbf{a}_3$ が1次従属であることより少なくとも一つは0ではない数 a_1, a_2, a_3 が存在して, $a_1\mathbf{a}_1 + a_2\mathbf{a}_2 + a_3\mathbf{a}_3 = \mathbf{o}$ とできる. 同様に $\mathbf{a}'_1, \mathbf{a}_2, \mathbf{a}_3$ が1次従属であることより少なくとも一つは0ではない数 b_1, b_2, b_3 が存在して, $b_1\mathbf{a}'_1 + b_2\mathbf{a}_2 + b_3\mathbf{a}_3 = \mathbf{o}$ とできる. まず a_1, b_1 のどちらか一方が0に等しいとしよう. たとえば $a_1 = 0$ とすれば $a_2\mathbf{a}_2 + a_3\mathbf{a}_3 = \mathbf{o}$ となり, $0(\mathbf{a}_1 + \mathbf{a}'_1) + a_2\mathbf{a}_2 + a_3\mathbf{a}_3 = \mathbf{o}$. a_2, a_3 の少なくとも一つは0ではないから左辺のベクトルは1次従属となる. $b_1 = 0$ としたときも同様. 次に a_1, b_1 が共に0と等しくないとしよう. このとき, $\mathbf{a}_1 + \dfrac{a_2}{a_1}\mathbf{a}_2 + \dfrac{a_3}{a_1}\mathbf{a}_3 = \mathbf{o}$, $\mathbf{a}'_1 + \dfrac{b_2}{b_1}\mathbf{a}_2 + \dfrac{b_3}{b_1}\mathbf{a}_3 = \mathbf{o}$. これより $(\mathbf{a}_1 + \mathbf{a}'_1) + c_2\mathbf{a}_1 + c_3\mathbf{a}_3 = \mathbf{o}$ が成立して左辺のベクトルは1次従属となる.

4.5 (1) $x = y = 0$ とすれば $f(0) = f(0) + f(0) \Longrightarrow f(0) = 0$. $y = -x$ とすれば $f(x) + f(-x) = f(0) = 0 \Longrightarrow f(-x) = -f(x)$.

(2) $y = x$ とすれば $f(2x) = f(x) + f(x) = 2f(x)$. $y = 2x$ とすれば $f(3x) = f(x) + f(2x) = 3f(x)$. 同様にして $f(nx) = nf(x)$.

(3) $f(ny) = nf(y)$ において $y = \dfrac{1}{n}x$ とすれば $f\left(\dfrac{1}{n}x\right) = \dfrac{1}{n}f(x)$. 後は容易.

4.6 方程式
$$\begin{pmatrix} 1 & -1 & 1 & -1 \\ 2 & -2 & 2 & -2 \\ 2 & -3 & 4 & -4 \\ 1 & -2 & 3 & -3 \end{pmatrix} \begin{pmatrix} x \\ y \\ z \\ w \end{pmatrix} = \begin{pmatrix} 0 \\ 0 \\ 0 \\ 0 \end{pmatrix}$$
を解けば, $x = z - w$, $y = 2z - 2w$. すなわち, ベクトル
$$\begin{pmatrix} z - w \\ 2z - 2w \\ z \\ w \end{pmatrix} = z \begin{pmatrix} 1 \\ 2 \\ 1 \\ 0 \end{pmatrix} + w \begin{pmatrix} -1 \\ -2 \\ 0 \\ 1 \end{pmatrix}$$
が解となる. ゆえに $N(A)$ の次元は 2 となり, 基底は $\begin{pmatrix} 1 \\ 2 \\ 1 \\ 0 \end{pmatrix}, \begin{pmatrix} -1 \\ -2 \\ 0 \\ 1 \end{pmatrix}$.

次元定理により $\dim R(A) = 4 - \dim N(A) = 2$. 基底として A の 1 次独立な二つの列ベクトルを選び, たとえば $\begin{pmatrix} 1 \\ 2 \\ 2 \\ 1 \end{pmatrix}, \begin{pmatrix} 1 \\ 2 \\ 4 \\ 3 \end{pmatrix}$.

4.7 (1) $x_1\mathbf{a}_1 + x_2\mathbf{a}_2 + \cdots + x_k\mathbf{a}_k = \mathbf{o}$ の両辺に A を左乗して線形性を考慮すれば, $x_1 A\mathbf{a}_1 + x_2 A\mathbf{a}_2 + \cdots + x_k A\mathbf{a}_k = \mathbf{o}$. この式の左辺に現れるベクトルは 1 次独立であるから, $x_1 = x_2 = \cdots = x_k = 0$. 1 次独立性が従う.

(2) $A = O$.

4.8 $x_1 A\mathbf{a}_1 + x_2 A\mathbf{a}_2 + \cdots + x_k A\mathbf{a}_k = \mathbf{o}$ の両辺に A^{-1} を左乗して線形性を考慮すれば, $x_1\mathbf{a}_1 + x_2\mathbf{a}_2 + \cdots + x_k\mathbf{a}_k = \mathbf{o}$. この式の左辺に現れるベクトルは 1 次独立であるから, $x_1 = x_2 = \cdots = x_k = 0$. 1 次独立性が従う.

第 5 章

問題

5.1 $\mathbf{a}_1 = \begin{pmatrix} a \\ c \end{pmatrix}$, $\mathbf{a}_2 = \begin{pmatrix} b \\ d \end{pmatrix}$, $\mathbf{a}_1' = \begin{pmatrix} a' \\ c' \end{pmatrix}$, $\mathbf{a}_2' = \begin{pmatrix} b' \\ d' \end{pmatrix}$ とおく.

(i)
$$\det(\mathbf{a}_1 + \mathbf{a}_1', \mathbf{a}_2) = \begin{vmatrix} a + a' & b \\ c + c' & d \end{vmatrix}$$
$$= (a + a')d - b(c + c') = (ad - bc) + (a'd - bc') = \det(\mathbf{a}_1, \mathbf{a}_2) + \det(\mathbf{a}_1', \mathbf{a}_2).$$

$$\det(\mathbf{a}_1, \mathbf{a}_2 + \mathbf{a}_2') = \begin{vmatrix} a & b+b' \\ c & d+d' \end{vmatrix}$$
$$= a(d+d') - (b+b')c = (ad-bc) + (ad'-b'c) = \det(\mathbf{a}_1, \mathbf{a}_2) + \det(\mathbf{a}_1, \mathbf{a}_2').$$

$$\det(\alpha\mathbf{a}_1, \mathbf{a}_2) = \begin{vmatrix} \alpha a & b \\ \alpha c & d \end{vmatrix} = \alpha(ad-bc) = \alpha\det(\mathbf{a}_1, \mathbf{a}_2).$$

$$\det(\mathbf{a}_1, \alpha\mathbf{a}_2) = \begin{vmatrix} a & \alpha b \\ c & \alpha d \end{vmatrix} = \alpha(ad-bc) = \alpha\det(\mathbf{a}_1, \mathbf{a}_2).$$

(ii)
$$\det(\mathbf{a}_2, \mathbf{a}_1) = \begin{vmatrix} b & a \\ d & c \end{vmatrix} = bc - ad = -(ad-bc) = -\det(\mathbf{a}_1, \mathbf{a}_2).$$

(iii)
$$\det E = \det(\mathbf{e}_1, \mathbf{e}_2) = \begin{vmatrix} 1 & 0 \\ 0 & 1 \end{vmatrix} = 1.$$

5.2 $x = \dfrac{7}{3},\quad y = \dfrac{4}{3}.$

5.3 $2, 0.$

章末問題

5.2 積の行列式は行列式の積であるから $|AB| = |A||B|$. A, AB は共に可逆であるから $|A| \neq 0, |AB| \neq 0$. これより $|B| \neq 0$ が従い B は可逆である.

5.4 $x = 7,\quad y = -2,\quad z = 4.$

5.5 (1) クラメルの公式を想起すれば明らか.

(2) 十分であることは定理 5.11 (p.110) より従う. また, (1) の結果からも導くことができる. 必要であることは, 積の行列式は行列式の積であることを用いて容易に証明できる.

第 6 章

問題

6.1 $A\mathbf{o} = \alpha\mathbf{o}$ であるから $\mathbf{o} \in \mathcal{V}(A;\alpha)$ となり $\mathcal{V}(A;\alpha)$ は空ではない. $\mathbf{x}, \mathbf{y} \in \mathcal{V}(A;\alpha)$ とすれば $A\mathbf{x} = \alpha\mathbf{x}, A\mathbf{y} = \alpha\mathbf{y}$ を満たし, 線形性により $A(\mathbf{x}+\mathbf{y}) = A\mathbf{x} + A\mathbf{y} = \alpha(\mathbf{x}+\mathbf{y})$. ゆえに $\mathbf{x}+\mathbf{y} \in \mathcal{V}(A;\alpha)$. $c\mathbf{x} \in \mathcal{V}(A;\alpha)$ $(c \in \mathbf{R})$ も同様に証明できる. これより $\mathcal{V}(A;\alpha)$ は $\mathbf{R}^n$ の部分空間となる.

6.2 $1, \begin{pmatrix} 1 \\ 0 \\ 0 \end{pmatrix};\quad 2, \begin{pmatrix} 0 \\ 1 \\ 0 \end{pmatrix};\quad 3, \begin{pmatrix} 0 \\ 0 \\ 1 \end{pmatrix}.$

6.3 $\mathbf{x} \in \mathcal{V}(A;\alpha) \cap \mathcal{V}(A;\beta)$ とすれば,$A\mathbf{x} = \alpha\mathbf{x}$, $A\mathbf{x} = \beta\mathbf{x}$ を満たす.これより $(\alpha - \beta)\mathbf{x} = \mathbf{o}$ が成立して $\alpha \neq \beta$ の仮定より $\mathbf{x} = \mathbf{o}$.

> 章末問題

6.1 (1) $\mathbf{y} \in T(\mathbf{R}^n)$ とすれば $\mathbf{x} \in \mathbf{R}^n$ が存在して $\mathbf{y} = T(\mathbf{x})$ とできる.$\mathbf{a}_1, \mathbf{a}_2, \cdots, \mathbf{a}_n$ は $\mathbf{R}^n$ の基底であるから

$$\mathbf{x} = x_1\mathbf{a}_1 + x_2\mathbf{a}_2 + \cdots + x_n\mathbf{a}_n \quad (x_1, x_2, \cdots, x_n \in \mathbf{R})$$

と一意的に表される.この表現を用いて線形性を考慮すれば

$$\mathbf{y} = T(\mathbf{x}) = x_1 T(\mathbf{a}_1) + x_2 T(\mathbf{a}_2) + \cdots + x_n T(\mathbf{a}_n).$$

これは $T(\mathbf{R}^n)$ が $T(\mathbf{a}_1), T(\mathbf{a}_2), \cdots, T(\mathbf{a}_n)$ により生成されることを意味している.

(2) $T^{-1}(\mathbf{b}) \subset \mathbf{R}^n$ を部分空間とすれば $\mathbf{o} \in T^{-1}(\mathbf{b})$ である.ところが $T(\mathbf{o}) = \mathbf{o} \neq \mathbf{b}$ であるから $\mathbf{o} \notin T^{-1}(\mathbf{b})$.これは矛盾.

(3) $a_1\mathbf{v}_1 + a_2\mathbf{v}_2 + \cdots + a_k\mathbf{v}_k = \mathbf{o}$ の両辺に T を施して線形性を考慮すれば,

$$a_1 T(\mathbf{v}_1) + a_2 T(\mathbf{v}_2) + \cdots + a_k T(\mathbf{v}_k) = T(\mathbf{o}) = \mathbf{o}.$$

この式の左辺に現れるベクトルは 1 次独立であるから

$$a_1 = a_2 = \cdots = a_k = 0.$$

これはベクトル $\mathbf{v}_1, \mathbf{v}_2, \cdots, \mathbf{v}_k$ が 1 次独立であることを意味している.

6.2 (2) α を A の固有値とすれば $\mathbf{x} \in \mathbf{R}^n$ ($\mathbf{x} \neq \mathbf{o}$) が存在して $A\mathbf{x} = \alpha\mathbf{x}$ とできる.これより $A^m\mathbf{x} = \alpha^m\mathbf{x}$.条件より $A^m = O$ であるから $\alpha^m\mathbf{x} = \mathbf{o}$.$\mathbf{x} \neq \mathbf{o}$ より $\alpha = 0$.

(3) 対角化可能であれば (2) より対角線に 0 のみが並び,$A = O$ となって矛盾に至る.

6.3 $2, \begin{pmatrix} 1 \\ -1 \\ -1 \end{pmatrix}$; $4, \begin{pmatrix} 1 \\ -1 \\ 1 \end{pmatrix}$; $6, \begin{pmatrix} 1 \\ 1 \\ -1 \end{pmatrix}$.

6.4 A を求める 3 次行列とすれば

$$A\begin{pmatrix} 1 \\ 0 \\ 1 \end{pmatrix} = 2\begin{pmatrix} 1 \\ 0 \\ 1 \end{pmatrix}, \quad A\begin{pmatrix} 1 \\ 1 \\ 1 \end{pmatrix} = 4\begin{pmatrix} 1 \\ 1 \\ 1 \end{pmatrix}, \quad A\begin{pmatrix} 0 \\ 1 \\ 1 \end{pmatrix} = 6\begin{pmatrix} 0 \\ 1 \\ 1 \end{pmatrix}$$

を満たす.これより

$$\left(A\begin{pmatrix} 1 \\ 0 \\ 1 \end{pmatrix}, A\begin{pmatrix} 1 \\ 1 \\ 1 \end{pmatrix}, A\begin{pmatrix} 0 \\ 1 \\ 1 \end{pmatrix} \right) = \left(2\begin{pmatrix} 1 \\ 0 \\ 1 \end{pmatrix}, 4\begin{pmatrix} 1 \\ 1 \\ 1 \end{pmatrix}, 6\begin{pmatrix} 0 \\ 1 \\ 1 \end{pmatrix} \right).$$

すなわち,

$$A\begin{pmatrix} 1 & 1 & 0 \\ 0 & 1 & 1 \\ 1 & 1 & 1 \end{pmatrix} = \begin{pmatrix} 2 & 4 & 0 \\ 0 & 4 & 6 \\ 2 & 4 & 6 \end{pmatrix}.$$

$$\begin{pmatrix} 1 & 1 & 0 \\ 0 & 1 & 1 \\ 1 & 1 & 1 \end{pmatrix}^{-1} = \begin{pmatrix} 0 & -1 & 1 \\ 1 & 1 & -1 \\ -1 & 0 & 1 \end{pmatrix}$$ と計算できて

$$A = \begin{pmatrix} 2 & 4 & 0 \\ 0 & 4 & 6 \\ 2 & 4 & 6 \end{pmatrix} \begin{pmatrix} 0 & -1 & 1 \\ 1 & 1 & -1 \\ -1 & 0 & 1 \end{pmatrix} = \begin{pmatrix} 4 & 2 & -2 \\ -2 & 4 & 2 \\ -2 & 2 & 4 \end{pmatrix}.$$

第7章

問題

7.1 いずれも定義から容易.

7.2 $\dfrac{a^2+b^2}{2} - ab = \dfrac{a^2 - 2ab + b^2}{2} = \dfrac{(a-b)^2}{2} \geq 0.$ ゆえに $\dfrac{a^2+b^2}{2} \geq ab.$

7.3 $2, 2, \pi/6$.

7.4 $x_1\mathbf{e}_1 + x_2\mathbf{e}_2 + \cdots + x_r\mathbf{e}_r = \mathbf{o}$ とすれば, (a) より $x_i = \langle \mathbf{o}, \mathbf{e}_i \rangle = 0$ ($i = 1, 2, \cdots, r$). これはベクトル $\mathbf{e}_1, \mathbf{e}_2, \cdots, \mathbf{e}_r$ が1次独立であることを意味している.

7.5 $\mathbf{e}_1 = \begin{pmatrix} \frac{1}{\sqrt{2}} \\ \frac{1}{\sqrt{2}} \end{pmatrix}, \quad \mathbf{e}_2 = \begin{pmatrix} -\frac{1}{\sqrt{2}} \\ \frac{1}{\sqrt{2}} \end{pmatrix}.$

章末問題

7.1 (1) 定義から次が従う.

$$
{}^T B\, {}^T A = \begin{pmatrix} b_{11} & b_{21} & \cdots & b_{m1} \\ b_{12} & b_{22} & \cdots & b_{m2} \\ \vdots & \vdots & \ddots & \vdots \\ b_{1n} & b_{2n} & \cdots & b_{mn} \end{pmatrix} \begin{pmatrix} a_{11} & a_{21} & \cdots & a_{l1} \\ a_{12} & a_{22} & \cdots & a_{l2} \\ \vdots & \vdots & \ddots & \vdots \\ a_{1m} & a_{2m} & \cdots & a_{lm} \end{pmatrix}
$$

$$
= \begin{pmatrix} \sum_{j=1}^m b_{j1}a_{1j} & \sum_{j=1}^m b_{j1}a_{2j} & \cdots & \sum_{j=1}^m b_{j1}a_{lj} \\ \sum_{j=1}^m b_{j2}a_{1j} & \sum_{j=1}^m b_{j2}a_{2j} & \cdots & \sum_{j=1}^m b_{j2}a_{lj} \\ \vdots & \vdots & \ddots & \vdots \\ \sum_{j=1}^m b_{jn}a_{1j} & \sum_{j=1}^m b_{jn}a_{2j} & \cdots & \sum_{j=1}^m b_{jn}a_{lj} \end{pmatrix}
$$

$$
= \begin{pmatrix} \sum_{j=1}^m a_{1j}b_{j1} & \sum_{j=1}^m a_{2j}b_{j1} & \cdots & \sum_{j=1}^m a_{lj}b_{j1} \\ \sum_{j=1}^m a_{1j}b_{j2} & \sum_{j=1}^m a_{2j}b_{j2} & \cdots & \sum_{j=1}^m a_{lj}b_{j2} \\ \vdots & \vdots & \ddots & \vdots \\ \sum_{j=1}^m a_{1j}b_{jn} & \sum_{j=1}^m a_{2j}b_{jn} & \cdots & \sum_{j=1}^m a_{lj}b_{jn} \end{pmatrix}
$$

$$= {}^T(AB).$$

(2) $\langle A\mathbf{x}, \mathbf{y} \rangle = {}^T(A\mathbf{x})\mathbf{y}$ と書き換えて (1) を用いれば ${}^T(A\mathbf{x}) = {}^T\mathbf{x}\,{}^T A$ であるから, 結合法則により $\langle A\mathbf{x}, \mathbf{y} \rangle = {}^T(A\mathbf{x})\mathbf{y} = {}^T\mathbf{x}\,{}^T A\mathbf{y} = \langle \mathbf{x}, {}^T A\mathbf{y} \rangle.$

7.2 章末問題 7.1 を用いて $A^{-1}A = AA^{-1} = E$ を転置すれば，${}^{T}A\,{}^{T}(A^{-1}) = {}^{T}(A^{-1})\,{}^{T}A = E$.

7.3 $A^{-1}A = AA^{-1} = E$ および ${}^{T}A\,{}^{T}(A^{-1}) = {}^{T}(A^{-1})\,{}^{T}A = E$ が成立して ${}^{T}A = A$ であるから $A^{-1}A = {}^{T}(A^{-1})A$ が従う．A^{-1} を右乗して $A^{-1} = {}^{T}(A^{-1})$．これは A^{-1} が対称行列であることを意味している．

第 8 章

問題

8.1 (3) $P \begin{pmatrix} \alpha^n & n\alpha^{n-1} & \frac{n(n-1)}{2}\alpha^{n-2} \\ 0 & \alpha^n & n\alpha^{n-1} \\ 0 & 0 & \alpha^n \end{pmatrix} P^{-1}.$

第 9 章

問題

9.1 まず特性方程式の解を求めよう．

$$t^2 - (a+d)t + (ad-bc) = 0.$$

これを変形して

$$\left(t - \frac{a+d}{2}\right)^2 = \frac{(a-d)^2}{4} + bc.$$

$bc \geq 0$ であるからこの右辺は非負となり

$$t = \frac{a+d}{2} \pm \sqrt{\frac{(a-d)^2}{4} + bc}.$$

A は正の固有値 $\alpha = \frac{a+d}{2} + \sqrt{\frac{(a-d)^2}{4} + bc}$ をもつ．この固有値に対する固有ベクトルは，たとえば $\begin{pmatrix} b \\ \alpha - a \end{pmatrix}$ であり

$$\alpha - a = \frac{a+d}{2} + \sqrt{\frac{(a-d)^2}{4} + bc} - a > \frac{1}{2}(-(a-d) + |a-d|) \geq 0$$

と計算できて正の固有ベクトルとなる．

9.2 $\mathbf{x} \boxed{\leq} \mathbf{y}$ より $\mathbf{y} - \mathbf{x}$ は非負ベクトルである．

$$A\mathbf{y} - A\mathbf{x} = A(\mathbf{y} - \mathbf{x})$$

としてこの右辺は正行列と非負ベクトルとの積であるから非負ベクトル．
ゆえに $A\mathbf{x} \boxed{\leq} A\mathbf{y}$.

9.3 (a) $\Longrightarrow$ (b) は容易であるから (b) $\Longrightarrow$ (a) を証明しよう.

まず A が可逆であることを証明するために $N(A) = \{\mathbf{o}\}$ を示す. $\mathbf{x} \in N(A)$ としよう. $A\mathbf{x} = \mathbf{o}$ は非負ベクトルであるから条件より $\mathbf{x}$ は非負ベクトル. $A(-\mathbf{x}) = \mathbf{o}$ も非負ベクトルであるから条件より $-\mathbf{x}$ は非負ベクトル. ゆえに $\mathbf{x} = \mathbf{o}$.

次に A^{-1} は非負行列であることを示す. $A^{-1} = (\mathbf{b}_1, \mathbf{b}_2, \cdots, \mathbf{b}_n)$ としよう. $A\mathbf{b}_1 = \mathbf{e}_1$ となり非負ベクトルであるから条件より $\mathbf{b}_1$ は非負ベクトル. $A\mathbf{b}_2 = \mathbf{e}_2$ となり非負ベクトルであるから条件より $\mathbf{b}_2$ は非負ベクトル. 同様に続けて $\mathbf{b}_1, \mathbf{b}_2, \cdots, \mathbf{b}_n$ はそれぞれ非負ベクトル. ゆえに A^{-1} は非負行列.

索引

[ア行]

1 次結合 (linear conbination)　38
1 次従属 (linearly dependent)　17, 61
1 次独立 (linearly independent)　17, 61

n 次行列　33
n 次行列式関数　93
n 次元数ベクトル空間　61
n 重線形性　92
n 文字の置換 (permutation)　115

[カ行]

階数 (rank)　48
可逆 (invertible)　12, 39
核 (kernel)　82
拡大係数行列 (enlarged coefficient matrix)　53
関数 (function)　5

基底 (basis)　69
　　——に関する行列　127, 140
　　——に関する座標　138
　　——に関する表現行列　127, 140
　　——の変換行列　126, 138
基本変形　43
逆行列 (inverse matrix)　12, 39
逆写像 (inverse mapping)　7
逆像 (inverse image)　6

行 (row)　32
　　——に関する展開定理　101
共通部分 (intersection)　8
行ベクトル　33
行列式 (determinant)　14, 93
行列単位　42
行列によって定まる線形写像　75, 123

空集合 (empty set)　1
クラメル (Cramer) の公式　96

係数行列 (coefficient matrix)　53
ケイリー–ハミルトン (Cayley-Hamilton) の定理　25
ケイリー–ハミルトンの定理　112
計量 (metric)　144
元 (element)　1

合成写像 (composed mapping)　6
交代的 (alternating)　90, 92, 93
恒等変換 (identity transformation)　6
固有空間 (eigenspace)　132
固有値 (eigenvalue)　22, 132
固有ベクトル (eigenvector)　22, 132

[サ行]

最小多項式 (minimal polynomial)　169
座標を定める写像　138

索　引

3角不等式 (triangle inequality)　146

次元 (dimension)　69
次元定理　82
自然基底 (natural basis)　70
自然数 (natural number)　1
実数 (real number)　2
写像 (map)　5
集合 (set)　1
収束する　193
シュミット (Schmidt) の直交化法　148
シュワルツの不等式　145
消去法の原理　22, 132
初等変形　43
ジョルダン行列 (Jordan matrix)　186
ジョルダン細胞 (Jordan block)　185
ジョルダン標準形 (Jordan canonical form)　186

スカラー (scalar)　9
スカラー行列　12

正規直交基底 (orthogonal basis)　147
正規直交系 (orthonormal system)　147
斉次方程式 (homogeneous equation)　56
整数 (integer)　1
生成される部分空間　65
正則 (non-singular)　12, 39
零行列　10, 34
零ベクトル　15, 34
全逆像　6
線形結合 (linear conbination)　38
線形写像
　　　——の行列　123
　　　——の表現行列　123
線形写像 (linear mapping)　122
線形従属 (linearly dependent)　16, 61
線形独立 (linearly independent)　17, 61
線形変換 (linear transform)　122
全射 (surjection)　5
全単射 (bijection)　6

像 (image)　5
双線形性　90

[タ行]
体 (field)　5
対角化する　131
対角行列 (diagonal matrix)　20, 38
対称行列 (symmetric matrix)　153
縦ベクトル　33
単位行列 (unit matrix)　11, 37
単位ベクトル (unit vector)　16, 38
単射 (injection)　5

直和 (direct sum)　79, 85
直交行列 (orthogonal matrix)　150
直交する　147
直交補空間 (orthogonal complement)　151

底 (basis)　69
転置行列 (transposed matrix)　107

特性多項式 (characteristic polynomial)　23, 111, 133, 167
特性方程式 (characteristic equation)　23, 133

[ナ行]
内積 (inner product)　144

ノルム (norm)　145

[ハ行]
張られる部分空間　65

左逆元　39
標準形　44

部分空間 (linear subspace)　63
部分集合 (subset)　1
不変部分空間 (invariant subspace)　153

ベクトル空間 (vector space)　122
ベクトルの長さ　145
ペロン–フロベニウス (Peron-Frobenius) の定理　192
変換 (transform)　5

[マ行]
交わり (intersection)　8

右逆元　39

結び (union)　7

[ヤ行]

有理数 (rational number)　1

余因子 (cofactor)　108

余因子行列 (adjugate matrix)　110
横ベクトル (row vector)　33

[ラ行]

列 (column)　32
　　――に関する展開定理　105
列ベクトル (column vector)　33

[ワ行]
和空間　78
和集合 (union)　7

著者紹介

田中　仁（たなか　ひとし）
1998年　学習院大学大学院自然科学研究科博士後期課程修了
現　在　東京大学大学院数理科学研究科21世紀COE研究拠点形成
　　　　特任研究員
　　　　慶應義塾大学総合政策学部非常勤講師

線形の理論 The Theory of Linearity: Matrices and Vector Spaces 2007年10月10日　初版1刷発行	著　者　田中　仁　ⓒ 2007 発行者　南條光章 発行所　共立出版株式会社 　　　　東京都文京区小日向 4-6-19 　　　　電話 03-3947-2511（代表） 　　　　郵便番号 112-8700／振替口座 00110-2-57035 　　　　URL http://www.kyoritsu-pub.co.jp/ 印　刷　啓文堂 製　本　中條製本
検印廃止 NDC 411.3 ISBN 978-4-320-01848-8	社団法人 自然科学書協会 会員 Printed in Japan

JCLS　<㈳日本著作出版権管理システム委託出版物>
本書の無断複写は著作権法上での例外を除き禁じられています．複写される場合は，そのつど事前に㈳日本著作出版権管理システム（電話03-3817-5670, FAX 03-3815-8199）の許諾を得てください．

新しい数学体系を大胆に再構成した教科書シリーズ!!

共立講座 21世紀の数学 全27巻

編集委員：木村俊房・飯高　茂・西川青季・岡本和夫・楠岡成雄

高校での数学教育とのつながりを配慮し、全体として大綱化（4年一貫教育）を踏まえるとともに、数学の多面的な理解や目的別に自由な選択ができるように、同じテーマを違った視点から解説するなど複線的に構成し、各巻ごとに有機的なつながりをもたせている。豊富な例題とわかりやすい解答付きの演習問題を挿入し具体的に理解できるように工夫した、21世紀に向けて数理科学の新しい展開をリードする大学数学講座!!

1 微分積分
黒田成俊 著……定価3780円（税込）
【主要内容】　大学の微分積分への導入／実数と連続性／曲線，曲面／他

2 線形代数
佐武一郎 著……定価2520円（税込）
【主要目次】　2次行列の計算／ベクトル空間の概念／行列の標準化／他

3 線形代数と群
赤尾和男 著……定価3570円（税込）
【主要目次】　行列・1次変換のジョルダン標準形／有限群／他

4 距離空間と位相構造
矢野公一 著……定価3570円（税込）
【主要目次】　距離空間／位相空間／コンパクト空間／完備距離空間／他

5 関数論
小松　玄 著……続　刊
【主要目次】　複素数／初等関数／コーシーの積分定理・積分公式／他

6 多様体
荻上紘一 著……定価2940円（税込）
【主要目次】　Euclid空間／曲線／3次元Euclid空間内の曲面／多様体／他

7 トポロジー入門
小島定吉 著……定価3150円（税込）
【主要目次】　ホモトピー／閉曲面とリーマン面／特異ホモロジー／他

8 環と体の理論
酒井文雄 著……定価3150円（税込）
【主要目次】　代数系／多項式と環／代数幾何とグレブナ基底／他

9 代数と数論の基礎
中島匠一 著……定価3780円（税込）
【主要目次】　初等整数論／環と体／群／付録：基礎事項のまとめ／他

10 ルベーグ積分から確率論
志賀徳造 著……定価3150円（税込）
【主要目次】　集合の長さとルベーグ測度／ランダムウォーク／他

11 常微分方程式と解析力学
伊藤秀一 著……定価3780円（税込）
【主要目次】　微分方程式の定義する流れ／可積分系とその摂動／他

12 変分問題
小磯憲史 著……定価3150円（税込）
【主要目次】　種々の変分問題／平面曲線の変分／曲面の面積の変分／他

13 最適化の数学
伊理正夫 著……続　刊
【主要目次】　ファルカスの定理／線形計画問題とその解法／変分法／他

14 統　計 第2版
竹村彰通 著……定価2835円（税込）
【主要目次】　データと統計計算／線形回帰モデルの推定と検定／他

15 偏微分方程式
磯　祐介・久保雅義 著……続　刊
【主要目次】　楕円型方程式／最大値原理／極小曲面の方程式／他

16 ヒルベルト空間と量子力学
新井朝雄 著……定価3360円（税込）
【主要目次】　ヒルベルト空間／ヒルベルト空間上の線形作用素／他

17 代数幾何入門
桂　利行 著……定価3150円（税込）
【主要目次】　可換環と代数多様体／代数幾何符号の理論／他

18 平面曲線の幾何
飯高　茂 著……定価3360円（税込）
【主要目次】　いろいろな曲線／射影曲線／平面曲線の小平次元／他

19 代数多様体論
川又雄二郎 著……定価3360円（税込）
【主要目次】　代数多様体の定義／特異点の解消／代数曲面の分類／他

20 整数論
斎藤秀司 著……定価3360円（税込）
【主要目次】　初等整数論／4元数環／単純環の一般論／局所類体論／他

21 リーマンゼータ函数と保型波動
本橋洋一 著……定価3570円（税込）
【主要目次】　リーマンゼータ函数論の最近の展開／他

22 ディラック作用素の指数定理
吉田朋好 著……定価3990円（税込）
【主要目次】　作用素の指数／幾何学におけるディラック作用素／他

23 幾何学的トポロジー
本間龍雄 他著……定価3990円（税込）
【主要目次】　3次元の幾何学的トポロジー／レンズ空間／良い写像／他

24 私説 超幾何学関数
吉田正章 著……定価3990円（税込）
【主要目次】　射影直線上の4点のなす配置空間X(2,4)の一意化物語／他

25 非線形偏微分方程式
儀我美一・儀我美保著 定価3990円（税込）
【主要目次】　偏微分方程式の解の漸近挙動／積分論の収束定理／他

26 量子力学のスペクトル理論
中村　周 著……続　刊
【主要目次】　基礎知識／1体の散乱理論／固有値の個数の評価／他

27 確率微分方程式
長井英生 著……定価3780円（税込）
【主要目次】　ブラウン運動とマルチンゲール／拡散過程Ⅱ／他

共立出版
■各巻：A5判・上製・204〜448頁
http://www.kyoritsu-pub.co.jp/